都市理解のワークショップ

商店街から都市を読む

九州大学大学院　アーバンデザイン学コース　編

九州大学出版会

はじめに

菊地 成朋

まちづくりが盛んである。しかし、定義や専門性があまりはっきりしない。そもそもネーミングが実態とずれている。現在、われわれの分野でよく使われる「まちづくり」という言葉は、文字通りに新しくまちを「造る」こと意味しているわけではない。衰退している商店街を活性化する、地域の防犯性を向上させるなど、たいがいの場合、既にあるまちをより良くすることを指している。

まちづくりがそういうふうに既存の地域を対象とするようになったのは、日本がストック型社会へと転換したことが大きい。都市や建築を最早つくらない時代である。課題が、ニュータウンのような新規開発ではなく、いまあるストックにどう手を加え、活用していくかになってきている。

同時に、まちづくりが従来の都市計画と違う点は、それが住民主体で進められることだ。とはいえ、住民が自分たちだけで地域のことを決められるということはまずない。決定には、自治体・住民・事業者など関係者みんなが納得することが必要となる。そこで求められるのが、「合意形成」のプロセスである。よく使われるのがいわゆるワークショップ。その際の専門家の役割はファシリテーターである。合意形成のためにワークショップをやって、ファシリテーターがみんなの意見をひとつにまとめる、ということがまちづくりの常套手段となっている。

ただ、まちづくりは合意さえ得られればいいというものではない。その決定が地域のよい未来につながらなければ意味がないし、専門家はそのことにこそ責任を持つべきである。したがって、都市に対する専門家としての力量も欠かせない。

そんな現在のまちづくりでは、なによりまずそのまちをよく理解することが大切である。既存のまちに適切に働きかけるには、そのまちの成り立ちから現在の状況、さらには地域が抱える課題まで多面的に知っていなければならない。従来の建築学や都市計画では、新しい建築や都市のあり方を論じたり、その設計技術を演習で磨いたりしたが、それに加えて、対象とするそれぞれのまちの歴史や現状をきちんと捉え、それをみんなが理解できるように表現することがこれからの専門家には求められる。そのためには「都市を読む眼」を持っていることがまず必要となってくる。

われわれ九州大学大学院人間環境学府アーバンデザイン学コースでは、そのような「都市を読む眼」を学生に身につけてほしいと考えている。その軸となる授業が「アーバンデザインセミナー」である。この授業は座学ではなく、フィールドワークを通じて「都市を読む眼」を養うことをめざしている。文理融合型の学際コースなので、教員は、建築学、都市計画学、心理学、ときには社会学、文化人類学と文系・理系にまたがっている。フィールドワークといっても考え方が分野によってかなり異なる。授業は、そういう分野間の違いも確認し合い、試行錯誤を重ねながら進められている。

この本は、これまで行なってきた十数回の「アーバンデザインセミナー」のうち、近年3回の取り組みを編集したものである。刊行の目的は大きく2つある。

1つは、福岡の商店街地区についての成果を公表すること。この3年間のセミナーで対象としたのは、いずれも福岡市内にある商店街地区である。日本の商店街は現在、「シャッター街」と揶揄されるように多くが衰退の途をたどっている。大型スーパー、コンビニやショッピングモール、さらにはインターネット販売の普及によって人びとの消費が商店街から離れていった。状況打開のために「まちなか再生」「空き店舗対策」「町並み形成」などさまざまな振興策が施されているが、賑わいの復活に至るようなカンフル剤にはならないというのが多くの商店街の現実である。

　商店街の衰退は、個々の店舗の衰退というだけの問題ではない。それは、商店街が単なる商店の集まりではないからだ。商店街は店舗の連帯によって成り立っているのであり、地縁を根拠として形成されたコミュニティである。同時に、多くが「まちの顔」としてのアイデンティティを有している。したがって、商店街の衰退はまちの衰退を意味することになるのである。

　しかし、われわれが対象にした福岡の３つの商店街は、それぞれ性格は異なるが、どれも生き生きとしていた。それは、店の売り上げが伸びているというような意味ではなく、本来の商店街としての営みが継続されている状況を指している。しかも、そのことが今の時代において価値を有している。一般に商店街は遅れた存在と見なされ、衰退が必然であるかのようにいわれるが、この３つの例をみていると、あながちそうでもないような気がしてくる。

　また、これら３つの商店街は、いずれも観光客が訪れるような場所ではない。商店街を利用するのは、周辺の住民が中心である。そういう地域住民の生活に密着した商店街が今の時代に成立するとしたら、それはまちづくりのひとつの到達点なのではないだろうか。そして、そのヒントがこれらの商店街には潜んでいるように思われる。

　目的の２つ目は、われわれの教育的取り組みを紹介することである。近年、建築や都市計画の教育でワークショップがよく使われている。それは、教員が持っている知識を一方通行で伝える講義とも、学生が主体的に作品をつくるのに教員が助言する設計演習ともちがう。建築や都市は社会的存在であり、課題は時代とともに変わる。普段の授業で学生から「授業を受けても正解がわかりません」と言われることがあるが、もともと建築や都市の問題に唯一の正解などないのである。学生に期待するのは、１つの解答を鵜呑みにすることではなく、考える力を養うことである。そのための教育方法として、コミュニケーションを重視するワークショップはたしかに有効だろう。ただ、ワークショップにはいろいろなやり方があり、教育としての方法論が確立しているわけではない。おそらく教員がそれぞれの経験をもとに組み立てている場合が多いのではないかと思う。

われわれの「アーバンデザインセミナー」は、新しく立ち上げた人間環境学という学際分野の教育として行なっているものだが、始めるにあたって教員が集まって内容や進め方をかなり議論した。また、学生も文系・理系入り乱れるので戸惑いも多い。しかし、ほんとうは唯一の正解などない問題についての教育には、学際性ゆえの認識のずれや方法論の違いはむしろメリットである。そして、フィールドワークの捉え方、そもそもアーバンデザインとは何かについての教員間の議論は、コース開設後10年以上が経った現在も続いている。教育として発展途上なのである。その内容を具体的に開示して、アーバンデザインをどのように教え、あるいは学ぶべきかを考える素材にしたいというのが、刊行のもうひとつの狙いである。

この本の構成は、ほぼ授業の内容に沿っている。前半は各教員の論説である。実際の授業でも、初期の数週を使って教員全員が各自の研究を紹介し、それをもとに教員・学生が議論するという機会を設けている。この本を作成するにあたっても、まずそれぞれの教員が担当部分の草稿を作成し、それをもとに教員間で議論し、それを再度それぞれの原稿にフィードバックするというプロセスを踏んだ。したがって、見解は必ずしも一致しているわけではないが、議論は教員全員によって共有されている。

本の後半は、学生が行なったフィールドワークの成果をまとめたものである。実際の授業では、まずそれぞれの学生がフィールドや文献にあたって、視点を探す。次に、それらをもとにグルーピングと各グループのテーマを決める。その後はグループ作業である。現地に行ったり、集まって議論したりしながら、論文形式の成果をまとめる。同時に、発表用のプレゼンテーションを作成する。そして、毎年最後には、住民や自治体、まちづくりに取り組む人などに集まってもらって現地で発表会を行なっている。この本に掲載するにあたっては、学生が作成したレポートや発表会用のデータをもとに、教員が出版用に編集を行なった。

このように、この本を読むことで、われわれの「アーバンデザインセミナー」の授業を追体験することができるようになっている。

それでは、セミナーをさっそく開講することにしよう。

目次

元祖・博多の台所「美野島」の潜在力を読み解く（美野島地区） 112

上書きされた都市（姪浜地区） 160

活動記録編：「アーバンデザインセミナー」

論説編：都市を読む視点と方法

祭りから都市を読む――博多祇園山笠と博多の町――

菊地 成朋

なぜ都市祭礼か

ここでは、福岡を代表する祭りである博多祇園山笠を例に、祭礼が都市を理解するうえで有効な手掛かりとなることを示したい[注1]。

私が「山笠の研究をやっている」というと、「えっ、建築が専門なのになぜ？」と不思議がられることが多い。それには祭り自体に興味があるということもあるが、祭りを調べることでその都市の社会構造や変容過程がわかってくるということも大きな理由となっている。言い換えれば、祭りには、普段は見えないその都市の本質が顕れるのである。祭礼研究にはそういう面白さがある。

そういわれてもピンとこないかもしれないので、少し具体的に説明していこう。

古くて新しい博多祇園山笠

言うまでもなく、山笠は長い歴史を持つ伝統的な祭りである。その起源には諸説あるが、広く知られているのは、鎌倉時代に博多で疫病が流行した際に承天寺住職の聖一国師が疫病除去のため、町民のかつぐ施餓鬼棚《せがきだな》[注2]に乗って祈祷水を撒いたのが始まりという説である。博多祇園山笠振興会はこの説を取っていて、それ以来７００年以上にわたって続いてきた祭りとしている。

山笠というと、７月15日未明に行われる「追い山」を思い浮かべる人が多いだろう。しかし、博多の町の中ではそれよりかなり前からさまざまな行事が行われている。日程は「流《ながれ》」（山笠を運営する単位）ごとに若干異なるが、おおむね６月に始まり、山小屋建設や棒締めなどが行われ、7月に入ると本格化し、御神入れ、お汐井取り、10日からは全流共通に流舁き、朝山（11日）、追い山馴らし（12日）、集団山見せ（13日）、追い山（15日）と続く[注3]。この間、博多の人たちは山笠に忙殺される。

山笠の期間になると、男たちが仕事を早々に切り上げ、法被《はっぴ》と締め込み姿で誇らしげに町を歩きまわるようになる。小学校でも、参加する子どもたちは早退が認められている。町がいわゆる「山のぼせ」状態になる。

なぜ、博多の人たちはそこまで山笠に入れ込むのか。それについては「山笠のあるけん博多たい」という言い方がされるが、この言葉は、博多の人たちにとって山笠が最も大切なアイデンティティであるということを表している。

ならば、山笠が真に歴史的かというと、案外そうとも言い切れない面がある。もちろん、伝統を重んじ、昔ながらのやり方が受け継がれている。しかし一方で、山笠は時代の移り変わりに合わせて変化もしているのである。毎年、「飾り山」という見せるための山笠が町のあちこちに設置される。博多人形師が手掛ける山の飾り付けには、源平合戦や黒田官兵衛などの歴史物がモチーフにされることが多いが、なかには、サザエさん、ドラえもん、名探偵コナン、ホークスの選手などの人形を飾るものもある。また、それらが置かれる場所も、キャナルシティという複合商業施設の運河沿いステージやヤフオクドーム前の広場といった新しく開発されたエリアだったりする（写真1）。

山笠集団の単位である「流」も、歴史的に見ると、たびたび変更されている。江戸時代には旧博多部の7流だったが、明治以降は周辺の新興流が加わるようになり、戦後の一時期には15流に膨らんだこともある。現在はまた7流に戻っているが、旧7流のうち2つが外れ、中洲流と千代流が新たに加わっている。

700年以上続く山笠は、いかにも古風なしきたりに則った祭りのように思われがちだが、実際にはそれぞれの時点での「現在」というものが強く反映されているのである。

写真1　山笠の新規性
（右：キャナルシティの飾り山、左：ホークスタウンの飾り山）

舁き山と飾り山

山笠の山には舁《か》き山と飾り山の2種類がある。舁き山は、追い山の際に各流が舁いて（山笠をかつぐことを「舁く」という）走る山である（写真2）。したがって、舁き山は流の数だけ（現在は7つ）存在する。一方の飾り山は、祭礼の期間、市内の方々（現在は14ヶ所）に設置される背の高い山である（写真3）。

博多の人たちにとって山笠といえば舁き山であり、舁き山が山笠本来の姿で、飾り山が新しい形式のように言われたりするが、実際にはどちらも都市祭礼としての山笠の特質を受け継いでいるとみることができる。ただし、両者の意味合いはまったく異なっている。その違いを端的に言えば、舁き山は居住都市としての博多を表現するものであり、飾り山は商業都市としての博多の特性を示すものである。

舁き山は毎年、流の構成員が一から組み立て、その上に人形師が飾り付けをする。祭りの期間は、それぞれの流の領域内に設置された山小屋に置かれる。一連の行事では、舁き山を繰り返しかついでまわる。舁き山は流という地縁集団のシンボルであり、山を舁くことはその結束を確認する行為とみなすことができる。

一方、飾り山は外から来た客に見せるためのものである。博多は江戸時代から商業が生業であり、客相手に商売を営んでいた。その商業都市としての性格を表現しているのが飾り山である。人形師によって表と見送りの2面が飾り付けられる。その前方に期間を通してイスが並べられていて、見物客が座って眺められるようになっている。

クライマックスの追い山には、早朝にもかかわらず、多くの観客が詰めかける。この一大ページェント化した追い山も、外部から来た客に見せるための意味合いが強い。追い山のクライマックスである櫛田入りの時などは、神社の周りに大きな人だかりができ、その時間に行ったのでは見ることができない。もっとも、現在はテレビで生中継されるので、多くの人々がテレビを通して観客となる。

写真2　舁き山（土居流2003）

写真3　飾り山（新天町2003）

このような観客の存在とそれへの祭り側の配慮は、山笠が村祭りではなく都市祭礼ゆえのものである。そして、古くから商業都市であった博多では、観客のために常に「現在」というものを山笠に取り込んできた。山笠が変化するのは、博多が商業都市であったがゆえの所作である。

なお、舁き山と飾り山は、もともとは1つだったものが明治後期に2つに分かれて現在のかたちとなった。それまでは、飾り山のような巨大な山を舁いていたのである。明治になって市内に電線が張られるようになり、背の高い山が電線を切断してしまうということで、舁き山と飾り山の分離が行われた。これは、山笠の変質というよりも、もともと山に内在されていた2つの性格が、都市の近代化によって分化したと見るほうが適切である。

流と町

博多祇園山笠の特異性の1つに、流と町という祭礼集団の二重構造がある。

博多祇園山笠は、京都の祇園祭がルーツとされる。しかし、京都祇園祭の山鉾巡行では町単位で山鉾を出す。京都には流にあたるものはなく、祭礼組織は町のみを単位とする。流と町の重層的な組織構成は博多独特のものといえる。

流は地縁的集団で、明確な領域をもつ。というより、その領域こそが流の根拠となるものである。さらに流は10余りの「町」によって構成されているが、町もまた明確な領域をもっている(図1)。山笠の期間、博多の町には「詰所《つめしょ》」と呼ばれる仮設空間が随所に設けられる。詰所は、折々に舁き手が集まる拠点となる場所である。1つの行事が終わるごとにここに集って直会《なおらい》をする。この詰所は流ではなく町に属するもので、山笠に参加するためにはいずれかの町に所属しなければならない。舁き手が直接的につながる集団は「町」であり、「流」とはそういう町の連合体なのである。

流の運営は、その年の「当番町」が中心的に担うことになっている。当番町は輪番制で、

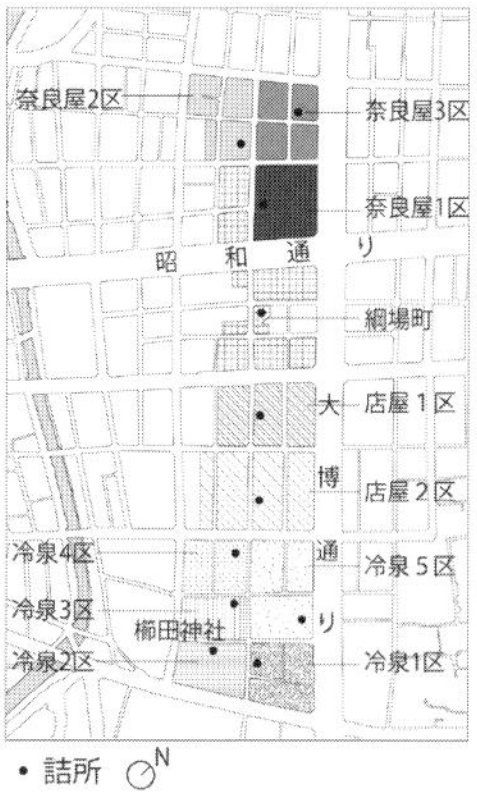

図1 町と詰所（西流2003）

写真4 詰所（東流2007）

毎年移動する（図２）。したがって、１つの町にとっては10数年に１度、回ってくることになる。当番町は資金面でも負担が大きかったため、それぞれの町は次の当番町に備えて財力を蓄えた。毎年、山笠を新たに作り替えることから祭礼のための出費はかなり大きく、それが、町ではなく流を祭礼集団の単位とした理由であるとする説もある。

ただ、町は流の下部組織という位置付けではなく、それぞれが独立していて、コミュニティとしてはむしろ町の結束のほうが強い。江戸時代には、しばしば山笠をめぐって町と町との諍《いさか》いが起こり、町役所が仲介してこれを解決している。

一方、流どうしの関係では、山笠には一番山笠から七番山笠までの「山笠番付」がある。一番山笠は大きな名誉であるとともに、祭り全体を統括する重い責任を担う。この番付も輪番制で、毎年１つずつ繰り上がり、一番が終わった翌年は七番になる。

このように、博多祇園山笠の祭礼集団は流と町の二重構造で、さらにそのどちらもが輪番制をとっていることに特徴がある。輪番制は一般にフラットな共同体で採用されるシステムであり、都市空間の視点からは祭りの中心が固定化されていないということもできる。

祭りと都市の遍歴

７００年の歴史をもつ山笠、その舞台となるのは博多の町であり、その変化は山笠の祭りに少なからず反映されている。それを、時代を追って見ていこう。

現在の博多の町のベースをつくったのは豊臣秀吉の「太閤町割」とされる。九州平定を果たした秀吉が、戦国期の戦乱で荒廃した博多の町を石田三成や黒田官兵衛らに命じて復興させた。その時の区画整理事業がいわゆる「太閤町割」で、天正15年（１５８７）に施行された。その際に、直線道路を等間隔に引き直し、東西と南北で直交させる整然とした都市整備を行った。

では、太閤町割が実施される以前の博多はどんな都市だったのか。それを知ることはそ

図２　山笠の組織図

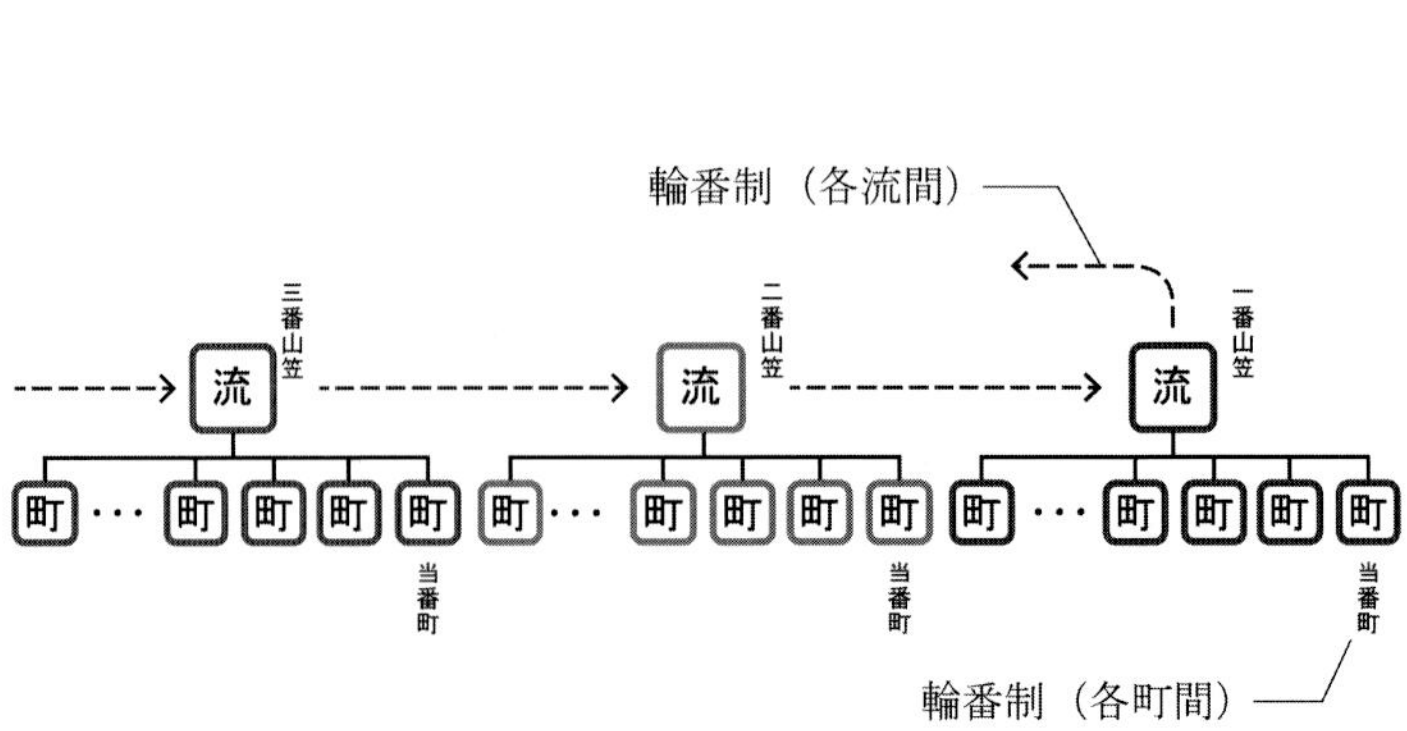

う簡単ではないが、少なくとも近世の博多とは大きく違っていたことが絵図や発掘調査等で明らかになっている。

図３は、都市史家の宮本雅明が推定した戦国期の博多である。これをみると、この時期の博多は自然地形にもとづいて「博多浜」と「息浜《おきのはま》」の２つの領域に分かれていたことがわかる。博多浜では聖福寺・承天寺が大きな領域を支配しており、その中に町人地も含まれていた。加えて、その門前には商業地がそれぞれの寺ごとにあった。息浜にも称名寺と妙楽寺という寺院があって、それらの門前にも商業地が形成されていた。これらの寺院は中軸線の方向がばらばらで、全体を統一する街区割のようなものはなかった。中世後期の博多は、このように寺院の境内と門前とが対となって独立的に領域を形成しており、近世とはまったく異なる様相を呈していたと考えられている。もちろん、この時点で流は存在しない。

それに対し、太閤町割は、直線道路が直角に交差する整然とした都市空間を新たにつくり出した。とくに東町流・呉服町流・西町流・土居流などの縦筋は、博多浜と息浜を貫いて形成された直線道路で、その計画道路が山笠の流の根拠となったのである。

「流」が、いつごろからどのような目的でつくられたのかは定かではないが、黒田藩が統治するようになった初期段階に成立した可能性が高い。そして、時代が下るにつれ、地域の世話役である「月行事」が各流１名ずつ輪番制で定められるなど、町政運営の実質的な役割を強めていく。

このように、中世では櫛田神社の奉納祭礼であった山笠が、近世には「流」という地域組織のアイデンティティが強く表出する都市祭礼へと変質した。その「流」は、太閤町割によって出現した計画道路を根拠とし、近世を通じて地域運営体としての役割を果たすようになった。そしてそれが、祭礼時には軸となる集団組織として機能したのである（図４）。

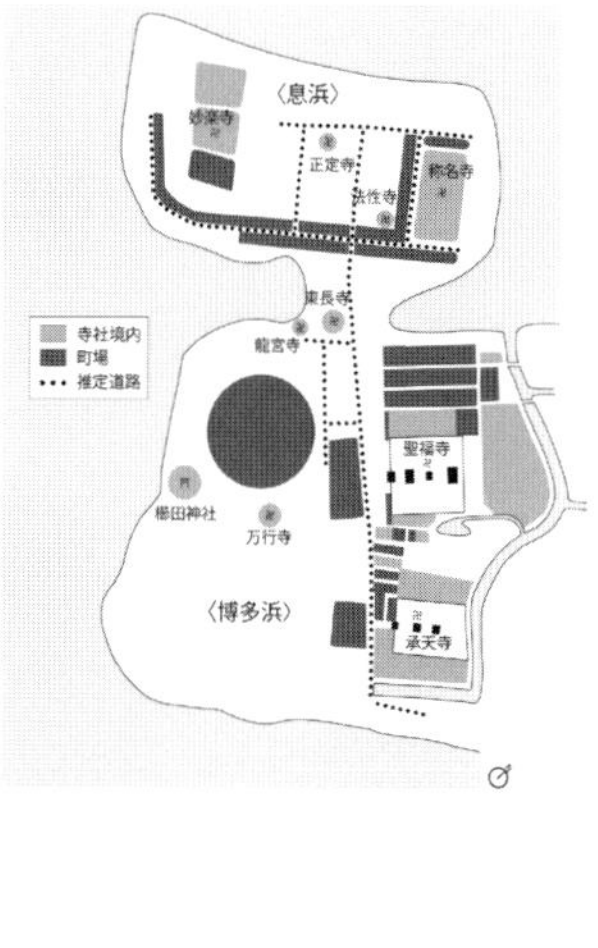

図３　戦国期の博多注4

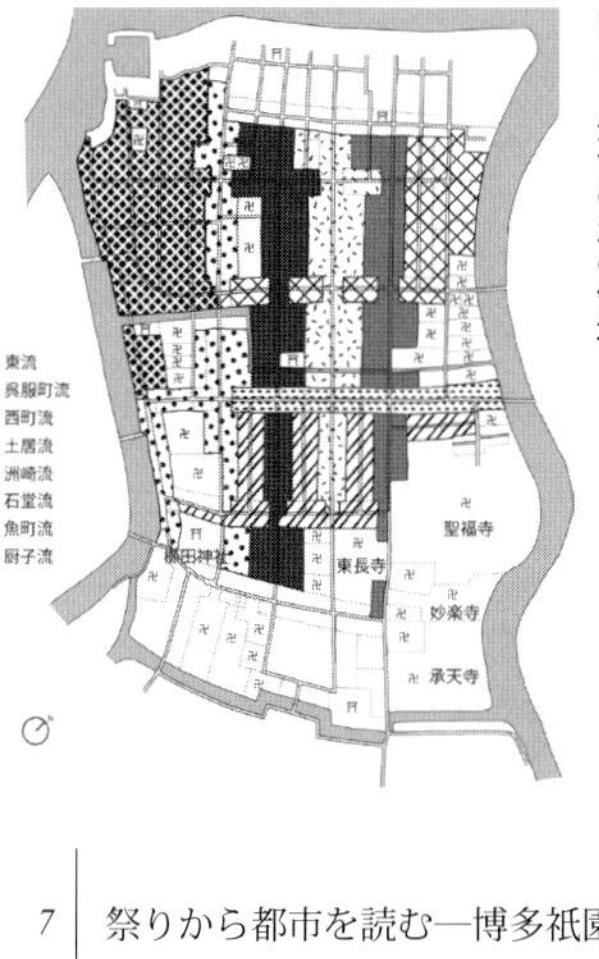

図４　近世の流の領域

近代化との摩擦

明治維新によって、博多も「近代」という新しい時代を迎える。もっとも、空間についていえば、近代の博多は近世をそのまま引き継ぎ、大きな改変は行われなかった。しかし、それで山笠が安泰だったわけではない。近代になって、山笠は幾多の試練を受けることになる。

明治政府は、伝統的な祭礼を近代化の弊害とみなして全国的に取り締まった。博多祇園山笠についても「大量の浪費を行い風紀を乱す蛮行」として、明治６年（１８７３）に禁止される。以後、地元から毎年のように再興願が提出されるが叶わず、山笠は中断を余儀なくされる。近世を通じて連綿と続けられた山笠が、ここで一旦、途絶えたのである。

ちょうどこの時期、明治政府は大区小区制を施行し、行政区の再編をはかった。それが一定の収束をみせた明治９年（１８７６）の段階では、博多部は岡側と浜側の２つの小区に分けられている（図５）。また、明治政府が新たに制定した学制にもとづき小学校が設けられ、その圏域として「小学区[注5]」が設定された。博多では、明治14年（１８８１）に２つの小学区が設定されたが、その区分は行政区界と同様に、博多を岡部と浜部とに大きく分けるものだった。

明治政府によって中断させられていた山笠は、明治16年（１８８３）になってようやく復活する。ただ、この間に行政的な地域区分や学区は、流の区割とはまったく別の形に設定されていた。それはむしろ縦筋の流を分断し、横に統合するものだった。流はこの時点から、山笠の祭礼組織のみに特化したつながりになったといえる。

都市インフラ整備も山笠に影響を与えた。道路に電線が張り巡らされるようになり、それまでの10ｍ以上もある山は通ることができなくなった。明治31年（１８９８）、福岡県知事が「電線を寸断する山笠は、野蛮なばかりか産業発展の妨げになる」と提議したことから、山笠の中止が市会の議題になる。地元は、存続するかわりに山笠の高さを「台上９

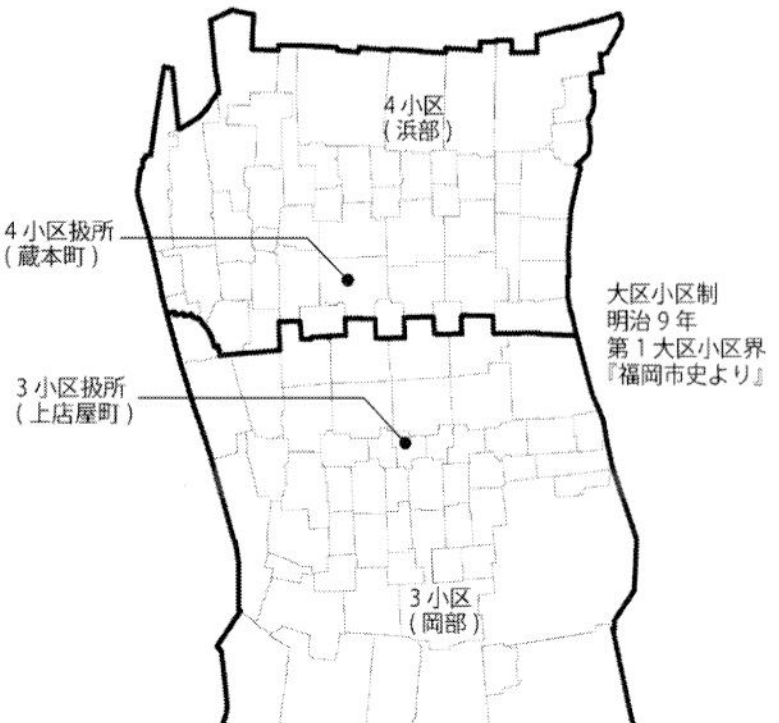

図５　明治９年の小区割

尺」にすることを妥協した。

明治期の都市構造の最も大きな改変は、明治40年代の「東西電車通り」（現在の明治通り）の新設である。江戸時代、福岡と博多は双子都市と呼ばれるようにそれぞれ別個の町であった。明治になって２つを合わせた「福岡市」が成立し、その一体化がはかられた。「東西電車通り」は、そんな福岡と博多を結ぶ新たな幹線道路として建設された（図６）。そして、その路上を路面電車が走るようになり、その電線が道路の上に設置された。それが引き金になって、飾り山と舁き山という２種類の山が定式化したのである。

続いて行政が行なったのが、市域の拡大である。明治期に都市基盤整備に力を入れていた福岡市が、大正になると周辺町村を次々に合併していくようになる。大正元年（１９１２）の警固《けご》村を皮切りに、鳥飼村、西新町、住吉町などを市域に編入し、昭和３年（１９２８）には筑紫郡に所属していた千代町を合併吸収した。この千代町が戦後になって千代流を形成するわけだが、この時点では加勢町[注6]のひとつにすぎなかった。戦前にはまだ旧博多部とそれ以外との区別が厳然とあって、参加する流の領域は旧博多部に限定されていた。

戦後の都市改変と山笠

昭和20年（１９４５）６月の空襲により博多は焦土と化し、山笠も行われなくなる。その後、山笠が復活するのは昭和24年（１９４９）になってのことである。

復活した山笠は、博多の戦後復興の旗印となった。それに伴って、祭りの性格も博多の伝統的な祭礼から福岡市の「市民祭」へと変化する。再開した山笠では、周辺地域も含めた11流で運営が始められた。また、流ではなく商店街が主体となった飾り山が博多部以外の地域にも建てられるようになった。それらの中には飾り山のみ建て、山舁きには参加しないものも現れる。

再開時の流は、旧来の７流に、それまで加勢町だったものが独立した櫛田流・岡流・浜

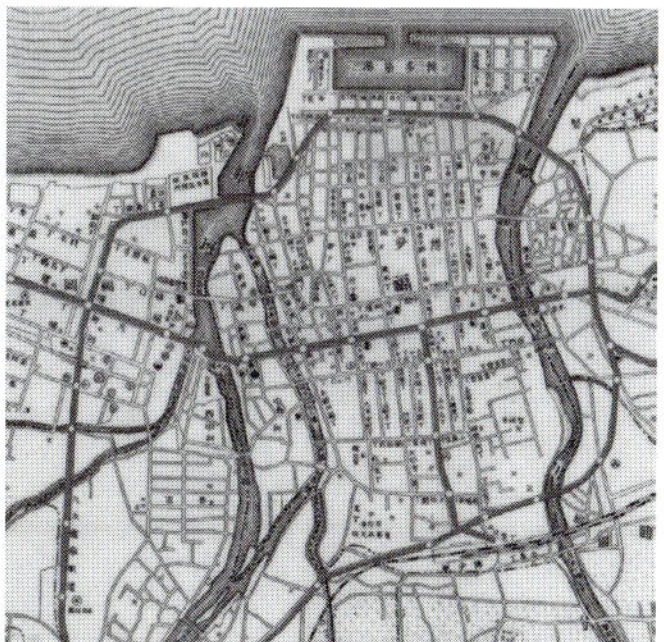

図６　大正期の博多

出典：「福岡市実測図」（大正初期）
福岡県立図書館所蔵

流・築港流・中洲流を加えた12流で、翌年に加勢町から昇格した千代流が加わり、13流となった。さらに、昭和27年（１９５２）には福岡部の唐人町流、南流が加わった。しかし、その後は参加を止める流が相次ぎ、後に述べる昭和41年（１９６６）の町界町名整理以降は、現在の7流に落ち着いた（図7）。

一方、博多の都市空間は戦災復興事業によって大きく改変されることになる。戦後の都市計画の要は、道路建設である。博多においては、幅員50ｍにおよぶ幹線道路として「大博通り」と「昭和通り」が建設された。昭和通りは、明治通りの北側に新たに設けられたもので、昭和21年（１９４６）に着工、昭和27年（１９４７）に開通している。大博通りは旧呉服町筋で、明治期に電車通り（現在の明治通り）以南が拡幅されていたものを戦後に順次延長・再拡幅し、昭和59年（１９８４）の工事をもって現在の駅前目抜き通りとして完成した。

博多の中心軸となった大博通りは、「集団山見せ」の際にすべての舁き山が並び、壮観を呈する場所である。この集団山見せは、昭和37年（１９６２）に新たに始められた行事で、博多部に限定されていた舁き山を、境界の那珂川を越えて福岡部に舁き入れるというものである。この企画は福岡市の市民課と商工関係者から提案されたが、地元には反対意見も多かった。それが実施に至ったのは、ひとつにはこの時期に山笠が停滞期を迎えていたということがある。戦後の隆盛期に舁き山14本、飾り山13本を数えた山笠が、社会情勢の変化によって減少に転じ、昭和36年（１９６１）には舁き山９本、飾り山８本にまで落ち込んでいた。その打開策として、観光パレードである集団山見せが導入されたのである。当初は明治通りに路面電車が走っていたため昭和通りが使われ、路面電車が廃止されてからは、大博通りに並んで明治通りを通って福岡部へ向かう現在のルートとなっている。集団山見せは、山笠の市民祭化・観光化を示す事象だが、幅広の幹線道路を主軸とした近代都市計画によって生み出されたという側面もある。

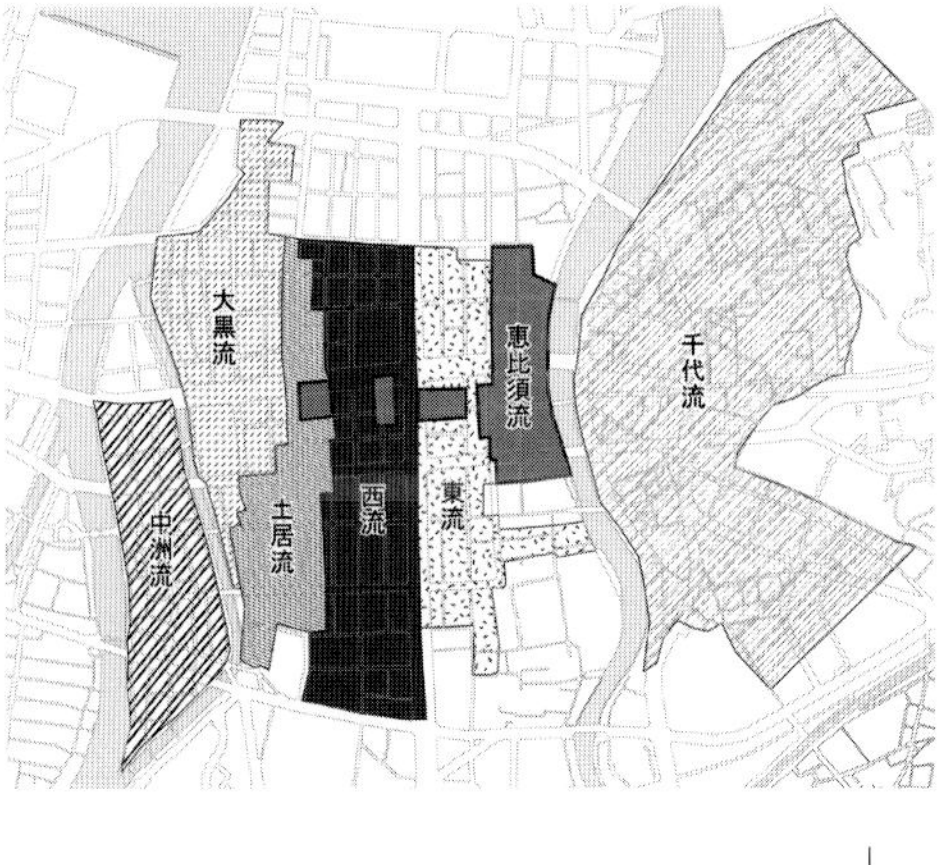

図7　現在の流の領域

戦後の大きな都市改変に「町界町名整理事業」がある。これは、復興後の地番や住居表示の混乱を解消するために行われたものだが、この事業によってそれまでの道筋の町が解体され、道路で区画された新しい町割が設定された。発案された昭和20年代には、山笠の流の存続を理由にこれに反対する請願書が地元から出された。しかし市議会で不採択となり、昭和30年代に事業が始められ、昭和41年（１９６６）に完成に至る。博多は、１３３の背割方式の町の集まりから23の街区単位の町の集まりへと再編された（図８）。これによって、山笠の祭礼集団は、流だけでなく町も地域運営上の意味を失ったのである。

実際、この事業が山笠に及ぼした影響は小さくなかった。流は再編を余儀なくされ、話し合いによって流境界を大通りとする方針が決まり、大博通りを軸とする呉服町流は存続できなくなった。呉服町流は解散し、その領域は隣接する西流と東流に分割吸収された。土居町筋も流境界となり、土井流の解散が決まるが、のちに再結成を果たし、隣接する西流と大黒流から領域の割譲を受け、区域を再建した。

町界町名整理によって流の運営体制も見直されることになった。それまでは、どの流も旧町を構成単位とする輪番制をとっていたが、再編後には新しくできた町を構成単位とする流や、運営システムをいくつかの町が合同で当番を担当する方式（ブロック当番町制）あるいはすべての町が毎年当番を務める方式（流当番制）に変える流が生まれた。中には旧町による輪番制を持続する流もあり、運営方式は現在もまちまちなままである。

このように博多と山笠の歴史をみてみると、都市にはモードの変わり目、変局点というものがあって、その都度、山笠の形態も変化してきたことがわかる。それには、伝統の肯定／否定といった理念的問題と、都市改変に伴う空間的な問題とがある。明治以降に関しては、近代化が都市改変の原動力であり、伝統行事である山笠は理念と空間の両面で対立するようになる。その結果、祭りの存続が危うくなる場面も幾度となくあった。それを乗り越えるために変化を続け、現在の山笠があるといえる。

図８　町界町名整理前後の町界

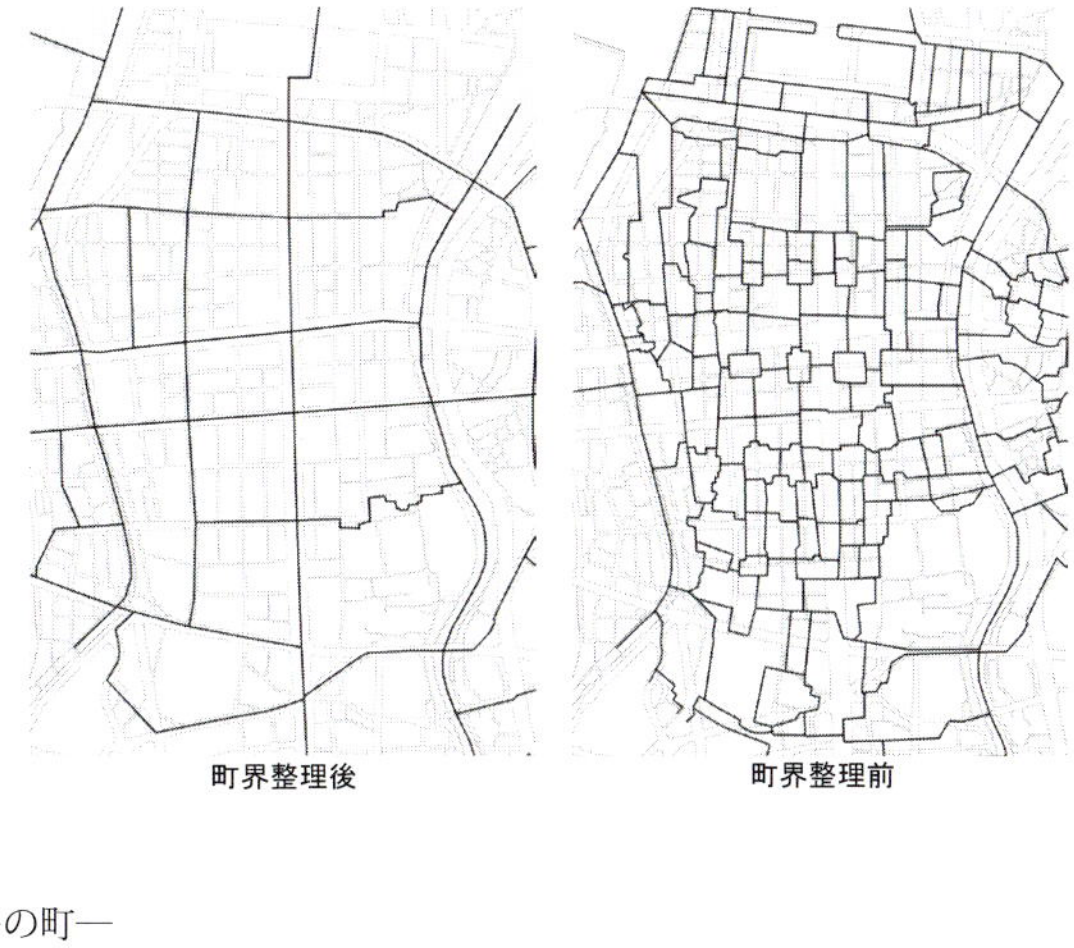

町界整理後　町界整理前

祭りと人びと

　ここで、山笠期間中に出会った光景から、祭りに関わる人々について少し考えてみたい。追い山では、１つの流が１０００人にものぼる大集団を形成する。この集団を統率して行事を進めることは容易ではなく、そのためのさまざまな規律が存在する。

　まず、この集団は厳格な階層構造によって秩序づけられている。祭りの役職には、総務、宮総代、町総代、流委員、町相談役、取締、衛生、赤手拭などがあり、各人のもつ手拭で見分けがつくようになっている（図９）。これらの上下関係は厳しく、一般の白手拭から赤手拭になることは大いなる誉れである。そして、これらの役職は日常のポストとは一切関係がない。お役人だろうと会社役員だろうと、下っ端は下っ端である。直会などでそれをわきまえない態度をとると、こっぴどく叱られる。

　また、行事の様子を観察していると、この集合体が明文化された決まり事としてではなく、暗黙の了解のうちに進められる場面をよく目にする。たとえば、赤手拭が「若手５人ほどこっちに手伝いに来んか」と声をかけると、相談することもなくすぐに５人が手伝いに行く。追い山では走りながら舁き手が頃合をみて交代していく。交代は台上がりの指示によるが、そのようにして移動する舁き山は、システムや個人判断を越えた動きの妙がある。そこでは縦と横の関係が有機体であるかのように働くのである。

　山笠は男の祭りであり、基本的に女性は参加できない。いまは行政の指導により外されているが、以前は詰所に「不浄の者立ち入るべからず」の札が立てかけてあった。では、山笠において女性は虐げられているのかというと、実態は少し違う。博多の女性は「ごりょんさん」と呼ばれ、実質的に家を支える存在である。山笠はもともとは舁き手衆だけで営まれていたが、近年は直会の準備をそのごりょんさんが担う町も増えてきている。われわれが取材した町では、追い山が終わった後の最後の直会で、舁き手とごりょんさんが同席し、若い衆が甲斐甲斐しく働き、ごりょんさんに酌をしてもてなす光景がみられた。

総務（そうむ）
赤と紺のしぼり　流（当番町）に1名
その年の流の総責任者。
振興会役員もこれをする。
流委員（ながれいいん）
赤，紺，茶，緑　流に5～6名
山笠行事全般を取り仕切る。建設委員。
衛生（えいせい）
紺，白　各町に5～6名
取締の補佐。各町運営の取りまとめ。
怪我人が出た場合など救護班に。
宮総代（みやそうだい）
茶色　流に2名
年間にわたって，お宮のお世話をする。
町相談役（ちょうそうだんやく）
緑，紺　この手拭は中洲流独自のもの。
各町の役員OBなど。
赤手拭（あかてのごい）
赤　各町に数名
山笠の実働部隊。
普通最初に授かる役員手拭。
町総代（ちょうそうだい）
赤，白，紺　各町に1名

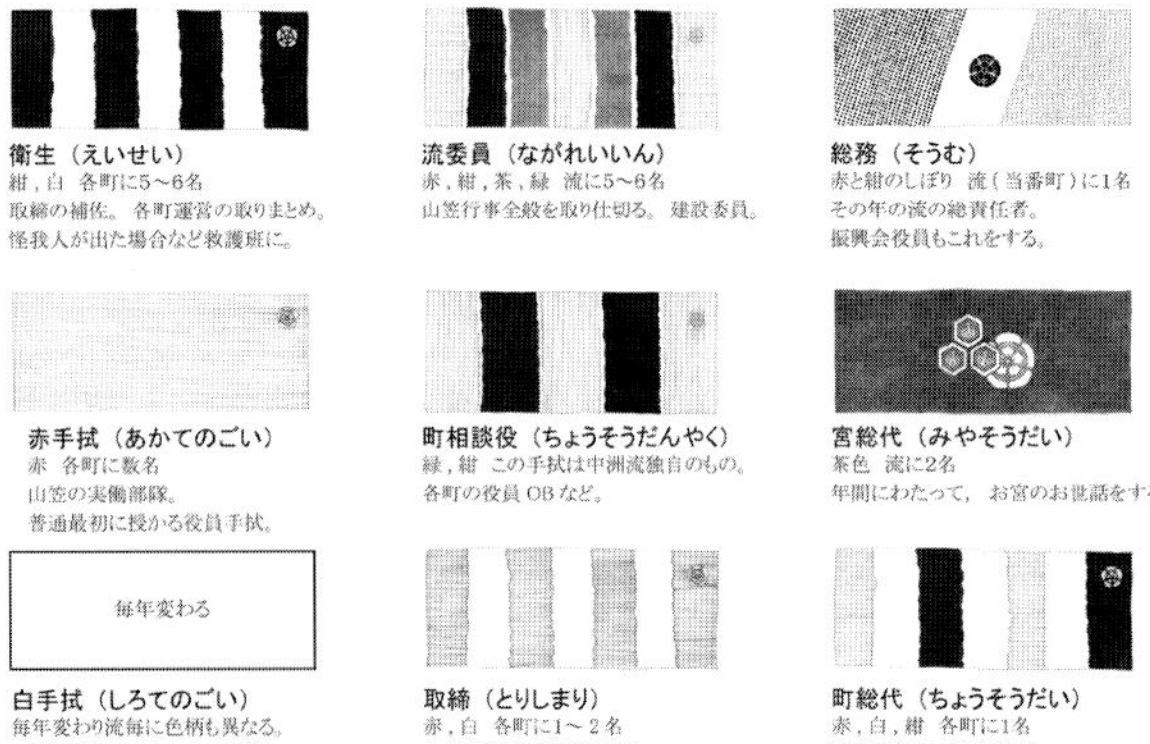
町の代表者（町内会長）。
山笠実動時の最高責任者。
一般に参加する人たちの手拭。

取締（とりしまり）
赤，白　各町に1～2名

白手拭（しろてのごい）
毎年変わる
毎年変わり流毎に色柄も異なる。

図９　山笠の役職と手拭

祭礼拠点である詰所には、子どもの席や居場所を設けている場合が多い。子どもたちは、子供山笠の行事だけでなく、期間中、詰所で大人と一緒に過ごす。そこで、大人たちの様子を見、振る舞いをまね、山笠とは何かを感覚的に学んでいくのである。そのようにして、山笠は次の世代へと受け継がれていく。

山笠によって受け継がれるもの

人びとが山笠によって護り伝えるもの、それはなんだろうか。

一般的に、祭りの機能としては地域コミュニティの維持が指摘される。しかし、現代の山笠においては地元の住人はむしろ少数派で、祭りの参加者はもはやリアルな地縁コミュニティではない。では、祭礼集団を維持する意味はどこにあるのか。

流は、太閤町割の道筋を根拠とするものであった。しかし、現代では、流をそういうものとして理解している人は、参加者の中にも多くはない。そして、現代の博多は高層ビルが建ち並ぶ町である。具体的な姿については、博多はむしろ変化が激しい都市と言える。明治以降の山笠の経緯をみても、山笠は町の姿を留めることに作用してはいない。というより、その変化に順応することで生き残ってきた。

民俗学では、祭りは時間としても空間としても「ハレ」であるとされる。ハレは、「ケ」すなわち日常と対置されるものである。そして、ハレにおいては日常の規範が消え、祭礼固有の規範が立ち上がる。そこには、山笠が護り伝えるものが表現されているはずである。

江戸時代、博多は町衆の自治によって運営されていた。そして、時には権力と抗い、時には迎合しながら自治機能を維持してきた。近代になって政権が明治政府に代わり、行政の力が拡大し、同時に都市空間が近代的な構成へと変えられることになった。そのもとで日常における「流」は解体し、さらに戦後には地縁の基礎単位であった「町」が再編された。現代の博多は、地縁共同体というよりは個人の生活が重なり合う場所である。

写真5　明治通りを横切る舁き山

そんな町で山笠に与えられた役割は、自治によって営まれていた町の記憶の継承なのではないか。

参加者は祭りの意義としてそれを意識してはいない。彼らが意識するのは、山笠の規範に適合した振る舞いであり、こだわるのは「気質」である。しかし、そこにかつての自治の記憶が埋め込まれていて、それによって博多という町のアイデンティティが保たれ続けているのではないか。そして、それ以外は時代状況に合わせ変化を許容してきた。

言うなれば、山笠は「変わらない」ために変わり続けてきたのである。

注

注1　本稿は、2003年以降に九州大学菊地研究室が行なってきた博多祇園山笠および博多の都市空間に関する調査研究にもとづいている（コアメンバー：菊地成朋、上田祥史、田村華、福原信一）。

注2　餓鬼を供養するためにお供えをする棚。

注3　関係者は「ヤマは一年中動いている」といい、祭礼期間以外にも様々な会合が持たれている。

注4　宮本雅明「境内と門前の港町」（『図集日本都市史』、1993年）掲載の図をもとに作成した。

注5　この「小学区」は現在の「校区」にあたるものではなく、教育行政の地域的な単位であり、1つの学区内に複数の小学校が存在した。

注6　他地域からの参加を加勢といい、町単位で参加する「加勢町」が慣習化していた。戦前までは、中洲は大黒流、千代町は恵比寿流の加勢町。

参考文献

1　柳田国男『日本の祭』（1942年）

2　宮本雅明「空間志向の都市史」（『日本都市史入門I』、1989年）

3　宇野功一「藩政期の博多と祭礼」（竹沢尚一郎編『九州の祭り1　博多の祭り』、1999年）

4　遠城明雄「都市空間における「共同性」とその変容―1910〜1930年代の福岡市博多部―」（『人

文地理』第44巻第3号、1992年）

5　羽江源太「戦後都市祭礼とメディア」（竹沢尚一郎編『九州の祭り1　博多の祭り』、1999年）

6　伊藤裕久・菊地成朋・箕浦永子・伊藤瑞季「近世近代博多における職住近接と地縁的結合の変容に関する研究」（一般財団法人住総研、2015年）

都市の精神分析

南 博文

理解の対象としての都市

都市が分からないという事態は、どんな場合であろうか。

初めて訪れた街で、そこの地理に不案内というケースがある。外国の都市の場合、特に言語や文化を含めて、街の構造や交通手段、主立った目的地、危険な場所など、知らなければ不都合が起きる基本的な了解事項がある。ガイドブックにはそうした基礎知識が書いてあり、数日もするとだいたい問題はなくなる。

つまり経験すれば、自ずから読み取れるような都市の「しくみ」があり、移動する人間の側からそれを空間的に「理解」する枠組みとして、K・リンチが『都市のイメージ』で挙げたパス・ノード・エッジ・ディストリクト・ランドマークといった概念は、そうした都市解読の文法を提供している。

都市は読み取れるものである。その場合、読み取る対象としての都市は、日常生活の中で住み、利用する環境であり、場所として存在する。そこでは、様々な問題が発生する。人口の過剰、あるいは減少、それに伴う住宅の不足、交通の不便、犯罪の多発、養育環境の不適さなどなど。これらの具体的な問題がどのような要因によって生起し、どのように解決され得るかを実証的に検証する都市への「解析的なアプローチ」は、社会的に有用であり、学問的にも十分に挑戦的であるだろう。

一方、〈都市を理解する〉という意味は、Aさんという個別の人格を理解するのと同じく、個別対象としての都市を全体として捉え、どのようにして今の姿が生まれ、その振る舞い方の癖や特質、特に危機的な場面に際しての適応や自己防衛の仕方といった、行動面だけでなく、その背後にある都市を成り立たせる「深層の構造」を読む、解釈の作業として見ていくことができるのではないか。

どうしてこの街は、惜しげもなく古い建物をどんどん壊して、自ら歴史を消すような街並みにしてしまうのか。あるいは逆に、どうしてこの街は、現状の問題があたかもないかのように、状況への対応をせず無反応でいるのか。こうした疑問は、外部から入って来た新参者に感じられるもので、長くそこに住んでいる住民には案外と理解されにくい。

都市へのコンサルティングという営為があるとしたら、クライアントとしての都市を対象とし、その性格（character）の特質とそれを成り立たせてきた来歴を過去に遡って理解する、臨床的な方法が求められるであろう。本稿では、この意味での都市理解のアプローチを、都市臨床という言い方で提案したいと思う。

都市の無意識

都市が形成されてきた来歴は、記録として残された「歴史」資料にあるものはごく一部であり、大部分は失われてしまった過去である。ここで、都市の記憶という概念を考えてみる。記憶とは、出来事を記銘し、それを保持し、そしてある場面で想起する事の全般を指す。通常、記憶をする主体は、人間、とりわけ個人であると見なされている。しかし、出来事を覚えておく、あるいは思い出すという作用は、社会や民族、団体といった集合的なレベルでも行われる。記念行事は、そうした集合的な想起の行為である。

記念碑や歴史的建造物は、都市に集中する。そうしたオブジェクト（対象物）は、人々の精神構造に記銘された都市の記憶ではなく、外部に保存された物的な記憶の痕跡として機能する。それを見たとき、過去の出来事が思い出される。その場合の思い出す主体は、都市に住み、あるいはそこを訪れる不特定多数の集合的な人間である。

記念碑は、都市に集中すると先に書いた。なぜそうなのか？

フロイトは、『文明とその不満』の中で、忘却された個人の過去を遡る作業を、古代都市ローマの遺跡発掘に喩えて説明している。表面に見える現在の建造物の下には、それ以前にそこにあった古い層が控えている。ここでフロイトは、地中に埋まっている遺物が、昔のままに残されている事を、心の領域における幼児体験が意識に上らない心の地下層、すなわち無意識の領域に止まっている事と類比されると説明している。なぜ古い層は、表面から隠れているのか。それは、後から来た新しいものによって覆い隠されたからである。

記念碑は、破壊の後に造られる。この場合の記憶は、両価的であり、両義的である。覚えておかれる事は、忘れられる事と裏腹な関係を持って、そこに代表化(represent)される。都市は、こうした常に「以前」を覆い隠していく更新作用にさらされる場所である。しかし、過去もまた黙っていない。表面のここかしこに、ひび割れや痕跡としての姿を覗かせて断片を表出している。あるいは、路上観察の「トマソン」のように、もはや往年の機能を失った無意味な形態として、その後の時間の堆積と折り合わされて、現在の都市にディスプレイされている。

都市の表層から隠れ、人々の公的な意識に上りにくい都市の記憶のフィールドを、「都市の無意識」と呼んでおく。無意識という概念は、精神分析に由来する。意識することが潜在的には不可能ではないが、抑圧のはたらく領域である。精神分析の日本語による表現を試行する北山修は、「見るなの禁止」という概念を提唱している[注1]。他人の家の裏側を覗く事がはばかられるように、それはあるのだが、直視することへの抵抗が伴い、しかもその理由がはっきりとしないような対象の領域である。場所に潜在し、気づかれにくいが、かえってその場所の性格をよく表している、裏側や奥にあるもの。ひっそりとたたずむもの。大人の強引な解釈に抵抗を示す子どもであり、合理的な網にかかりにくい物音に敏感な魚のような存在。精神分析では、この領域に近づくのに、夢という意識の検閲のはたらきが緩んだ、合理性から比較的自由な表出に着目し、自由連想という方法を用いている。

都市の精神分析では、どうするか?

遊歩の方法

ここで、19世紀という歴史の凝縮を、パリのパサージュ空間に読み取ろうとしたW・ベンヤミンの「遊歩者(フラヌール)」の存在が、浮上する。フラヌールとは、「長い時間あてどもなく町をさまよう」者であり、それは19世紀のパリに初めて生まれた新しい都市住民の行動型であった。

遊歩がなぜ都市の無意識を発見する方法となるのか。

それは、都市を歩く体験の中で、その都市が隠し持っている「消去された歴史」が痕跡として浮上する事によってである。それは、都市の文脈と遊歩者の文脈が相互浸透し、ある感情価をもったobjectとして現象化する場面であり、プルーストが描いた敷石につまずき、失われた時が賦活する瞬間である。このような事物との出会いの瞬間を「夢からの目覚め」と位置づけたベンヤミンの『パサージュ論』の核心部に遊歩の現象があり、それは彼の表現によれば歴史弁証法の方法であったが、過去が「今ここ」に再浮上するという点で、精神分析の言う「転移」の類似現象と見ることが出来るのではないか。

ストリート上の事物にわれわれは過去体験のある出来事を転移する。そのとき、その事物は、自分にとって関わりを持った「対象」として現われる。そのオブジェクトとの間に、過去から持ち越された「複雑な感情(コンプレックス)」が、今ここにあるものとして立ち現れる。

例えば、ショーウィンドウの中のある「商品」が、目に留まる。

それは商品と呼ばれ、値札がついて売られる「もの」であるが、ショーウィンドウのこちらに立つ「わたし」をあたかも招いているかのようにそこにリアルに立ってこちらを見ていると経験される。ガラスをはさんだ向こうとこちら。その断絶とだからこその誘惑の

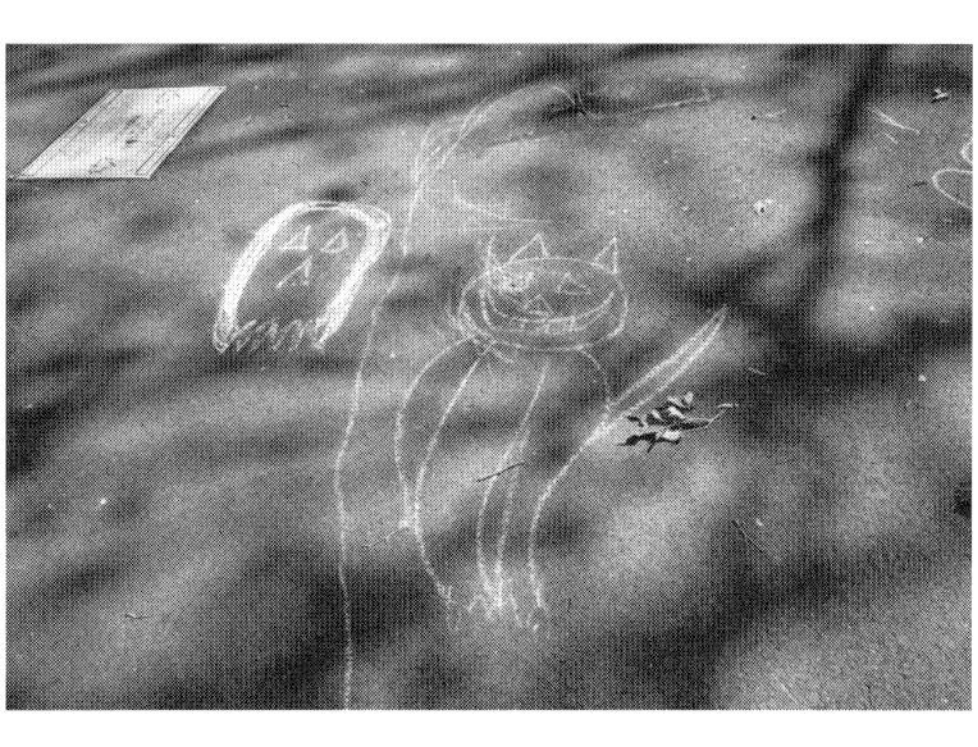

間の揺れに買う欲動が喚起される。パリの街角を撮ったE・アジェ（Atget, E.）の写真には、この事態に自身が立ち会っているかのような錯覚が起きる不思議な現在感がある注2。その一枚に、ガラスに映っている夕暮れと思われる街の風景の「反映」がある。リフレクションとして写真に残像を結ぶ、この「とき」の街路にあった光の「痕跡」をこの映像に見てしまう。写真を撮った人の「現在」のなかに滑り込んでいく、この仕掛けをベンヤミンは「光学的無意識」と呼んだ。

それは向こう側にあるようでいて、こちら側に立っている「わたし」の作用と切り離せない。商品が呼んでいるかのように感じられるのは、「わたし」の側の映し出し（プロジェクション）である。遊歩する体験の中で遭遇する事物が時折もつ「アウラ」は、精神分析が言うところの転移ではないだろうか。

都市の無意識は、都市自体に備わる性質であるというよりも、都市の事物との間に時折起きてしまう遭遇体験の中で、何かが「対象」として現われ、その対象において、過去が「今ここに」再演する出来事の性質である。

ベンヤミンは、このような遭遇を、「陶酔における類似化、重ね合わせ、同類化」の生起だとした。遊歩におけるこのような追憶は、精神分析における自由連想と同質であると考えられるだろう。実際、土居は、次のように述べている。

> 自由連想とはあてどもなく心に浮かぶ映像ないし思考を次から次へと追っていくことである。それはたとえていえば、地理に不案内な土地でとくにこれという目的もなくただ足にまかせて歩きまわるようなものである。われわれはみなこの自由連想にときおりふけることがある。（土居健郎『精神分析』p. 33）

精神分析における解釈は、分析者と被分析者とのあいだに起きる転移・逆転移の関係の

中で、互いの自由連想のうごきを参与しつつ観察する事によって、まだ意識に上らない「それ」に言語的な表現を与える行為である。

都市のフィールドワークにおいて、目的的意志をあえて廃し、フロイトの言う「平等に漂う注意」の中で事物との遭遇（encountering）に身をまかせるやり方を遊歩の方法と呼ぶことにする。

Stroll and Scroll

遊歩によってすくい取られた都市事物との遭遇の瞬間を、スナップショット写真のイメージによって定着する試みを、ベンヤミンの「都市のみる夢」の具体化だと考えていくつか試行している。

筆者は、２００２年にニューヨークで精神分析的心理療法を約８ヶ月のあいだ週２回のペースで受ける経験を持った。45分のセッションの後、大学にもアパートにも帰る気持ちにならず、また比較的時間の自由があったことも手伝い、自然と分析家のオフィスから街を歩くようになった。特にあてもなく、ただ赴くままに任せて、通りを歩いた。数ヶ月して、目立って起きた変化は、自己の理解といったような「心理的」な事と言うよりは、身体的なものであった。分析家のオフィスの近くにあった食料品店の入ってすぐの所に置かれた多種多様なオリーブに眼が引かれるようになった。そして、いつも移動で使っている地下鉄の駅構内に、それまでも特に気にする事なく見ていたはずの、鉄のオブジェクトが異様に鮮やかに見えた。

「知覚の敏感化」が起きているようだった。それと同時に、都市の立ち現れが、その素材性を剥き出しにして、こちらに迫って来るようになり、なぜか撮る写真がこれまでよりもリアルで感覚的にクリアーになった。Physical であるとは、「物理的」であるのではなく、都市がこちらの身体（Physical）とぶつかるそれ自体の Body として目の前にあり、足下

にあり、頭上にあり、この体を取り囲んでいる堅い材質（materiality）であり、空間を充填する光である、と実感された。当時、すでにデジタル写真の時代に入っていたが、この光をフィルムという材質に直接「焼き付ける」事が、必須であると感じられた。１本のフィルムの巻き（scroll）に定着された光の痕跡は、その時のさまよい歩き（stroll）の物質的な記憶であると思われ、このフィルムによる遊歩の記録をstroll and scrollと呼んだ。

街を自由連想的に歩いていく遊歩の時間の中で、路上の事物・出来事の何かに引っかかりが生じる。この時の遊歩者の無意識と都市事物の無意識との交差・相互浸透との様相に、その都市の歴史的な痕跡が顔をのぞかせる。その顔つき（フィジオグノミー）を、夢のテキストと同じように捉え、遊歩者自身の連想をたどり、また同時に都市の文脈をたどる作業を通して、そこに焼き付けられた無意識の思考を読み解くことが、都市への臨床的なアプローチとして考えられるだろう。

都市の無意識は、どんな普通の町にも潜んでいるであろうが、「悲劇」と見なされるような外傷体験を経た場所では、記念碑という公的な表象の影にもう一方の隠れた経験の層が潜んでいるのではないか。そのように仮説を立てて、現在、ニューヨークと広島のグラウンドゼロを歩いている。

注

注1　北山修『劇的な精神分析入門』（みすず書房、２００７年）

注2　Eugene Atgèt, Magasin (shop), avenue des Gobelins. In Lemagny, J. C., Aubenas, S., Borhan, P., and Lebart, L. *Atget: The Pioneer*. New York: Prestel, 2000. p.101

参考文献

1　W・ベンヤミン『パサージュ論　Ⅲ　都市の遊歩者』（岩波書店、１９９４年）
2　Koolhaas, R. *Delirious New York: A retroactive manifesto for Manhattan*. New York: The Monacelli Press, 1994
3　土居健郎『精神分析』（講談社学術文庫、１９８８年）
4　S・フロイト『自我論集』（竹田青嗣・中山元（訳）、ちくま学芸文庫、１９９７年）
5　Freud, S. *Civilization and its discontents*. London: The Hogarth Press, 1957

街《まち》の発達課題を見立てる
—人と街が育み合うことを支えるデザイン—

當眞 千賀子

「癖」を頼りに…？

発達心理学者の私がアーバンデザイン学コースに加わるというささか不思議なご縁を得たのは、今から5年ほど前の２０１０年のことである。都市計画学も建築学も私にとっては未知の世界。初めて訪れる地を旅する時のような気分を味わいながら「アーバンデザインセミナー」という授業に足を踏み入れた。

都市・建築を専門とする同僚や学生たちと福岡の街に出かけ、街を歩き、街の人々と交流し、街を語り合う…。そんな体験を重ねるうちに、私の街へのまなざしの向け方にはどうやら一風変わった特徴があるらしいことに自他ともに気がつくようになった。その「癖」のようなものを頼りに、芽生えつつある街へのアプローチの素描を試みることにしよう。

さてその癖とは…。ひと言でいうと「育み癖」のようなものである。人にはそれぞれ世界[注1]の体験のし方やかかわり方にさまざまな特徴があるものだが、私にはどうも人にまつわる諸々に「育つ可能性をみようとする」癖があるようで、「アーバンデザインセミナー」でもそこが気になって仕方がない。

街はそこで生きる人々がいてはじめて街になる。

人がまったくいなくなれば、どれだけ立派な建物や公園や道路があっても、そこはもはや街ではない。言うまでもないことのようだが、この当たり前のことが、本当に大事にされてきただろうか。立ち止まって振り返ってみる必要はないだろうか。

街はまた、人々のさまざまな営みとともに変化し続ける。

人がいなくなった廃墟は、諸々の風化作用によって、エントロピー拡大の法則に沿った一定の方向に変化するだけだが、人が暮らす街の変化は一様ではない。人々の営みのありようによって、さまざまに、時に劇的に変化する。そしてその変化は、そこで人々が生き生きと暮らし、育み合うことを支える方向にあることもあれば、その逆もあり得る。

そうであれば、このような方向性の違いを念頭に置いて、これまでの街へのアプローチの仕方を丁寧に吟味し、これからのアプローチを工夫することが、本当はもっと必要なのではないだろうか。「アーバンデザインセミナー」の回を重ねるごとに私の中で大きくなっていったこの問題意識は、やがてひとつの概念と結びついていった。「発達課題」である。

発達課題という発想

発達課題は発達心理学のキーワードのひとつだが、私はこの概念が発達の「内容」だけでなく「タイミング」を同時にハイライトし問題化していることに魅力を感じている。

発達課題という用語は１９３０年代のころから人間の発達の特徴と教育的働きかけのあり方を議論する中で使われていたようだが、１９５０年代初頭にシカゴ大学のロバート・Ｊ・ハヴィガースト[注2]がこの概念を軸に据え、生まれてから死ぬまでの人間の生涯を射程に入れた包括的な発達・教育論を展開した本を出版したことにより、国内外で広く注目を集めるようになった。ハヴィガーストは、アメリカ合衆国のような近代社会における一生は、習得すべき課題が次々と出てくるようなものであるとした上で、発達課題について次のように述べている。

> 個人が習得しなければならない諸課題、すなわち人生における発達課題とは、私たちの社会において健全で満足のいく成長を形づくるものである。それは、１人の人間が自他ともにそれなりに幸せでよくやれていると判断できるような人物であるためには習得しなければならない課題である。発達課題とは、人の生涯の特定の時期に生じ、それをう

まく達成することが幸福につながり、後の課題の達成へと導く一方で、うまく達成できないと、社会的承認が得られず不幸に感じ、後の課題の達成を難しくするような課題である。(Havigurst,1953,p.2　拙訳)

私たち人類は社会的関係性の中で生まれ、育ち、生きるという特徴を備えた種である。したがって、人間の発達課題も生物学的な面と社会的な面を併せ持つことになる。

例えば、「歩くことができるようになる」という課題を取り上げてみよう。日常生活の営み方には文化的多様性があるが、どの文化も歩くという行為が基本的な移動の手段であることを前提として構成されている。それまで年長者に抱いて移動してもらっていた赤ちゃんが歩けるようになると、他者の手を借りなくても行きたい場所へと移動できるようになり、主体的に探索可能な世界と体験の幅が一挙に広がる。幼子が歩き始めることを支援し祝う慣習がさまざまな文化でみられるのもうなずける。かくして、1歳前後のちょうどつかまり立ちを始めるような頃の乳幼児にとっては「歩けるようになる」ということが重要な発達課題である。しかし、まだ座ることもできない赤ちゃんにとっては、歩くことなど努力のしようもない無理なことで、発達課題にはなりようがない。他方、すでに走り回っているような子どもたちは、「歩くことができるようになる」という発達課題をクリアしたからこそ可能になる「走る」という行為を通して体験をさらに広げているわけで、「歩く」ことはもはや発達課題ではあり得ない。

このように、発達課題という概念には、「何」ができるようになるかと「どのタイミングで」ということを同時に考慮するという特徴がある。このタイミングだからこそ根気強く取り組むことが育ちにつながるということがある一方で、このタイミングで取り組んだのでは無理を通そうとして消耗するだけでいいことはないという課題もあるのである。さらに、一見取り組むべき課題のようでいて、見る目さえあればそれは既に育まれていて活かされていないだけということもあり得る。

　ハヴィガーストが設定した具体的な発達課題の内容は、１９５０年代のアメリカ合衆国の社会文化的文脈を前提としたもので、民主主義社会の市民としてのパブリックへの責任ある関与と個人的関心や欲求が相乗的に育まれることを願う思いが織り込まれたものになっているが、現代の文脈には適合しないものも含まれている。そのためか、最近では発達心理学の教科書でも「発達課題」をキーワードとして扱っているものを見かけることが少なくなったが、私は、「形成的フィールドワーク」（當眞[注3・注4・注5]）という実践形成型の発達研究を進めていく中で、その実践的価値を再発見している。

形成的フィールドワークと発達課題

　形成的フィールドワークとは、従来の記述を目的としたフィールドワークと異なり、実践現場の人々との問題・課題の共有とそれを踏まえた実践の形成までを射程に入れたフィールドワークの方法である。具体的な現場（フィールド）の実践場面で、従来の「参与観察」に留まらず、研究者自らが必要に応じて実践に介入しつつ現場の人々と協働して工夫を試みる。そして、その過程で何が生まれるかを関与しながら観察し、観察しながら関与を続けるといった一連の流れが組み込まれる。形成的フィールドワークの重要な特徴は、人の発達を個に閉じた過程ではなく、人々が実践を形成する過程と、実践を通して互いに育みあう過程を含む文化的な営みと切り離せないものとして捉えようとする点にある。研究者が現場の人とは異なる役割を担いながら現場の人々とともに実践を形成していく中で、現実的かつ具体的な課題に協働で取り組み、可能性を汲み取り引き出していく。そして個人も関係性も実践の仕組みも育つからくりを、実践形成を通して検証していくことを目指すという発達的かつ臨床的特徴をもつ方法である。

　保育所や児童養護施設などの現場で形成的フィールドワークを進める中で生じてくる

諸々の課題の性質を見極めて対応を考えるとき、発達課題として捉えることが実践を育むことを助けてくれることがある。この際、私は発達課題をアプリオリに定まっているものでもなければ、当該社会のメインストリームの価値観によって一律に定めるべきものでもなく、「人が幸せに生きて命を全うするとはどういうことか」を問いながら、現場の人々との対話を通して見立てていくものとして捉え、実践形成のプロセスで活用している。

「街」が育つ？

人の育ちを支える街・街の育ちを支える人

さて、街が「豊かで魅力的である」とはどういうことだろうか。むろんこの問いに答えるのは一筋縄ではいかない。何に焦点を当て、何を重視するかによってかなりの幅があるだろう。ここではあえて、人々が生き生きと[注6]暮らし互いに育み合うことを支える営みが日常的に展開している状態を豊かで魅力的であるとしてみたい。このような意味で豊かで魅力的である方向を志向して日常が営まれている街では、なんらかの形でそのような街の営みを育む人々が育っているはずであり、そのような人々は街の営みによって育まれるというプロセスが働いているはずである。

人と街が育み合う方向で変化していくことを支えるデザインを考えるには、あまたの問題に手あたり次第に取り組めばいいわけではない。「何に」どの「タイミングで」取り組むことがその街の育ちを支える人を育み、そこで暮らす人の育ちを支える街の営みをより豊かなものにするのかを見極めて、取り組むべき課題を見立てることが重要になる。こう考えると、「街の発達課題」という発想も、あながち的外れなものでもない。それだけでなく、実践的価値が期待される発想であるという気がしてくるのだがいかがだろうか。

そこで差し当たり、街の発達課題を次のように概念化してみることにしたい。

街の発達課題とはその街の進行形の歴史のある時点で生じている課題で、その課題に取り組み乗り越えることによって、街が魅力的で豊かになり、街と人が育み合う可能性が高まるような課題である。そしてまた、その課題に取り組むことがなければ、次の課題の取り組みや達成が困難になり、街の魅力や豊かさが損なわれていく方向での変化が生じる可能性が高くなってしまうような課題でもある。（當眞2015）

「発達課題」を見立てるという発想で街を見ると…

街の発達課題を見立てるには、丁寧なフィールドワークが必要であるが、残念ながら現時点ではどの街についてもそのような水準のフィールドワークができているとは言えない。さらに、街の発達課題を見立てることの実践的価値は、人と街が育み合うことを支えるデザインを醸成する活動の中で生まれるものであるから、見立てる作業は、それ自体がその街にかかわる人を育む過程の一環として、対話的に進められる必要がある。それ故、ここである街の発達課題を見立てるというのは、原理的に無理な注文である。それでも、突拍子もないように見えなくもないこの発想を、少しはリアリティをもってイメージしていただくために、これまで「アーバンデザインセミナー」でお世話になった街についての限られたフィールドワークをもとにして「発達課題を見立てる」ことに繋がるであろうと思われる作業を試みてみたい。

商店街という宝物

２０１１年の「アーバンデザインセミナー」の対象地であった福岡市中央区美野島を歩いてみると、十字に交差する直線の街路に沿って多様な店舗が並び「昭和の街並みの面影が残る」と称されるみのしま商店街の周辺に、さまざまな形状の味わい深い小道や路地が広がり、住宅地の中に歴史のある神社が点在する街であった。

商店街には老若男女が訪れており、「買い物をする」という行為に伴ってさまざまな日々の営みが見られ、商店街ならではの活動が息づいていた。ここではフィールド編の「流動する美野島―「空き」に着目して」の中の写真も一部活用しながら、「発達課題を見立てる」という視点で考えてみたい。

30年ほど前のみのしま商店街は、時間帯によっては買い物客で溢れるほどの活況を見せていた福岡屈指の商店街であった。現在はシャッターの下りた店が点在するものの、地域の大学も巻き込んだ季節の祭りや週末のイベントなども定期的に開催され、現在も注目され続ける商店街である。２０１１年の「アーバンデザインセミナー」でみのしま商店街を訪ねたのは、特別なイベントがなく商店街の日常の姿を垣間見ることのできる日であった。

ある店の前ではバギーの中の子に腰を折って笑顔で語りかける店の人に、にっこり笑って応える子どもと母親の姿があった（写真１）。わが子を可愛がり成長を見守ってくれる人とのかかわりは、どの時代にも、日々の子育てを支える大事な力になる。

たい焼き屋さんの前では、２歳にならないであろう幼児を自転車のチャイルドシートにのせたまま母親がたい焼きを買いに店の中に入っていった（写真２）。ガラス越しに店の中が見えるとはいえ、シートに座ったおさなごは、不安な様子も見せずに商店街の様子を眺めている。この事態が一般論として適切かどうかには議論の余地がないわけではないが、このエピソードは、この母親にとってもこの子にとってもこの場が安心できる場であることを感じさせた。

青果店では、お年寄りが買い物用のカートを引いて、店の人とあれこれと会話を交わしながらわずかばかりの品物を買い、また別の店に入っていった（写真３）。ある初老の男性は、美野島橋の方から自転車でやってきて、短い会話を交わしながらパンを１つだけ買うと、商店街の中へ入っていったのだが、しばらくして向こうからやってきたとき、自転車のハンドルには最初に買ったパンの袋が下がっているだけで、他に買い物をした気配は

写真１　嬉しそうに笑顔と言葉を交わす母子と店の人

写真２　お母さんがたいやきを買う間、チャイルドシートで待っている幼児に不安な様子は見られない

なく、美野島橋の向こう側へと去っていった。

商店街のいたるところでみられたこのような場面の共通した特徴は、さりげなく良質な人と人のかかわりが、日々の生活の中に、無理なく織り込まれるようにして息づいていることである。「なるべく多く、速く、効率的に用事を済ます」というモードとは対照的な、買い物の姿がそこにある。

「買いに行く」ことが、「会いに行く」ことであり、「語り合う」ことであり、「気に掛け合う」ことであるような営みが日々さりげなく繰り返される…。そのことの豊かさを感じさせられる。このような営みは、ひょっとすると買い物客で埋め尽くされるような活況を呈していた時代よりも、現在の方がよりゆったりと豊かに展開しているのかもしれない。

現在、日本では少子化と高齢化への対応が国家レベルでの重要課題とされ、子育ても老後の生活も孤立傾向が高まっていることが問題となっている。そのために、新たな対策が求められているが、灯台下暗し、商店街はそのための実践知の宝庫である可能性が高いのではないだろうか。

このような豊かな営みは商店街にかかわるさまざまな人々の力によるものであることは言うまでもないが、その中でもそこで長年商いを続けてきた商店主の方々の存在は大きい。みのしま商店街でも、街の歴史とともに店主も高齢化し、昨年（２０１４年）も40年以上続いてきた店がまたひとつシャッターを下ろした。

私たちは、商店街という場の存在意義も価値も十分に理解し評価できるところまできているとは言えないだろう。さまざまな変化の波に押し流されるようにして、このままその営みを失ってしまってよいのだろうか。これは、特定の商店街の店主にとっての問題にとどまる問いではない。私たちが暮らす街のありようを考える上で大事な問いであり、それは言い換えると、私たちがどのように育ち、生きようとするのかということに繋がる問いである。

写真３　カートを引いてお買い物とおしゃべりと…

ここでは、十分とはいえないフィールドワークをもとにしていることを承知の上で、あえてこのタイミングでみのしま商店街を軸とした街の発達課題を見立てる上で、キーポイントになりそうな点をいくつか挙げてみたい。

・現在の魅力の軸となっている、商いを通した多様な人々のつながりと支え合いのありようを、店主が高齢化していく中で創造的に継承していくにはどうしたらいいか。

・現在の商店街の営みの質を礎に、多様な世代が無理なく繋がり、日常に根を張ることのできる子育て支援や高齢者サポートの機能を充実させるような実践を育むことはできないか。

・みのしま商店街を軸とした美野島地区がより魅力的で豊かになり、街と人が育み合う可能性が高まるような工夫を考える上で、道路とのかかわりをどう考えるか。

これらはあくまでも、「街の発達課題」という発想で考えた場合にこのタイミングで取り組む必要がありそうなキーポイントの候補の例であるが、街の活性化が問題化される際によく使われる「集客力」や「利用者数」の向上といった目標設定では捉えられない、「営みの質」や「体験の質」を問題にしていることに注目していただけると幸いである。

街にかかわる人々が、このような問いをとっかかりにして対話を重ね、街の発達課題を見立ててみるという活動は、工夫次第では、街を育む人を育むプロセスになる可能性を秘めているのではないだろうか。一筋縄でいくような単純な営みではないが、そうであればこそ、街を育むことが人を育み、人を育むことが街を育むという発達的サイクルが動き出すことも期待できる。

「道」と「街の営み」と「発達課題」

美野島を散策していると不意に、不思議な空間に出くわしたことがあった。百年橋通りの美野島小学校前の信号から、比較的幅の広い道路のような空間が北に70メートルほどのびたところで行き止まりになり、その左右に美野島らしい細い道路が伸びるという奇妙なT字路になっているのである（図１）。奇妙な形状が気になって地図を見てみると、その延長線が住吉通りに抜けるあたりに、やはり同じような幅広の道路状の空間が50メートルほどできている。奇妙な形状なので関係者に問い合わせてみると、やはりどちらも住吉通りと百年橋通りを結ぶ都市計画道路（住吉美野島線）の一部として整備されたものであり、未完成ながらその道路計画はまだ生きているとのこと。キーポイントの例のひとつに道路にまつわるテーマを挙げたのはこのためである。

「道」のありようは、街のありようと切っても切れない関係にある[注7・注8]。幅員の広い道路は、いくつもの街の間を人と物が自動車で高速移動することを可能にするものである一方で、街を分断するものでもある。美野島を横断する百年橋通りは、市内でも屈指の交通量がある道路で、福岡市中心部の東西を結ぶ自動車交通の要のひとつである。その一方で、みのしま商店街のある街区と南側の街区を物理的にも心理的にも分断する道路であるといえるだろう。この道路の幅が狭く交通量も少なかったとしたら、南側と北側の地区の関係はどのようになっていただろうか。今後もし住吉美野島線の整備が復活し、開通に至ることがあれば、自動車での都心部の移動はさらに便利になり、みのしま商店街とその周辺の街は東西に分断されることになるだろう。そのことは、美野島の街に暮らす人々にとって、また福岡という都市に暮らす人々にとって何をもたらすことになるのだろうか。

何かを新たに作るということは、それが何であれ何かを得ることであると同時に何かを失うことである。道のありようが街のありように及ぼす影響の大きさを考えたとき、道路網の整備計画は、街や都市の発達課題という発想のもとに、折に触れて再検討を重ねていくことが必要ではないだろうか。１９５０年代のマンハッタンでロバート・モーゼスが提案した通りの幹線道路がワシントンスクエアを横切るように建設されていたら、グリニッジヴィレッジやソーホーのようにマンハッタンの中でも独特の魅力に溢れた街は現在どん

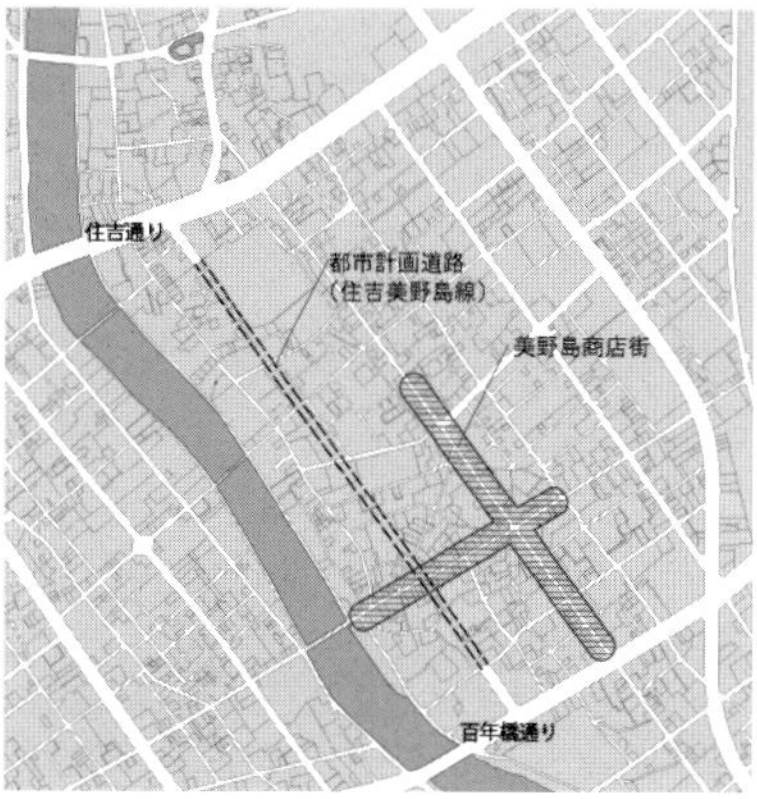

図１　美野島の都市計画道路

なありようになっていたかを想像してみると、一度決定した計画でも立ち止まって真剣に再検討することの意義がイメージしやすくなる。シャーリー・ヘイズやジェイン・ジェイコブスをはじめとするヴィレッジの住民たちは、「発達課題」という概念こそ用いてはいないが、ここでの「街の発達課題を見立てる」という発想と響き合う視点から4車線の幹線道路の建設によって失われるであろう街の営みに思いを馳せたのではないだろうか。街や都市の発達課題の見立て方によっては、一度道路にした道の両脇の歩道を広げて街路的な空間にしたり、開通した道路にあえて行き止まりをつくって広場的な空間を創出したりすることも考えてみる価値のあることである。

ところで、百年橋通りの美野島小学校前交差点から北にのびた70メートルほどの空間は、行き止まりであるおかげで、街路のようで広場のようなちょっと不思議な魅力を感じさせる場となっているように感じるのは私だけだろうか。この場所で、たまには商店街の分身のような露店のマルシェを開いてみるとどうだろう。百年橋通りの向こう側に住む人たちからも見えるようなマルシェである。何度かマルシェに出かけるうちに、味わい深い小道を通って散策しながらみのしま商店街まで足をのばしてみる人たちが出てきそうな気もする。美野島小学校前の横断歩道をもっとずっと幅広にして、物理的にも心理的にも渡りやすくしてみることだって検討してみる価値はある。「豊かで魅力的な街」へと育むためのブレインストーミングは大らかに発想するに限るのだから。実現可能かどうかに最初から縛られてしまってはブレインストーミングにはならない。そうだ、みのしま商店街の夏祭りの日には、たなばたさまにあやかって、美野島地区の部分だけでも百年橋通りを車両通行止めにして、歩行者天国にしてみてはどうだろう。天の川でさえ年に1度は渡れるようになるのだもの。Why not!

注および参考文献

注1　ここでいう世界とは人も物も含んだ体験されるすべてである。

注2　Robert J. Havighurst *Human Development and Education*. Longmans, Green and Co., New York, 1953

注3　當眞千賀子「問いに導かれて方法が生まれるとき—形成的フィールドワークという方法」（『臨床心理学』第４巻第６号、７７１～７８２頁、２００４年）。

注4　當眞千賀子「形成的フィールドワークという方法～問いに応える方法の工夫」（吉田寿夫（編）『心理学研究法のあたらしいかたち』、誠心書房、１７０～１９４頁、２００６年）。

注5　當眞千賀子「子育ての社会・文化」（無藤隆・子安増生編『発達心理学　Ⅱ』４章［社会］、東京大学出版会、２７９～２８５頁、２０１３年）。

注6　「暮らす」ということには、その街に居住することだけでなく、その街で働く、遊ぶ、憩う、買う、食べるなど、人が日々を暮らすことに含まれるあらゆる活動が含まれる。

注7　ヤン・ゲール『人間の街—公共空間のデザイン』（北原理雄（訳）　鹿島出版会、２０１４年）。

注8　バーナード・ルドルフスキー『人間のための街路』（平良敬一・岡野一宇（訳）、鹿島研究所出版会、１９７３年）。

歩くことから考える都市デザイン

有馬　隆文

歩くことを基本とした街「長崎」

筆者は長崎に生まれて高校までの18年間を長崎で育った。自宅が中心市街地に位置していたため、幼少の頃は母親に連れられて近所の市場に歩いて出かけたものだった。市場とその近隣には、たくさんの店が軒を連ねていた。おそらく現代ではスーパーに行けば何でも手に入るだろうが、当時は、魚は魚屋、肉は肉屋、豆腐は豆腐屋、漬物は漬物屋などの様々な店があり、母親の買い物と言えばこれらの店を一軒ずつ歩いて巡ることであった。

この店巡りは幼少の小心者の子供にとって、とてもドキドキする体験だった。この感覚は今の子供にはわからないかもしれない。何故ならコンビニやスーパーが溢れてしまった現代において、コンビニ等の店は、お決まりの品ぞろえ・わかりやすいレイアウト・定式化された店員の挨拶など、そこにはパターン化された「もてなし」が準備されているからである。しかし、この長崎の市場は、洗練された「もてなし」の代わりに、現代の商業施設が失ってしまった様々な体験や機会の場に満ちていた。

例えば、魚屋の店先には捕ってきたばかりの新鮮な地物の魚介類がそのままの姿で所せましと氷上に並べられて売られていた。今にして思うと、そこには色とりどりの多彩なものがあった。現在、スーパーに行くと、綺麗にパックされ、売れ筋のサーモンやマグロの類ばかりを扱っており、「魚」というよりも「食品」としてのリアリティは高いが、当時の魚屋は小学生の自分にとって「生々しい海の生き物」を感じる場所でもあった。一方、肉屋やお茶屋では、量り売りを基本としていたために、必ず店主とのユニークな対話が必要であった。店主はよく「はい、５万円！」と高い声を発しながら、５円のお釣りを返し

写真１　長崎市中心市街地風景

てくれたものだった。そのような店主たちは子供の私にも声をかけてきた。必然的に回答を求められドキドキしながら答えたら、母親・店主・ほかの客の一堂に笑われた記憶が今もある。商店街の記憶と言えば「匂い」も思い出す。人間というのは不思議なもので、目で見たものはすぐ忘れてしまうが、匂いはなかなか忘れない。市場は「匂いのデパート」と言えるぐらい、様々な匂いに満ち溢れていた。いまだに、当時の豆腐屋・乾物屋・クリーニング屋・ラーメン屋・板金屋の様々な匂いを思い出すことができる。

このような市場は思春期を境に足が遠のいた。高校時代になると筆者は金毘羅山の中腹に位置する高校に通った。自宅から歩いて30分程度だが、その往来のほとんどは、狭い急な坂や階段であった。平日は部活に明け暮れる毎日だったが、土曜の放課後になると、友人たちと連れ立って中心市街地に繰り出した。長崎では中心市街地に繰り出すことを「浜ぶらする」と言っていた。「浜ぶらする」とは、中心市街地の浜町をぶらぶらする意味であり、高校生である僕らは、買いたい物が無くても「浜ぶら」を楽しんだ。要は「浜ぶら」の最中に誰か友人に出会うことが、ある種の喜びだった。今は携帯で誰かと何時でも繋がることができるが、僕らの若い時代、中心市街地は誰にとっても大切な社交場だった。

つらつらと私の体験を紹介したが、私の育った長崎は歩くことを基本とした街であった。市街地は山間の細い谷間に形成されたことから集約的な都市構造を有し、街の各所まで容易に歩いて到達が可能であった。また猫の額みたいな土地に所せましと建物が建ち並び、圧倒的な密度を有していた。現在でも長崎市の中心部には土地にゆとりがないことから、地方都市にしては地価が高い傾向にある。このように高密な市街地であったために自宅の近隣の商店で何でも揃えることができた。すなわち、施設の利用やアクセスの面からも、まさに歩いて暮らせる環境だった。また、市街地は、中華料理店が軒を並べる中華街、洋館群が建ち並ぶ南山手地区、江戸時代からの花街である思案橋・丸山地区などの個性豊かな地区から構成され、お寺の塀が連続する寺町通り、石畳に雨が似合うオランダ坂、石垣

写真2　長崎市遠景（高密に形成された市街地）
（撮影：佐藤誠治）

にツタが絡まる幣振坂《へいふりさか》などの歴史や文化が表出した通りや辻などが数多く存在する。長崎を訪れる観光客はよく「坂が多くて道に迷う」というが、長崎に住む者にとっては、ひとつひとつの坂にはそれぞれの趣と個性があり、ぶらぶらと街歩きを楽しむには、うってつけのスケール感と見どころ満載の街である。もともと長崎には街の各所をぶらぶらと訪ね歩く文化がある。それは長崎に古くから伝わる「長崎ぶらぶら[注1]」の歌詞にも歌い込まれている。現在、「長崎さるく博[注2]」が好評を博しているが、さるく博は何も新しく始めたことではなく、もともとあった街なかの各所を訪ね歩く文化を継承した企画である。

さて、一般的に人々がよく歩く街は公共交通が発達していると言われるが、長崎には公共交通としてバスと路面電車があり、路面電車は市中の低地部の主要施設を結び、バスは路面電車のアクセスが難しい山手と低地を結んでいた。長崎のバス会社は「片道定期」という面白いサービスを提供していた。片道定期とは、片道分しか定期利用が適用されない割引サービスであり、斜面地の多い長崎では斜面の昇りにこの片道定期を利用する人が多い。すなわち、下りは歩くことを前提としている。このように長崎はハード面、ソフト面ともに人々を歩かせる構造や仕組みを持った街である。

歩く行為の効果や魅力

私の体験に基づき長崎の街を紹介したが、これ以降は前述の話を背景として「歩く行為」と「歩ける街」について考えたい。

歩くという行為は、多くの人にとって日常の基本的な身体行為であり、車・バイクなどの新しい交通手段が普及しても決して無くならない行為である。「歩く＝移動」とも捉えがちであるが、歩く行為には人間にとって様々な副次的効果や魅力が内包されている。では、歩く行為の効果や魅力を考えてみよう。

第1に、歩く行為は「魅力ある五感体験の機会」である。人間は歩く行為の過程でその場の環境を感じ取る。例えば商店街や市場を歩くと、売り子の声を聞き、圧倒的な商品を目にし、食料品などの匂いを感じ、何か気に入った品物があるとそれを手にとるかもしれない。一方、自然の中の森林を歩くと、鳥の声を聞き、新鮮な空気を吸い、木々の木漏れ日を目にし、自然の豊かさを感じ取るだろう。すなわち、歩く行為は五感を通して環境と向き合う素晴らしい機会である。これは自転車や車などの他の移動手段では感じえない魅力と言える。車や電車の車窓を通して街を見ても、我々はその街固有の雰囲気を理解できない。それは、身体を通して感じ取るレセプターが働かないからである。

第2に、歩く行為は「学びの機会」である。街を歩くことによって人々は様々なモノやコトを発見する。同じ街を歩いていても季節や時間が異なれば、街は違った表情を見せる。このような発見や驚きに街歩きの面白さがある。かつて今和次郎は関東大震災で焼け野原となった東京を歩き、バラックや通行人を観察して「考現学[注3]」を提唱した。赤瀬川原平らは街中のトマソン[注4]、マンホールの蓋、看板などを発見し考察する「路上観察学会」を創設した。いずれのケースも街歩きの中で気付き得た学びである。近年では、「世界ふれあい街歩き」や「ブラタモリ」などのメディアの影響もあって、知的好奇心から街を歩く人が増えている。また、このような人々を対象に成功を収めた博覧会が前述の「長崎さるく博」である。長崎と言えば古くからの観光地であり、市内の各所に観光名所が点在するが、このさるく博の舞台は観光名所のみならず長崎の街のそこかしこであり、町中をボランティアガイドの案内でぶらぶら歩き学ぶ形式の博覧会である。このようなガイドとともに街を歩く観光のスタイルは各地で定着しつつある。

第3の効果や魅力は、「他者とのコミュニケーション」である。現代の若者にはなかなか伝わらないかもしれないが、そもそも、現代のようにサラリーマン人口が増える前の職住近接がまだ可能であった時代、街は社交の場であり、コミュニケーションの貴重な機会であった。かつて筆者が子供時代に親と街を歩くと、親の知人に遭遇し長い立ち話に付き

図1　商店街における五感体験

合わされた。また、親と近隣の市場へ買い物に行くと、親と一軒一軒の店主との会話にうんざりしたものだった。しかし今にしてみると、そこには大人たちの濃密な対面的コミュニケーションの世界があったと思う。今日の都市にはコンビニやチェーン店が氾濫し、店の主人と会話することもなくなった。一方、街を歩く人は携帯やウォークマンを耳に当て、自ら会話の機会を放棄している。街からコミュニケーションの機会が減少しつつあることは、極めて残念なことである。

第4の効果・魅力は、やはり「心身の健康づくり」である。近年の健康志向ブームの影響により、老若男女問わず多くの人がウォーキングに勤しんでいる。ウォーキングという言葉を使うと、スポーツとしての体づくりや体脂肪を燃焼させるダイエットというフィジカルなイメージが強いが、メンタルな健康面での効果も高く、心のリフレッシュや気晴らしのために歩くという人も多い。江戸時代にはこの「ウォーキング」と「気晴らし」の両者を兼ね備えた便利な言葉があった。それが「物見遊山」である。物見遊山とは「物見して遊び歩くこと」の意であり、江戸時代の後期の町人文化の勃興とともに盛んになり、多くの町人達が物見遊山に出かけたそうである。もちろん、その移動の手段はもっぱら徒歩であり、目的は、寺社詣で・名所めぐり・湯治・納涼・花見・祭りなど多彩であった注5。現代人からみると、物見遊山は四季折々の都市空間を遊び尽くす贅沢な行為であったと言える。

以上をまとめると、「歩く」ということは単なる移動に留まらず、感じる・考える・会話する・心身が健康となる行為であり、これらを総合すると人間の生活を精神的・身体的に豊かにする機会である。しかし我々人間は都市の近代化とともに便利さやスピードを手に入れ、一方では、精神的・身体的な豊かさの機会を失ったと言える。さらに現代では情報化の浸透を背景に、ますます人間の身体的機能を必要としない社会ができつつある。パソコンやスマートフォン等の情報端末は時間や場所にとらわれずに他者や情報にアクセスできる。今日の若者は１日６時間インターネットに繋がっていると言うが、インターネットの世界は常に誰かが情報を入力したもの、言い換えると人の意識が作った世界であり、人と物を伴うリアリティを有する世界ではない。養老孟司は「21世紀の人間は身体の世界でなく意識の世界に住んでいる」と表現する[注6]。このような時代において、我々、都市をデザインする側の人間は、都市のデザインを改変することによって、再び人々の歩く行為を回復することができるだろうか？　では最後に、街の物的環境と歩く行為との関係から都市のデザインについて考えてみよう。

歩くことから考える都市デザイン

歩くという行為が、最も原始的な移動手段であるならば、歩くことを基本とした時代の都市の形態は、歩く行為に規定されていたに違いない。また、都市の近代化とともに都市において「失ったもの」「変化したもの」は、車社会の到来の影響のひとつとして読み取れるだろう。次に、車社会の到来による変化に着目してみたい。

まず車社会の到来とともに大きく変化したものと言えば、「市街地のサイズ」であろう（図２）。昔は「盛り場八丁」という言葉があった。かつての盛り場は長くても8丁（約９００メートル）が限界であるといわれていた。かつては盛り場も市街地もコンパクトであった。それはもちろん人間の歩行活動範囲と関係があり、車社会の到来は人間の活動範囲を拡大させると共に市街地の急速な拡大をもたらした。図３は福岡都市圏における１９６０年以降の人口集中地区（ＤＩＤ）の拡大状況を例示的に示したものである。１９７５年時点における急速な市街地の拡大が見てとれる。自動車の普及が１９７０年代から１９８０年代にかけて飛躍的な伸びを示したことを考えると、１９７５年時点の市街地拡大の状況も納得のいく現象といえる。

「市街地のサイズ」に関連して変化したものがある。それは「市街地の密度と混合」

図２　市街地のサイズ

人間が歩ける範囲には限界がある。歩くことを基本とする街はコンパクト。コンパクトな街には秩序ある土地利用が生まれ、まとまりある良好な市街地が形成される。

図３　福岡都市圏における人口集中地区の変遷（国土数値情報をもとに作図）

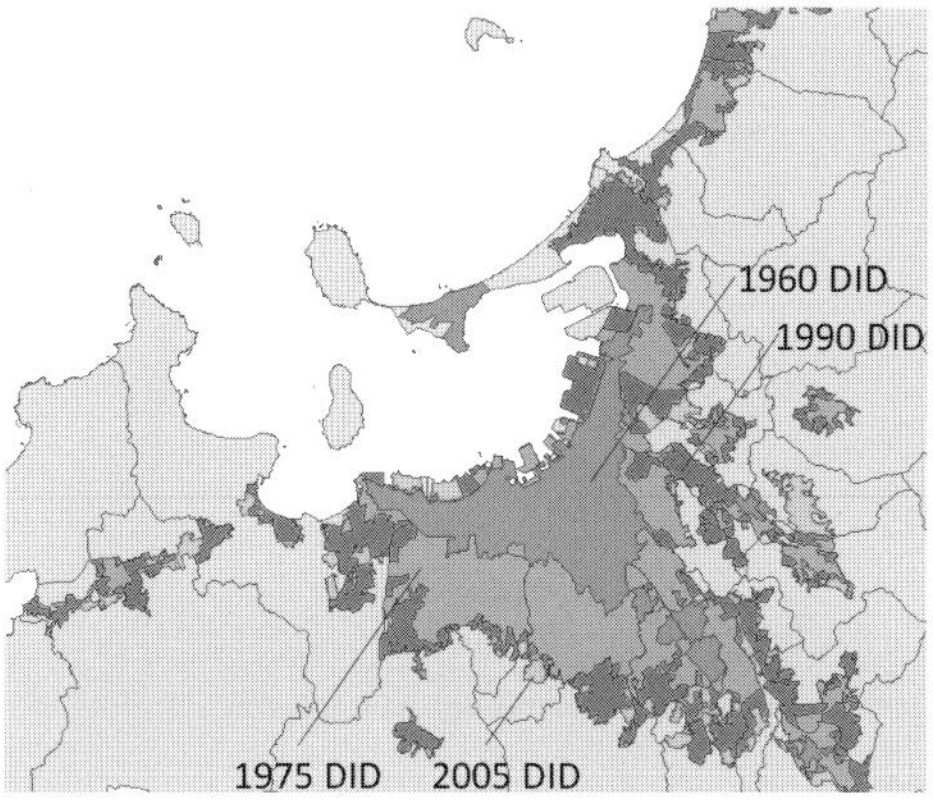

である（図４）。図５は福岡市人口集中地区の人口密度の変遷を示したものである。１９６０年には1平方キロあたり１１５０６人であったのが、１９７５年には、８２０１人と大きく減少している。すなわち、モータリゼーションの進行とともに、広く薄く住むようになったわけである。しかし、このような現代でも歴史的な下町に行くと昔の街の骨格は色濃く残っている。福岡のケースでいうと戦災を免れた春吉地区あたりがこれに該当するのではないだろうか。下町の多くでは、間口が狭く奥行が長いウナギの寝床のような敷地に町家が建ち並ぶ。まさに限られた長さの通りに密度高く各種の店舗を配置する技術である。これも歩くことを基本とした街の作り方であるが、残念ながら車社会の到来とともに市街地の密度と混合は失われつつある。

　失われるものは市街地のサイズや密度・混合といった市街地の大きな骨格的要素だけではない。街を構成する「構成物のスケール」そのものも変化してしまった（図６）。車社会の到来とともに道路は拡幅され綺麗になった。また、店舗の看板なども車のスピードに対応するために巨大化し、これまで培ってきたヒューマンなスケール感は大きな変化を余儀なくされた。さらに、車社会の到来とともに新たに出現したものは、「大型商業施設」や「駐車場」である。大型商業施設は広域からの集客を見込んだものであり、大型駐車場とセットで設置される。大型商業施設はその内部に様々な店舗を内包していることから、来訪者の買い物は概ね施設内で完了してしまい、大型商業施設は街歩きの機会を喪失させてしまう。一方、街なかに多数出現したコインパーキングは路面店の連続を断ち切り、買い物空間としての通りの質を低下させてしまう。筆者は２００６年に英国の大小様々な商業地を調査したが、いずれの商業地も小売業の路面店の連続を大切にしており、連続を妨げる大型店舗や駐車場は、路面店の裏手に確保されており、表通りにはスケールの同等な路面店が連続していることが印象的だった。

　次に挙げるのが「空間の質」である(図７)。人々の歩くスピードは車に比べてかなり遅い。

図４　市街地の密度と混合

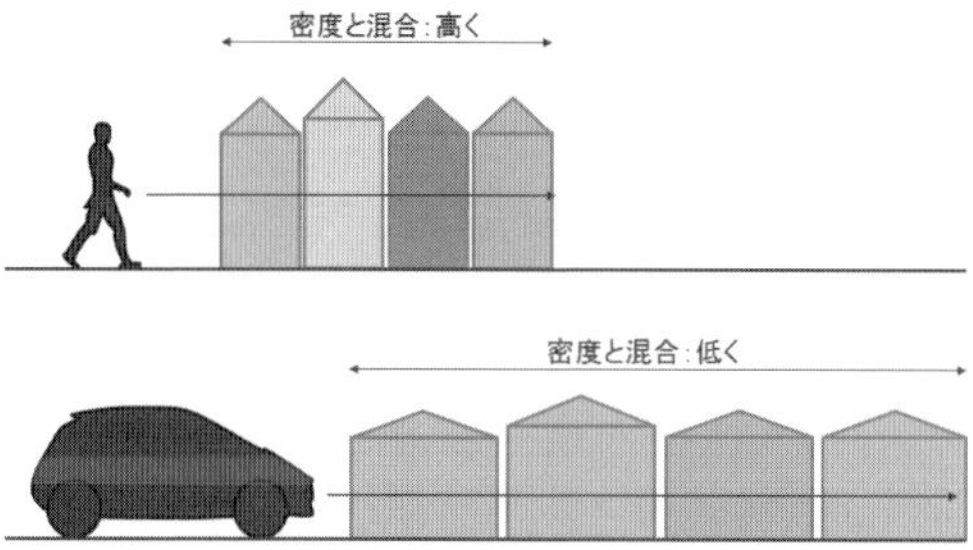

歩くことを基本とする街はコンパクト。コンパクトなエリアに街並みが形成される。したがって、街の密度と混合は高い。高い密度と混合が活気と賑わいをつくる。

図５　福岡市人口集中地区の人口密度（人／km2）の変遷（国土数値情報をもとに作図）

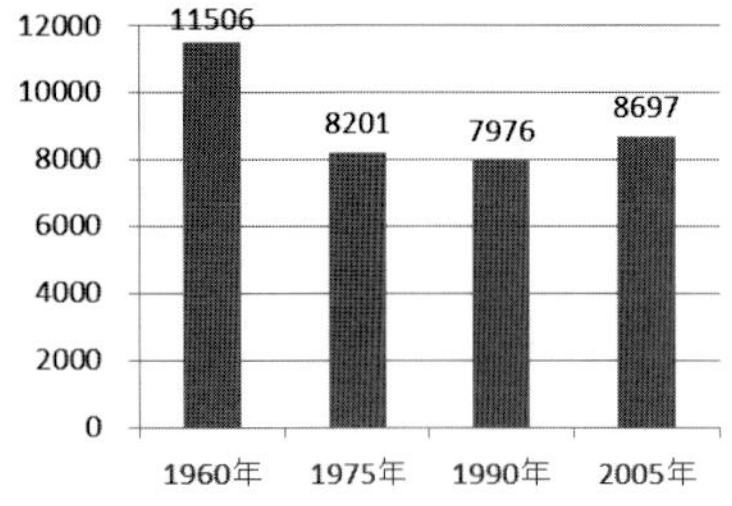

すなわち、遅いということは、街の各所に目が届く。このことが隙のない質の高い街ができる重要なポイントである。しかし、車社会の到来と共にこの「空間の質」さえも失われつつある。想像してほしい。あなたが車から外を眺めると何が見えるだろうか？　車から見える風景は、前方の道路と建物とそれに付随する派手な看板や巨大なネオンかもしれない。一方、街を歩いてみよう。目に入るのは、車からは気がつかないモノやコトかもしれない。それは、街角のポスター、空き地に咲いた花、路上のペイブメントなどの些細な存在だろう。しかし、そんな些細な存在に目を向けることが街の質を高めることに結びつくのではないだろうか。

最後に、車社会の到来と共に失ったものは「道路の多機能性」である。かつての路上は、様々なアクティビティに満ちていた。屋台や出店はもちろんのこと、バンコ[注7]を持ち出しての夕涼みや将棋指しなど、家庭や商店の延長上の空間としての役割も有し、道路はみんなのものとして認識され、かつての道路は多機能であったと言える。しかし今日ではどうだろうか？　「道路は車両が通過する空間であり、お上のものである、個人の占有は許されない」という風潮が強い。すなわち、道路はもともと「公共」の「共」の概念が強かったはずであるが、車社会の到来とともに、いつのまにか「公共」の「公」の概念が強くなってしまった。今後の都市デザインを考える上で重要なポイントは、この「共」の概念の再構築である。

以上、つらつらと車社会の到来によって失われたものと変化したものをみてきたが、最後にそれらを３つのキーテーマにまとめて「歩くことから考える都市デザイン」について言及したい。

（一）ヒューマンスケールを大切に

街歩きに適したスケール感があると思う。それは街そのもののサイズであり、また通りの幅員や建物の間口の大きさである。都市がもともと有していたスケール感は車社会の到

図6　構成物のスケール

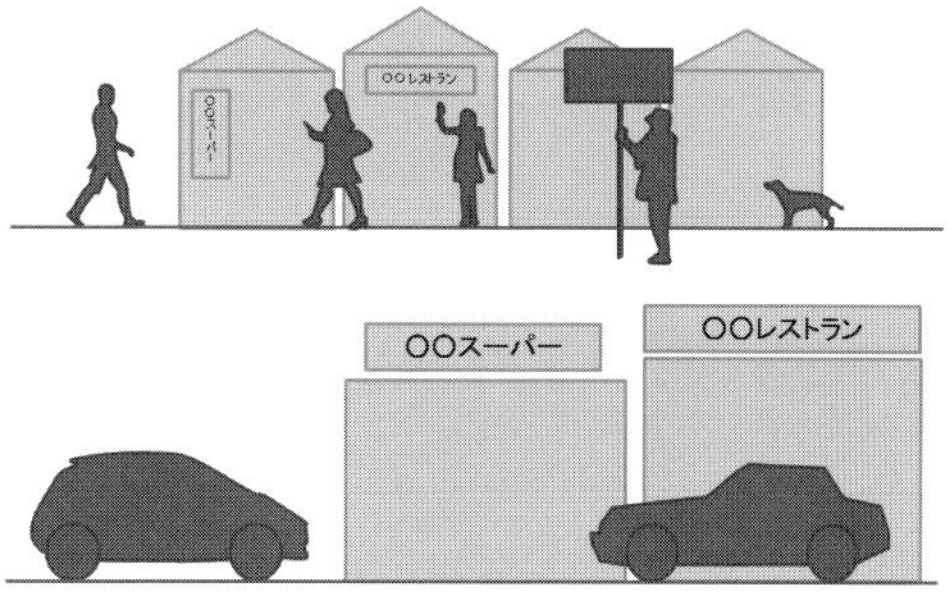

歩くことを基本とする街の構成要素は小さい。ヒューマンスケールの構成要素は人々の営みや活動を感じさせる景観を形成する。

図7　質の高い空間

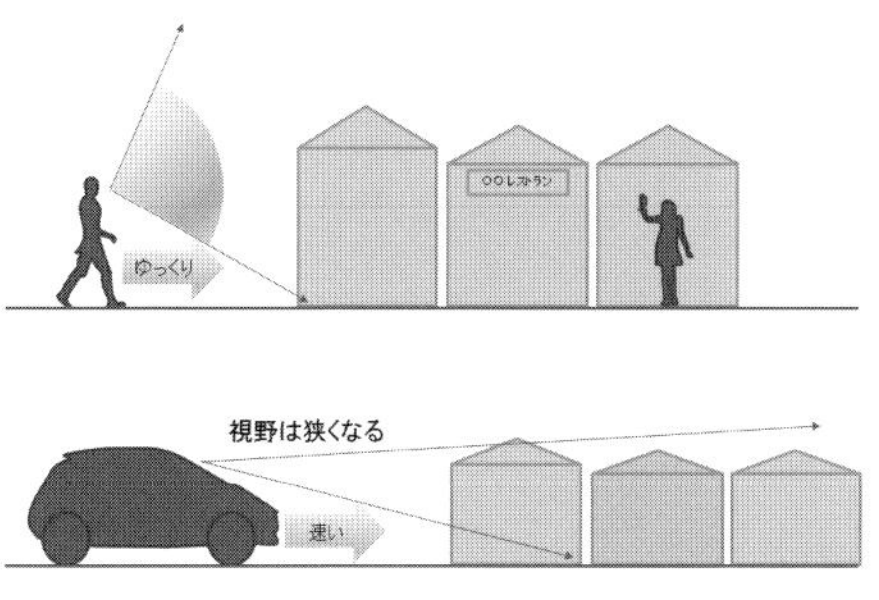

歩くスピードは車に比べると遅い。「遅い」ということは、街の各所に人の目が行き届く。すなわち、歩くことを基本とする街は質の高い空間を有する。

来に伴って変化を余儀なくされた。個々のスケールは、各通りの性格やそこで発生するアクティビティに応じて適宜設定されるものであろうが、筆者は人間の行動や歩くスピードに見合った小さなスケールが適切であると考える。

例えば「住みたい街アンケート」の上位によくランクインする吉祥寺の街は、小規模の街区から構成され、交差点の数が極めて多い注8。このことは街中に多彩なコーナーが存在するということであり、街角の店舗は街に活気を与える。人間に適したスケール感は第1の重要なキーテーマである。

（2）質の高い場所を守り育てよ

もともと都市の要所には都市を特徴づける場所がある。長崎であれば、オランダ坂や寺町通りであり、このような風情ある通りは人々に「歩きたい」という思いをかき立てる。最も重要なことは、このような大切な場所を合理性や利便性の観点から安易に改変しないことである。特にその場所の多くは年輪を積み重ねたような質の高さを有する。第2のキーテーマは、歴史的年輪を積み重ねた質の高い場所を守り育てることである。

（3）コミュニケーションの機会をデザインせよ

最後のキーテーマは　コミュニケーションの機会である。欧米の都市ではカフェなどの設えが一般化しているのでわかりやすいかもしれない。日本においてはカフェの文化がないので、コミュニケーションの機会というキーテーマは理解が得難いかもしれない。しかし、かつて店先や庭先で濃密なコミュニケーションは存在していた。すなわち、道路などの公的空間と私的空間の境界のデザインが重要であると言える。また「道路の多機能性」を考慮したデザインも一方では求められる。道路が多機能であれば、コミュニケーションの機会は増すと考えられるからである。

注

注1　長崎市に伝わる民謡。宴席で歌われたために、歌詞にはさまざまなバリエーションがある。

注2　「さるく」とは、街をぶらぶら歩くという意味の長崎弁。

注3　社会のあらゆる分野にわたり、生活の変容をありのままに記録し研究すること。古物研究を専門とする考古学に対し、現代学、モダノロジーとも呼ばれる。日本で発達した学問で、大正末期に今和次郎らによって提唱された。（『ブリタニカ国際大百科事典小項目事典』ブリタニカ・ジャパン、２０１４年）

注4　赤瀬川原平によって定義された芸術の概念。トマソンとは、街中の建築物や構造物に付着して、美しく保存されている無用の長物を示す。

注5　神崎宣武『盛り場の民俗史』（岩波書店、１９９３年）によると、『東都歳時記』の著者である斎藤月岑は年間１００日余りも物見遊山に出かけていたそうである。

注6　養老孟司『唯脳論』（ちくま学芸文庫、１９９８年）

注7　九州地方では縁台や簡易な腰掛を「バンコ」と呼ぶ。

注8　三浦展『吉祥寺スタイル―楽しい街の50の秘密』（文藝春秋、２００７年）

都市形態の「解読」——地図と画像を素材として——

趙 世晨

はじめに

地図は文化を反映する鏡であるといわれている。古代から地図は人間が文化についての考え方や営みを表現するのに役立ったし、各時代の思想や技術を反映してきている。地球を平たく素朴に表現したものから、高精度な衛星地図やコンピューター地図に至るまで、技術・芸術そして文化が地図の作成にあたって結集されてきたのである。その表現方法は異なるものの、地図は一連の時空関係を表現するものであり、ほとんど例外なく、位置（あるいは空間）及びそのつながりに関する情報を伝達するものである。近年、情報技術の発達と普及によって、数値地図に代表されるデジタル地図から都市空間の情報を読み取って、様々な都市研究が行われてきた。本稿では、地図画像のみを利用した都市形態の変化、都市形態の類似性、都市空間の複雑さの解析方法を紹介する。

都市形態の変化（パターン認識）

都市の形態は、絶えず変化している。その変化を捉えようとする試みは時代を問わず行われてきた。都市形態に関わる情報の最たるものは、地図であるといっても過言ではない。地図を利用して都市形態の経年変化を分析する際、従来は地図に記載されている情報を考証する手法が主流であった。近年ではＧＩＳ（地理情報システム）を利用し、地図データと位置のもつ属性データをリンクさせることにより、様々な定量的分析は可能になった。だが、いずれも地図から読み取れる副次的データを分析対象としており、そのデータの抽出、加工、編集だけでもかなりの労力と時間を要する。

一方、近年パターン認識の技術が様々な分野で応用されている。通常、パターン認識とは人間が視覚や聴覚など、五感を通して日々外界を認識している作業のことで、この一連の作業をコンピューターに代行させようとするものである。人間をはるかに凌ぐ演算能力を持つコンピューターは、与えられた1枚の画像から様々な特徴を抽出し、モデルとなるデータと比較を行い、それが何物であるのか高い精度で認識する。実際、パターン認識分野の研究は多方面で活発に行われている。これは人間の知的機能を機械で実現しようとする純然たる知的好奇心に加えて、パターン認識が潜在的に持つ高い実用的価値によるところが大きい。文字読み取り装置や音声認識装置など、多少の制約はあるものの既に実用化された事例は多く、またインターネット上の類似画像検索サービスなどより身近なものにもなりつつある。

数年前、我々はこのパターン認識の技術に着目し、地図画像そのものを利用して都市形態の変遷を数理的に解析する手法の開発に成功した。これまで都市形態の経年変化に関する研究の多くが、例えば市街地面積や道路延長といった何かしらの物理量を変数として分析していたのに対して、画像認識プログラムは物理量だけではなく、パターン即ち都市形態に関する各要素のバランス状態の変化を捉えようとしている点に、この手法を都市研究に援用する大きな意義が存在する。

ここで、年代の異なる2枚の地図を見た時、「どの程度似ているのか」または「どの程度変わったのか」について、これまで目で見て感覚的に表現していたものを、この画像認識を用いながら、類似度という客観的指標で算出し、その値の有用性を紹介する。画像認識は、広義に解釈するとパターン認識という範疇に属する。そもそもコンピューターによるパターン認識とは、未知の入力パターンがあらかじめ入力されている標準パターン（モデル）にどれだけ似ているのかを数値で評価し（マッチング）、最終的に入力パターンがどの認識パターンに属するのかを決定することである。パターン認識における識別法は複

図1　テンプレートマッチング法（TM法）

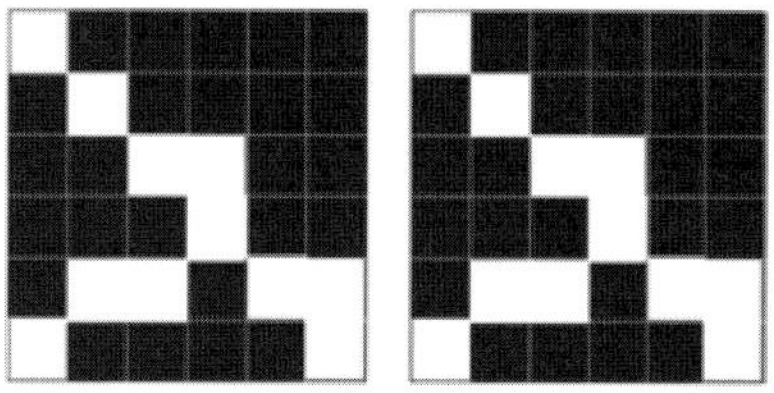

未知の入力パターンがあらかじめ入力されている標準パターン（モデル）にどれだけ似ているのかを数値で評価し（マッチング），最終的に入力パターンがどの認識パターンに属するのかを決定する方法である。

数存在するが、比較・認識対象となる2枚の地図は、年代が異なるのみで同一都市であれば、当然画像として十分に相関があり、従来テンプレートマッチング法（以下ＴＭ法）に内在する問題もクリアできるので、識別法として最も理解しやすく操作容易なＴＭ法が適している。

都市というスケールにおいて、その形態の骨格を作るのは道路網であることから、都市の道路網形態の変化に着目し、分析画像データを作成した。具体的には、道路を白（濃度値２５５）、街区を黒（濃度値０）に塗り分け、それをｂｍｐ形式の２階調画像として書き出したデータを作成する。なお、画像の画素に関しては、当然そのサイズが大きければ大きいほど、精度が高くなる。計算処理の効率と使用地図の精度を考慮して、画素数は２５００×２５００を採用した。またこの時、１画素は実距離で60㎝角に相当する。

日本における14の政令指定都市を対象都市とし、さらにその対象地区を、各都市の主要駅から1・5㎞の範囲に限定した。年代については、現在から遡って１００年という期間を５つに分け（大正期：大正元年～15年、昭和第１期：昭和元年～19年、昭和第２期：昭和20年～39年、昭和第３期：昭和40年～59年、平成期：昭和60年～平成17年）、各年代区分に属する対象都市地図を収集した上で、その経年変化を20年スパンで考察する。なお、地図は国土地理院発行の旧版地図で、縮尺１／２５０００のものを使用した。

分析結果を全体的に俯瞰すると、昭和第２期から昭和第３期における画像間の類似度が総じて低下していることが分かる。つまり、その約20年の期間で対象とした14の政令指定都市の道路網形態が大きく変容していることを意味している。一方、大正期から昭和第１期、昭和第３期から平成期にかけては、画像間の類似度は高く、時代背景及び経済状況を考慮するならば、大きな変革期を示した昭和第２期から昭和第３期は、高度経済成長期の開始、そしてその終焉時期と重なる。それに対して、大正期から昭和第１期という期間は、第１次世界大戦時の好況から一転して震災による不良債権化問題の急増など、景気回復の

図２　奈良都市形態の変化（類似度：0.6701）
（左：１９２２年、右：２００６年）

見通しさえ立たない経済的に浮き沈みの激しい状況下にあり、昭和第3期から平成期においては、高騰し続けていたバブルがついにはじけ、日本がその後、所謂低成長期時代へと突入していった時期と一致する。

また、福岡市の場合、昭和第2期から第3期に道路網パターンが大きく変化している。これは博多駅の移設が最も大きな要因であり、現在博多駅が位置する環境は昭和38年に移設されるまで、大正期、昭和第1期には田畑で覆われ、第2期においても独立建物が散在するような環境であった。類似度の変化は広島市と最も類似している。このように、年代の異なる2枚の同一都市地図を見た時、その類似性に関する感覚的認識に対して具体的な数値で表現することができる。

日本と欧州の都市形態の類似性（画像解析）

先述のように、2枚のデジタル地図画像における各画素の濃度値を抽出し、その座標から比較するTM法を用い、地図画像の類似度の指標化を行っている。これは同都市における経年比較に有効な方法であったが、道路形態のあまりにも異なる都市間での比較は困難である。つまり、これまでの方法は各画素の濃度値を独立したものとして扱ったものであり、ある画素とそれと一定の関係をもつ（例えば一直線上にある2点のような）画素間の関係性に及んだものでない。

そこで、都市間の比較を行うために、画像解析に2次元フーリエ変換を導入する。フーリエ変換の基本的な概念は「すべての信号は三角関数の和として表現できる」というところにある。これは2次元画像に対しても言える。2次元画像を、色の濃淡を振幅とする2次元波と捉えることで、2次元画像にもフーリエ変換が適用できる。この時、画像上の任音の画素の位置における明度値と、周波数をパラメーターとするフーリエ変換の出力との関係を表すことによって2次元フーリエ変換となる。この両者を特徴ベクトルとし、ユー

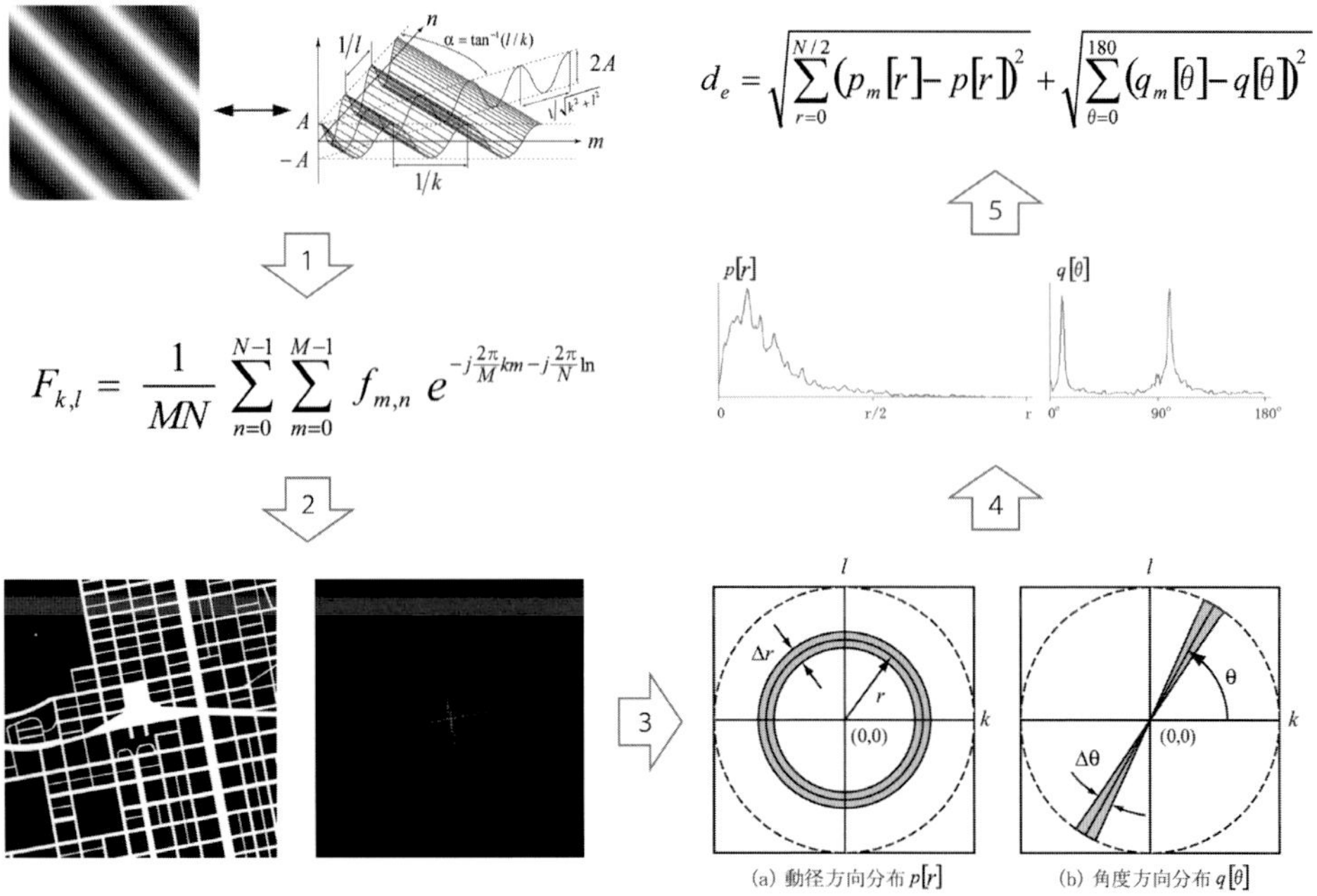

図3　2次元フーリエ変換の概要

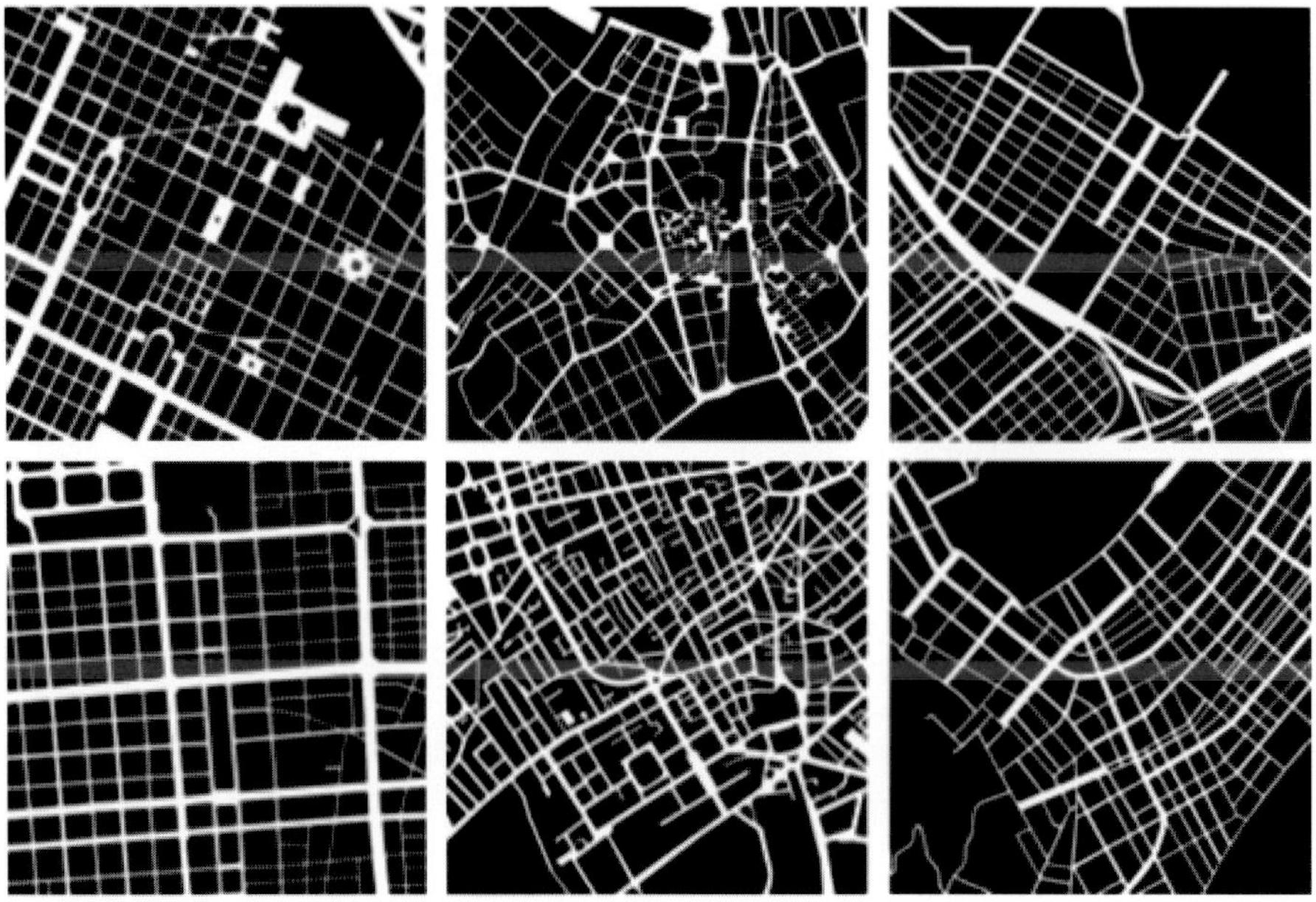

図4　日本と欧州の都市形態の比較
左上：トリノ、中上：チューリッヒ、右上：横浜、左下：名古屋、中下：ロンドン、右下：函館

クリッド距離を利用して入力画像比較画像の類似性を評価する。詳細な説明はここで省くが、関連研究論文を参照されたい。

都市間の比較例として、日本の14都市（出雲、熊本、さいたま、神戸、堺、名古屋、奈良、成田、日光、函館、姫路、弘前、広島、横浜）と欧州の14都市（アムステルダム、ウィーン、ヴェネツィア、コペンハーゲン、ストックホルム、チューリッヒ、トリノ、ナポリ、パリ、フィレンツェ、ヘルシンキ、マドリード、ローマ、ロンドン）、合計28都市を選定し、都市間の比較を行った。　具体的には、対象地区を市街地の広場、メインストリート上を中心とする１・５㎞×１・５㎞のエリアとし、街区を黒、道路を白とした地図画像を作成した。画像の解像度は２次元フーリエ変換の特性を考慮し、５１２×５１２と設定した。なお、地図は各国の測量機関発行の縮尺１／２００００～１／２５０００の地図を使用した。

比較の中で、最も高い値は名古屋―トリノ間の０・７７０８、最も低い値は名古屋とヴェネツィア間の０であった。名古屋は、江戸時代に作られた格子状街区をもとに都市計画を行ってきたため、現在もその形を残している。トリノは17世紀半ばに格子状の都市を計画し、現在もその形が残っている。つまり、共に格子状の街区で構成され、最も似ていると判断されたため、高い値が算出された。逆にヴェネツィアは9世紀以降、島相互間に橋を架けることでネットワークを形成してきたため、迷路状の都市形態をしており、格子状と対極にあると判断され、最も低い値を示したと考えられる。

さらに、算出した類似度を基にウォード法によるクラスタリングを行い、対象都市を一方向格子型、多方向格子型、多方向分散型、多方向小街区型の４つのクラスターに分類した。全体的に格子状の都市形態は日本都市に多く、多方向に分散している都市形態は欧州都市に多いといえる。日本においては多くの城下町が格子状の街区をしており、また近代に開港・整備された多くの港町は格子状の街区を形成しているため、このような傾向が出たと考えられる。一方、欧州では格子状の都市計画がなされたところや近代に開発され

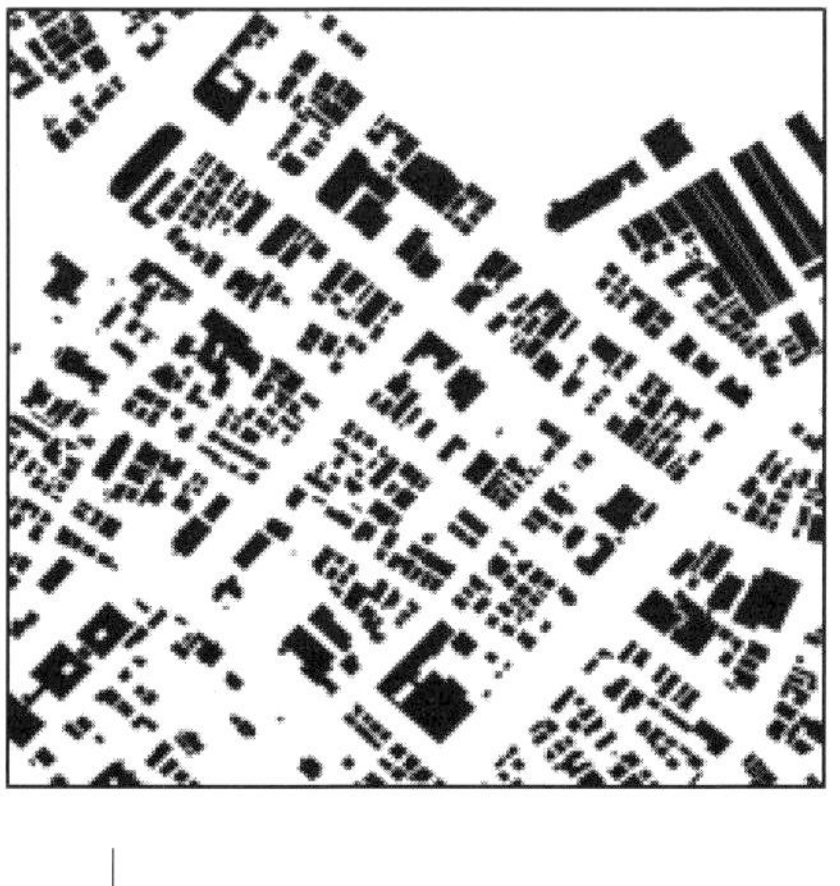
図５　函館市元町末広町（重要伝統的建造物群保存地区を含む）

た港町は格子状をしているが、その他のバロック都市や城塞都市ではかつての都市の骨格がそのまま残っている。そのため、街区が一定の形を持たず、街路が多方向に広がる都市が多い。特に旧市街地を持つ都市ほどこの傾向が強い。

最後に、技術的な観点から考えると、今回は道路網の2値化画像を用いたが、2次元フーリエ変換の理論から、もっと複雑であいまいな画像、例えば衛星写真のような道路網に対象を絞らないものに対しても一定の評価を可能にするものと思われる。ここでは、その可能性の一端を示したに過ぎないが、これからより高度な分析が行われることが期待される。

伝統的日本都市空間の複雑さ（フラクタル解析）

日本の都市では「一敷地一建物」を主要因をとして、どのような建物も敷地境界との間に距離をとって配置されるため、建物同士に挟まれた「空地」が生じる。建物間の空地の発生には、施工上の要因や外部通路確保等の機能的な要請、建築設計上の意図、または建築基準法等に伴う法的な要因が考えられる。そのため、個々の敷地が細分化し、都市内における不特定多数の人が利用できる外部空間は複雑になっていく傾向がある。

例えば、スケールの小さな建物が密集して建っている木造密集市街地は、防災面での危険性が指摘される一方で、都市空間の魅力が評価されることもある。また、都心の再開発地区などでは、広い敷地に大きなスケールの建築が建設される事例は多いが、これらの地区では広いオープンスペースが確保され、都市の魅力アップに貢献している反面、ヒューマンスケールを逸脱し、疑問を感じる場合もある。

このような日本における都市空間の成り立ちによって、日本の都市内には、公開空地やオープンスペース､路地といった不特定多数の人々が利用できる様々な外部空間が生まれ、都市を魅力的にしていると同時に、建物間の隙間のような、都市活動に活用できない空間が多く生じている。このような外部空間の総体が日本の都市形態を構成しており、また時間が経つにつれて、より複雑になる傾向がある。そこで、我々はフラクタル解析を用いて、日本の都市空間の複雑さを定量的に把握すること、そしてどのような種類・規模の空間が都市空間の複雑さに寄与しているのかを明らかにすることを試みた。

フラクタルとは１９００年代にフランスの数学者マンデルブロートによって創り出された概念で、細かな部分の変動の連続が全体を作り上げており、波の形が整数倍や黄金比に縮小されたり、拡大されたりして現れるとする理論のことである。近年では、この理論を人文地理学や建築・都市計画学に応用する解析研究が増えつつある。詳細な解析方法は専門書や研究論文を参照されたいが、ここで、日本の都市空間の複雑さの分析における主な作業プロセスと結果を紹介する。

まず、対象地区には、城下町や宿場町等、歴史的な集落・町並みの保存が図られている「重要伝統的建造物群保存地区」を選定した。現在日本には、91の重要伝統的建造物群保存地区が存在する。その中から、指定範囲の規模（面積）、地区種別、形状等を考慮し、14地区を対象地区として選定した。

次に、地図情報として、国土地理院ホームページからＸＭＬ形式のファイルを入手し、「基盤地図情報ビューワー・コンバーター」を用いることで、ＧＩＳデータに変換する。このＧＩＳデータをＡｒｃＧＩＳに読み込み、ｂｍｐ画像に変換することによって、非常に精度の高い画像を作成することができる。また、画像作成における各画像の中心は、対象地区における指定範囲の中心と一致させた。なお、この分析では、都市における建物以外の全ての空間を都市空間として定義している。また、２次元画像におけるフラクタル解析では、フラクタル次元Ｄ値は１≦Ｄ≦２の範囲で算出され、対象の形態が複雑であるほど、Ｄ値は２に近づいていく。作成した画像を用いてフラクタル解析を行った結果、最も高いＤ値は、朝倉市秋月でＤ＝１・９４６０、最も低いＤ値は、金沢市東山／主計町でＤ＝１・８２３０であった。また、対象地区全体におけるＤ値の平均は、約１・８９３２となり、

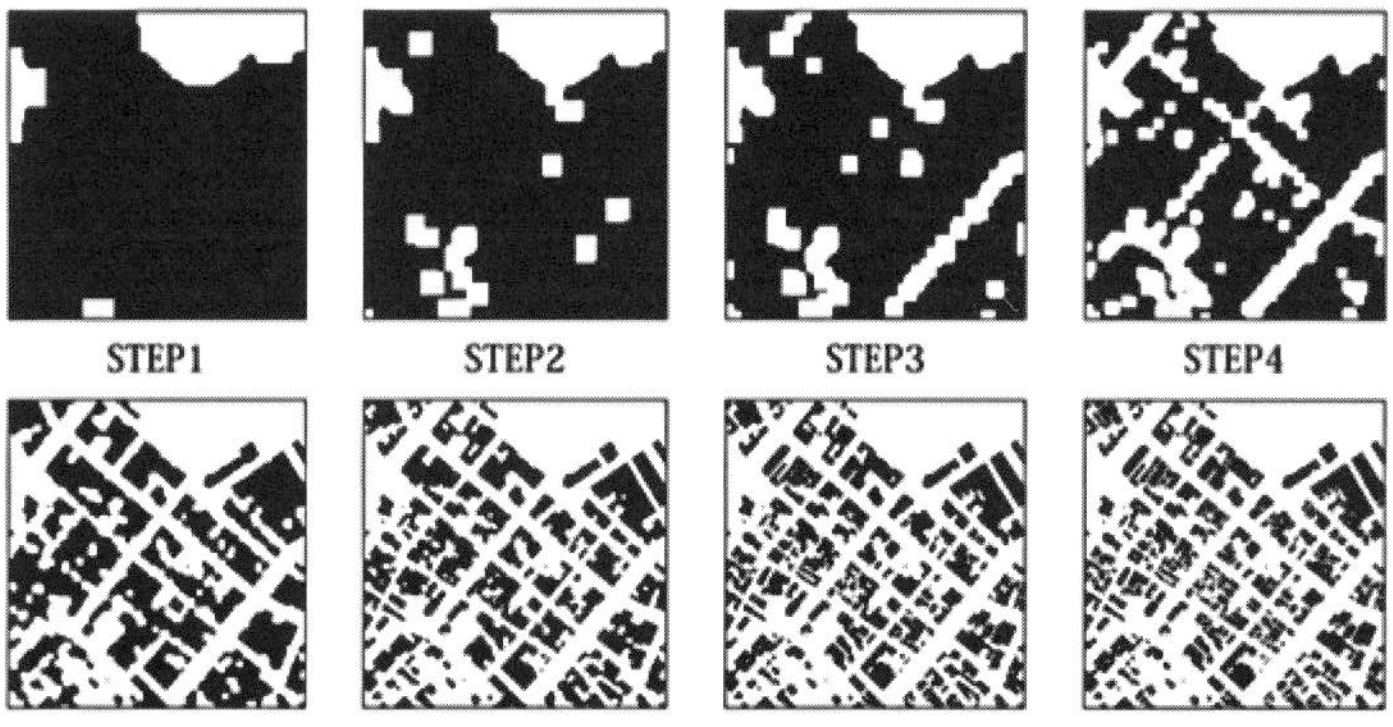

図６　モルフォロジーによる画像処理

非常に高い数値を示した。相関係数に関しては、全ての地区が0・9998～1・0000であり、非常に高い相関を示した。フラクタル解析では、対象がフラクタルな形態であるほど、相関係数が高くなる。この結果より、日本の都市空間は極めてフラクタル性の高い形態であることが分かった。

さらに、どのような規模の空地が都市空間の複雑さに寄与しているかを明らかにするために、モルフォロジーによる画像処理技法を用いて画像処理を行い、同様な分析を行った結果、建物同士の隙間に代表されるような規模の小さい空地は、都市空間の複雑さにあまり寄与していないこと、また寄与度分析より、12ｍ×12ｍ以上の空地が都市空間の複雑さに80％以上寄与していることも分かった。

以上のように、都市地図及びその画像を分析素材として、都市形態の変化、類似性と都市空間の複雑さを捉えるための解析手法を紹介してきた。今後、情報技術の発達やＧＩＳの普及などにより、コンピューター上で扱う地図情報の可能性と重要性がますます高まり、画像データの処理及びその認識技術を都市研究に援用していくことは、操作性の高い新たな解析ツールの開発に十分に期待できる。

図7　複雑さの累積寄与度

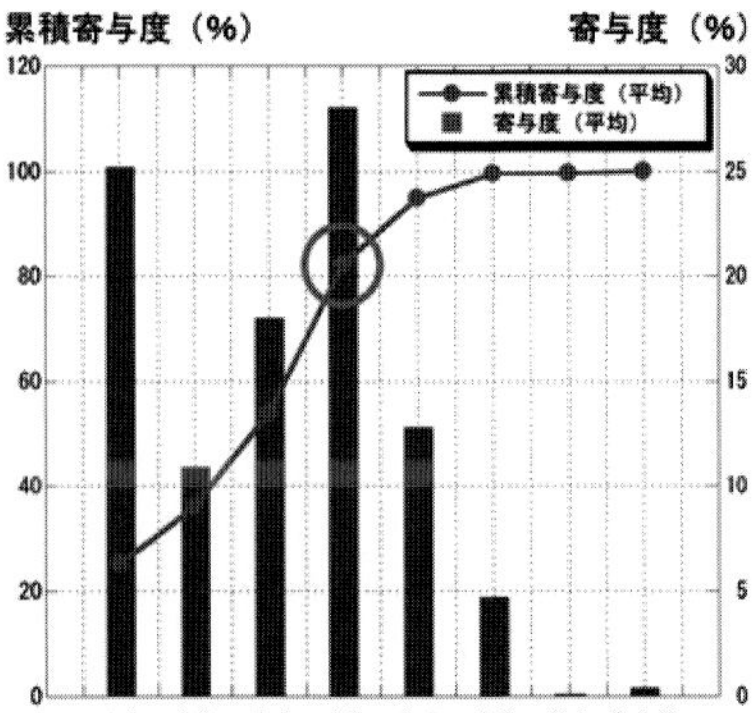

参考文献

1　マルケル・サウスワース、ズーザン・サウスワース共著、牧野融訳、『地図～視点とデザイン～』）築地書館、１９８３年）

2　麻生英樹・津田宏治・村田昇『パターン認識と学習の統計学』（岩波書店、２００３年）

3　吉松京子「東京の市街地の変容過程」（日本都市計画学会学術研究論文集、１９９１年）

4　酒井幸市「デジタル画像処理入門」（ＣＱ出版社、２００２年）

5　麻生英樹・津田宏治・村田昇『パターン認識と学習の統計学』（岩波書店、２００３年）

6　スティーブ・ジョンソン『創発』（ＳＢＰ出版、２００４年）

7　佐々木正人『レイアウトの法則』（春秋社、２００３年）
8　酒井幸市『画像処理とパターン認識入門』（森北出版株式会社、２００６年）
9　都市史図集編集委員会編『都市史図集』（彰国社、１９９９年）
10　日端康雄『都市計画の世界史』（講談社現代新書、２００８年）
11　高安秀樹『フラクタル』（朝倉書店、１９８６年）
12　下出国男『日本の都市空間』（彰国社、１９６８年）
13　鳴海邦碩『都市の自由空間』（学芸出版社、２００９年）
14　鷲崎桃子・及川清昭「大阪市における隙間量と建物の密度指標との関係―画像処理技法による建物間の隙間の定量化に関する研究（その３）」（日本建築学会大会学術講演梗概集、２００４年）

土地をめぐる都市の時空解釈

箕浦 永子

都市史の手法

都市空間の変容を社会の動態とともに読み解く。都市史という研究領域は、建築史・都市計画史・土木史・歴史学・地理学など、さまざまな学術分野の研究者によって「都市」をめぐる諸相を歴史的に解明しようとする学際領域である。筆者は建築史をベースとした都市史研究を行っており、博士論文では中国における伝統都市のひとつである蘇州を対象に、伝統社会から近代社会へと移行する過程で起こったさまざまな社会変動を機に、都市空間がいかに形成・変容・再編をみたのかを明らかにした。都市が変容する要因は、震災や戦災などの災害を機に一気に変容することもあるが、本来は長い時間をかけて緩やかに変容していくものであり、博士論文ではその現象を明らかにすることができた。

都市史の研究方法は、おもに歴史的な史料の読み取りと分析による。史料は、都市空間を視覚的に解読できる地図や絵図、都市に関して直接的・間接的に記述された文字史料などが用いられる。しかし、史料の発掘には地道な労力が必要となる。いくつもの所蔵機関に足を運び、目録から参考になりそうな史料を見つけて閲覧し、史料の性格を見極め、有意義な史料であるかを判断する。苦労がともなうゆえに、有意義な史料を発見することができたときの喜びはひとしおである。建築史をベースとする場合は、建物や都市構造に関する遺構の実測調査を加えることができる。この場合、近代の遺構に出会えることは珍しくないが、もはや近世の遺構に出会えることは稀である（写真１）。まして中世や古代になってくるとその可能性は皆無に近いため、地面の下に眠っている発掘史料が頼りとなってくる。こうしてさまざまな史資料を読み取り、史実を明らかにし、その事象が歴史的にどう

写真１　江戸後期の遺構

「旧マイヅルみそ店舗兼主屋・原料蔵」登録有形文化財（建造物）旧唐津街道姪浜宿で味噌を製造・販売していた。西側（右側）の原料庫は文政３年（1820）。

位置づけられるかを解釈することが、ひとつの到達点といえる。

ここでは、都市史研究においてしばしば関心が寄せられてきた「土地」をめぐり、特に近代（明治・大正）の福岡・博多を例にいくつかの時空解釈を紹介することとしよう。

土地の利用履歴

いま、あなたが本書を手に取っているその場所は、誰が所有するどのような種別の土地の上だろうか。戦前は誰が所有していたのか。江戸時代はどのような身分の人が居住していたのか。戦国時代は戦場だったとか、平安時代は耕地だったとか、それ以上前はただの原野だったのか。都市では、数10年で土地の所有者や利用種別が変わることを体験的に目にしたことがあるだろう。つまり、ひとつひとつの土地には固有の利用履歴がある。

現在の福岡市は、近世初頭に黒田如水・長政親子が形成した福岡城下町を原型とする。近世の土地利用は、大きく武家地・町人地・寺社地に分けられ、身分に応じて居住地が定められていた[注1]（図1）。しかし、明治になると近世身分制が解体され、土地利用も大きく変わっていった。

福岡城下の武家地は、まず福岡城の三の丸北側に家老4家と中老4家の重臣屋敷があった[注2]。明治4年（1871）7月18日に最後の藩主黒田長溥《ながひろ》が城を後にすると、その3年後に陸軍の管轄下に置かれ、終戦まで軍の施設として利用された。戦後は平和台球場や陸上競技場などが設置され、現在は城址公園として利用されている。家老・中老などの重臣屋敷は城下の大名町にも建ち並んでいたが、明治以降は屋敷ごとにそれぞれの道を歩むこととなる。例えば、福岡始審裁判所や福岡治安裁判所など近代に創設された施設が置かれたり、近代を象徴する産業のひとつである炭鉱業で財をなした中野徳次郎の銀杏屋敷などに置き換わった。また、大名町には藩校がおかれていたが、明治22年（1889）に福岡県立尋常中学校修猷館《しゅうゆうかん》に変わり、これが西新町《にしじんまち》に移転すると、明治41年（1908）に

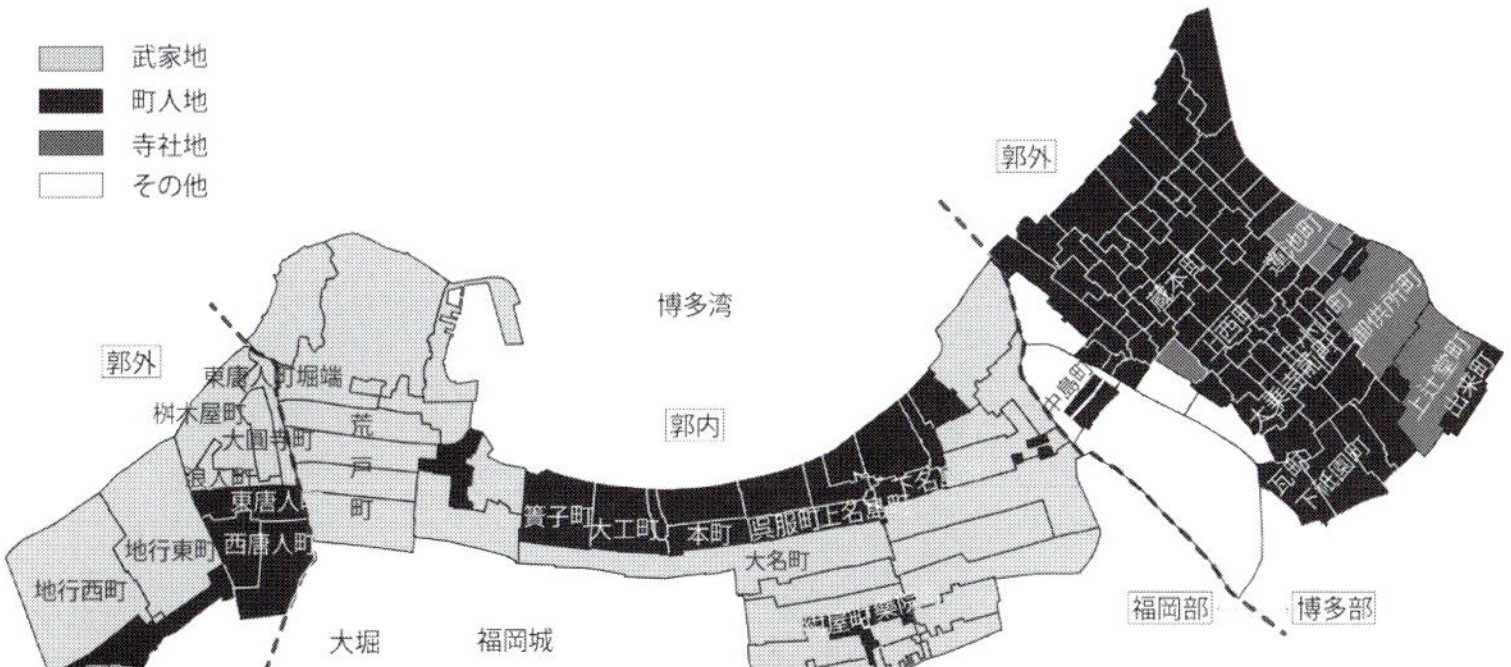

図1 近世福岡城下の土地利用

図は町ごとの土地利用を示しており、道や川などのインフラは未表示。

福岡バプテスト神学校へ、また大正5年（1916）には西南学院へと転用されていった。他に、福岡城西の荒戸町は上級・中級の家臣の屋敷地、東唐人町堀端・大圓寺町・枡木屋町《ますごやのちょう》は中級家臣の屋敷地、地行《じぎょう》東町・地行西町には足軽屋敷があった。これらの武家地では明治以降も武家の末裔が居住していたが、次第に転出していき、代わりに新たな居住者が転入してきた。現在でも、居住地としての利用が続いている（写真2）。

一方、町人地は福岡城の郭内と郭外にあった（図1・写真3）。郭内の町人地には、黒田家に播磨時代から抱えられていた商人や職人が移住してきており、特に唐津街道沿いに位置する簀子町《すのこまち》・大工町・本町・呉服町・上（西）名島町・下（東）名島町は「六町筋」といって黒田家の武器・武具を扱う者が多く居住した。大正7年（1918）『福岡市商工人名録[注3]』を見ると、呉服・洋服・古着・小間物・履物などの身につける物、穀類・菓子・砂糖・酒・醤油などの食品、家具・桶・雑貨・荒物などの生活用品と、さまざまな商店が軒を並べており、武器・武具を扱う者はいなくなったが、大正になっても商人・職人のまちとして続いていた。郭外の町人地は、中世より商人のまちとして栄えていた博多部の存在が大きく、近世になっても商況は盛んであった。明治・大正と時代が進むにつれて福岡部の商工人が増えたものの、それでもなお博多部には及ばなかった。郭外の他の町人地には、福岡城西の黒門の外に唐津街道に沿って東唐人町・西唐人町・西町があり、南の薬院門の外に薬院町と紺屋町があった。これらの町も明治・大正になっても商人・職人のまちとして続いたが、城の北側や東側の町々は昭和20年（1945）6月19日・20日の福岡大空襲によって罹災したため近世由来の都市空間を失い、後の戦災復興都市計画によって街区は再編された（図2）。戦災以降も商業地として復興し、現在に到っている。

さらに寺社地を見てみると、近世黒田氏による城下町形成によって、分散していた寺社が郭外の東と西に移転集積されている。博多部の寺社地は、御供所町《ごくしょまち》や蓮池町など石堂川（現・御笠川）に沿って形成され、福岡城下東端の砦の役割を担った。幸い戦災に遭わなかっ

写真2　中・上級家臣の屋敷地（荒戸町）

手前側が福岡城の「大堀」で、北に向かって6つの町の武家地があり家臣屋敷が並んだ。明治以降には桜の名所として賑わう。鳥居は黒田如水・長政を祀る光雲神社のもの。

写真3　郭外の町並み（唐人町）

唐津街道の黒門を西へ出ると黒門川（現・黒門川通り）があり、これを境に郭内（写真右）と郭外（写真左）とに分けられた。唐人町は西の砦としての役割を担った。

たため寺社としての利用が続いていたが、蓮池町は明治43年（１９１０）に開通した路面電車の路線が町の中央を横断することとなったため、境内が縮小された寺がある。またその後も、道路の拡幅によって境内が縮小されたり廃寺となったものもある。郭外西の寺社地も近世初頭に周辺の寺社が東唐人町堀端・大圓寺町・浪人町・東唐人町に移転させられ、福岡城の西の砦としての役割を担った。これらの寺社地も道路の拡幅・新設や土地の切売りなどで境内は縮小されているが、廃寺になったものは無い。とはいえ、寺をとりまく状況は激変しており、戦後の高度経済成長期を境に東京や大阪などに転居する住民が増え、それまで寺の近くに居住していた檀家が少なくなってしまった。これは全国的にもみられる傾向であるが、各寺は現代に合った供養の方法や地域住民との交流に取り組むなど、工夫を凝らして寺の存続に努めている[注4]（写真４）。

このように土地は、当該時代の人々によって利用され、その利用が継続することもあれば変容することもあり、また形状においても合筆されて大きくなることもあれば細分化されて小さくなることもあり、可変するものなのである。

土地から産む生業

人間が生きていくためには、何らかの生業によって食料を得なくてはならない。農地の少ない（もしくは無い）都市部では、食料を生産することができないため、製品を造るか商品流通や販売などの業務をすることで金銭を得て食料に換える。生業は、必ずしも一定ではなく時勢に応じて変遷し、また必ずしも専業ではなく多角化することもある。例えば姪浜地区の生業は、近世から現代にかけて漁業→商業→炭鉱業→観光業と移り変わっている[注5]。ここでは、明治12年（１８７９）の『福岡県地理全誌[注6]』をもとに、明治初頭の福岡・博多の土地で生産された物品から「土地から産む生業」について見てみたい。

まず、興味深いのは近世に武家地であった土地であり、明治になると農産物を生産して

図２　戦災復興土地区画整理事業

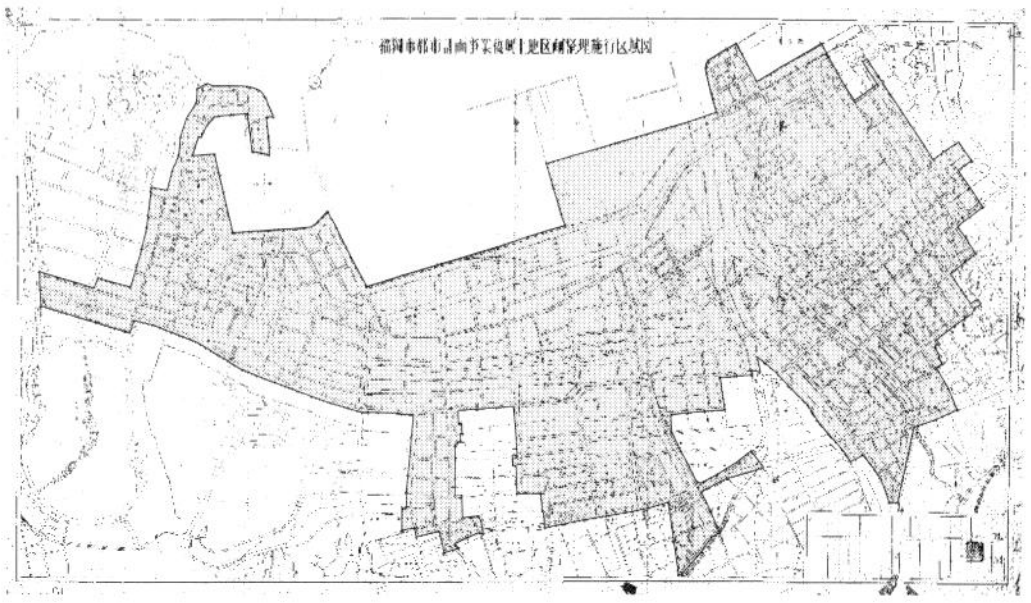

「福岡市都市計画事業復興土地区画整理施行区域図」（福岡市総合図書館所蔵）をもとに、事業施行範囲（328.7ha）を網掛けした。戦災により福岡・博多のほとんどが焼失してしまい、本事業により旧来の街区が再編された。

写真４　唐人町の寺院

唐人町には８か寺が集積する。各寺は、現代的な供養の方法や地域住人との交流を工夫しており、地域にとって寺院が身近な存在になるよう努めている。

いたことである。もちろん、江戸時代でも俸禄の少ない下級武士は副業を持つことが多く、特に農作業を行うことは珍しくなかった。しかし、上級・中級の家臣屋敷があった大名町や荒戸町を見ると、蜜柑・梅・橙・柚・桃・杏子・梨・柿・渋柿・枇杷・柘榴・銀杏など特に果実を多く生産しており、他に鶏卵・筍・桑なども採れている。製品としては、大名町では筆・傘・鉄釘類、荒戸町では土人形（博多人形）・釘・下駄・傘・紅・味醂・麹を生産しており、筆や鉄釘を扱うのは旧武家地の由来を思わせる。こうした明治初頭における旧武家地の農地化は江戸の例でも知られている[注7]。江戸には全国の藩の屋敷があったため、維新後には新政府によって屋敷とともに土地が没収（上地《じょうち》）され、新政府のための施設に転用された。しかし旧武家屋敷は大量にあったため、新政府の官員に土地ごと拝借させることも許した。それでもなお持て余した旧武家地には、明治2年（1869）の桑茶政策によって桑と茶の木を植えて土地を有効活用しようとした（ただしわずか2年で廃止されている）。福岡城下の旧武家地も、田に転用するのは難しいため手っ取り早く果樹を植えて有効活用したと考えられる。

次に、旧町人地に目を転じてみよう。先述のとおり、近代になっても商人・職人のまちとして続いていたわけだが、具体的にはどのような物を生産していたのか。

まず郭内の簀子町では、傘・紅・髪油・鬢付《びんつけ》などのお洒落用品や、胎毒下・大血留などの薬種を多く扱っている。大工町では、果実のほか、饅頭・酒・醤油・酢・味噌などの食料品や、安養湯・玉龍丸・如神丸などの薬種が多い。本町では、酒・救命丸・珍珠香・筆・箱類・竹器・竹器彫物・傘・鉄金具類・三味線・櫛笄《くしこうがい》類・饅頭とあり、三味線や竹器彫物の職人がいたようだ。呉服町では、果実のほか酒・髪油・鬢付・元結・算盤・馬具・箱類・障子・鉄釘類・傘・人力車製造とあり、馬具・鉄釘・人力車製造がみられるのは黒田氏のお抱え職人の末裔が引き続き居住していたとみられる。このように福岡六町筋のいくつかの町をみても、町によって扱う物が異なっており、町の特徴が浮かんでくる。

表１　明治初頭福岡の物産

小区	町名	戸数	士族	僧	平民	口数	物産(生出)	物産(輸出)
一	天神町、因幡町	192	144	0	48	844	蜜柑、杏子、李、梅、桃、梨子、柿、枇杷、柚、筍、橙、朱薬、桑、鶏、鶉、鶏卵、鶉卵	蜜柑、朱薬、梅、筍、種油
二	橋口町、上名島町	191	45	2	144	789	(なし)	博多織帯地、紅、傘、線香、玉子焼、鶉餅、酒2、屠牛、下駄、人力車製造
三	船津町、洲崎町、極楽寺町	281	231	1	49	979	蜜柑、梅	蜜柑、梅、博多織帯地、酒
四	鍛冶町、材木町、萬町	169	30	8	131	774	(なし)	傘、鉄釘鉄人力車金具類、素麺
五	薬院町、東小姓町、薬院東川端、小島馬場、薬研町、薬院堀端	187	83	4	100	790	竹、筍、蜜柑、橙、柚、梅、桃、李、梨子、柿、渋柿、紅、葡萄、朱薬、桑、鶉、家鴨、鶏卵、家鴨卵	蓮根、蜜柑、梅、朱薬、櫨実、酒、醤油、麺、葛根湯、山田根薬、降気湯、麝香、萬金、再生、安神散、大補湯、柳及膏、黒丸子、即切紙、傘
六	紺屋町、薬院西川端、西小姓町、林毛、養巴町、雁林町	241	120	1	120	1010	蜜柑、柚、橙、梅、桃、梨子、柿、干柿、枇杷、柘榴、杏子、銀杏、朱薬、鶏、鶏卵	野菜苗物、野菜種物、蜜柑、酒、醤油、酢、麹、味噌、生蝋、蝋燭、楊柏散、種油、傘、菓子、饅頭
七	大名町、土手町	227	162	1	64	1001	蜜柑、梅、橙、朱薬、柚、桃、杏子、梨、柿、渋柿、枇杷、柘榴、銀杏、鶏、鶏卵	筍、筆、傘、鉄釘類
八	下名島町、船町、東職人町	259	53	2	204	1130	蜜柑、梅、桃、李、杏子、梨子、橙、柘榴、柿、鶏、鶏卵	中折半紙棗紙類、酒、醤油、酢、麹、味噌、再生湯、筆、帳面仕立、蚊帳仕立、木櫛、竹器、傘、桶器、硝子器、干菓子、秋巾餅、薄雪餅、饅頭、玉子焼、種菓子、素麺、焼麸、焼麩袋入、種油
九.	呉服町、西職人町	202	43	0	159	931	蜜柑、梅、梨子、柿、柘榴、朱薬、鶏、鶏卵	酒、髪油、鬢付、元結、算盤、馬具、箱類、障子、鉄釘類、傘、人力車製造
十	本町、濱町	197	53	1	143	934	(なし)	酒、救命丸、珍珠香、筆、箱類、竹器、竹器彫物、傘、鉄金具類、三味線、櫛笄類、饅頭
十一	魚町、大工町	160	19	2	139	734	蜜柑、杏子、梨子、橙、鶏、鶉	饅頭、酒、醤油、酢、味噌、檜物類、安養湯、玉龍丸、如神丸、牛肉丸
十二	簀子町	162	31	2	129	711	(なし)	傘、紅、髪油、鬢付、元結、酒、酢、味噌、玉子焼、安養湯、神仙海蓬、妙効丸、齋香丸、胎毒下、大血留、妙應丸
十三	荒戸	347	236	1	110	1479	蜜柑、金柑、杏子、梨子、柿、干柿、桃、李、柚、柘榴、枇杷、銀杏、橙、朱薬、梅、桑、鶏、鶏卵、鶉、鶉卵	柑類(蜜柑、朱薬)、筍、餅、土人形、釘、下駄、傘、紅、味醂、麺
十四	東湊町、南湊町	86	16	4	166	944	蜜柑、桃、梨子、柿、梅、橙、朱薬	農具鉄釘類、酒、酢、醤油、饅頭、味噌、頭痛薬、小児丸、即切紙、解毒丸、ダラニスケ
十五	西湊町、北湊町	289	133	1	155	1177	蜜柑、橙、桃、李、杏子、柿、梅、梨子、柘榴、鶏、鶏卵、家鴨、家鴨卵	酒、傘
十六	谷町、伊崎浦	292	163	1	128	1092	大根、蜜柑、桃、梅	大根、葱、蜜柑、酒、鯛、チン鯛、小鯛、藻玉魚、鰆、細魚、鯱　アコ、鱠残魚、鱈、鯖、鱶、長生丹、血運湯、膜中丸
十七	唐人町、大圓寺町、升木屋町、浪人町、東唐人町堀端	196	73	9	114	843	蜜柑、金柑、橙、柚、咬噌巴、梅、桃、李、柘榴、柿、干柿、梨子、枇杷、鶏、鶏卵、桑	麹、酒、醤油、酢、味噌、傘、竹器類、饅頭
十八	西唐人町、西唐人町山上、西唐人町川端	150	33	0	117	649	蜜柑、桃、柿、枇杷、梅、咬噌巴、桑、鶏、鶏卵	醤油、保、龍脳圓、山田振薬、中風薬、清和湯、保嬰圓、鬢付、鉄釘類、竹器、人力車製造、人力車箱、饅頭
十九	新大工町	205	107	1	97	846	蜜柑、大蜜柑、金柑、桃、梨子、柿、李、柘榴、咬噌巴、梅、橙、枇杷、杏子、柚、桑、鶏、鶏卵	蜜柑、筍、蝋燭、傘
二十	西町、地行下町	230	64	3	163	1027	大根、蜜柑、梨子、枇杷、柿、梅、桃、銀杏、柘榴、橙、咬噌巴	大根、菓子類、饅頭、餅、鬢付、種油
二十一	東地行	300	228	2	70	1163	筍、大根、蜜柑、桃、李、杏子、梨子、柿、枇杷、柘榴、梅、橙、咬噌巴、桑、鶏、鶏卵	筍、紙畳縁、酒、目薬
二十二	西地行	153	57	3	93	673	大根、筍、榷、柚、橙、咬噌巴、桃、李、杏子、梨子、柿、枇杷、柘榴、梅	大根、筍、蜜柑、塩

表２　明治初頭博多の物産

小区	町名	戸数	士族	僧	平民	口数	物産(生出)	物産(輸出)
一	瓦町、社家町、今熊町、大乗寺前町	204	31	5	168	1038	里芋、大根、牛蒡、蕪、茄子、韮、京菜、梅、柿、渋柿、梨子、蜜柑、桃、枇杷、鶏、鶏卵	蒟蒻、酒、種油、瓦、陶器、土人形、鉄釘類、人力車、金具類、菓子
二	上土居町、中土居町、下土居町、川口町、片土居町	196	8	4	184	976	橙、鶏、鶏卵	蝋燭、鍋釜、草尾掛、木櫛、針、土人形、鉄釘類、鉄金具類、人力車製造、焼麩、博多織帯地2、刻煙草、酒、醤油、酢、麹、味噌、種油
三	行町、濱小路、西方寺前町、古門戸町、妙楽寺新町、妙楽寺前町	297	57	1	239	1321	麦、大豆、大根、茄子、橙、柿、渋柿、梅、桃、鶏、家鴨、鶏卵、家鴨卵	紅、蒟蒻、博多織帯地、博多絞3、鉄釘類、金具、菓子、酒、種油、蝋燭
四	上新川端町、下新川端町、川端町	265	9	0	256	1177	里芋、大根、牛蒡、茄子、京菜、瓜、橙、朱薬、梅、杏子、鶏、鶉、鶏卵、鶉卵	大根、茄子、蒟蒻、刻煙草、博多織帯地2、焼麩、焼麩袋入、菓子、鉄釘類、金具類、土人形、酒、酢、醤油、麹、味噌、蝋燭、万能唐人膏、ノボセ引サケ薬
五	掛町、麹屋町、橋口町、中島町	185	10	0	175	859	大根、牛蒡、橙、柘榴、鶏、鶏卵	紅、博多織帯地3、博多絞5、土人形、草尾掛、合羽桐油、筆、鉄釘類、金具類、線香、刻煙草、切艾、絵馬、練酒、酒、酢、醤油、味噌、蝋燭、万能膏、虫下シ薬
六	上対馬小路、中対馬小路、下対馬小路	183	81	1	101	724	大根、茄子、橙、梅、梨子、鶏、鶏卵	酒、蝋燭、博多織帯地、傘、鉄釘類、菓子
七	上洲崎町、中洲崎町、上鰯町、下鰯町	251	32	2	217	1178	(なし)	刻煙草、博多絞、紅、酒、醤油、酢、麹、味噌、蝋燭、傘、鉄釘類、金具類、土人形、餅、菓子
八	上辻堂町、下辻堂町、馬場新町	155	12	6	137	633	野菜(大根、蕪、胡、韮、水菜、京菜、茄子、南瓜、胡瓜、冬瓜、南京豆)、蜜柑、柿、渋柿、桃、梅、李、枇杷、橙、鶏、鶏卵	野菜類、博多独楽2、櫨実、醤油、酢、生蝋、筆、鉄釘類、菓子
九	上祇園町、下祇園町	199	15	4	180	808	野菜類(大根、蕪、人参、韮、水菜、京菜、里芋、牛蒡、春菊、南瓜、胡瓜、冬瓜、南京豆、茄子)、蜜柑、杏子、桃、梨子、柿、枇杷、柘榴、梅、橙、渋柿、朱薬、銀杏、鶏、鶏卵	野菜類、菓物類(蜜柑、シャカタラ、柿、桃)、櫨実、酒、醤油、酢、饅頭、鉄釘類、瓦、土人形、陶器
十	御供所町、金屋小路、北舟町、上普賢堂町、下普賢堂町、寺中町	211	13	11	177	869	野菜類(大根、里芋、茄子、南瓜、冬瓜、胡瓜、蕪、人参、水菜、京菜、南瓜豆)、蜜柑、桃子、杏子、梨子、柿、渋柿、枇杷、梅、鶏、鶏卵	野菜類、櫨実、酒、菓子、農具類、鉄釘類、金具類、筆、土人形
十一	櫛田前町、萬行寺前町、上奥堂町、中奥堂町、下奥堂町	–	–	–	–	–	–	–
十二	上桶屋町、下桶屋町、上小山町、下小山町	157	8	3	146	677	梅、桃、枇杷、鶏、鶏卵	刻煙草、酒、生蝋、種油、焼麩、博多織帯地、鉄釘類、金具類、土人形
十三	上赤間町、下赤間町、竹若町、箔屋町、上厨子町、下厨子町	191	8	5	178	923	蜜柑、梅、柘榴、鶏、鶏卵	刻煙草、醤油、酢、生蝋、蝋燭、油、刃物、釘2、銅鋳立、土人形、筆、金具類、人力車製造
十四	西門町、中小路、上魚町、中魚町、下魚町、上店屋町、下店屋町、古小路	236	7	0	229	1130	梅、橙、鶏、鶏卵	野菜(大根、蕪、人参、水菜、京菜、茄子、南瓜、南京豆類)、菓類(蜜柑、桃、柿、梨子、シャカタラ類)、博多織帯地6、刻煙草、酒、醤油、酢、麹、味噌、生蝋、蝋燭、油、索麪(素麺)、木櫛、筆、ブリキ、釘、金具類
十五	蓮池町、上竪町、中竪町、下竪町、柳町、假家町	267	2	7	258	1248	蜜柑、梅、橙	博多織帯地2、酒、醤油、酢、生蝋、蝋燭、油、土人形、木櫛、鉄釘類、金具類
十六	上東町、下東町、上濱口町、中濱口町、下濱口町	220	12	1	207	1016	蜜柑、梅、桃、梨子、橙	蒟蒻、刻煙草、酒、醤油、酢、麹、味噌、蝋燭、油、除風散、黒焼風薬、癌気根切薬、角力取膏薬、木櫛、筆、傘、鉄釘類、金具類、菓子
十七	上呉服町、下呉服町、上市小路、中市小路、下市小路	227	12	0	215	1042	蜜柑、橙、鶏、鶏卵	博多織帯地、保、虫下薬、素麺、焼麩、蒟蒻、酒、生蝋、種油、筆、傘、土人形、鉄釘類、金具類
十八	上西町、下西町、蔵本町、釜屋町、奈良屋町、芥屋町	255	11	4	240	1182	牛蒡、茄子、韮、梅、桃、蜜柑、柿、梨子、枇杷、橙、柘榴、鶏、鶏卵	素麺、布海苔、線香、酒、醤油、酢、生蝋、蝋燭、種油、筆、傘、鋳物、刻煙草、草尾掛、鉄釘類、農具、金具類
十九	官内町、中石堂町、中間町、綱場町	124	0	3	121	590	橙、鶏、鶏卵	蒟蒻、紅、博多織帯地、博多絞2、草尾掛、傘、筆、刻煙草、酢、醤油、桐油、蝋燭、上菓子、並菓子
二十	上金屋町、下金屋町、廿家町、鏡町、奥小路、萱堂町、古渓町、金屋町横町	232	8	1	223	1055	梨子、橙、桃、鶏、鶏卵	生蝋、布海苔、雑魚、博多織帯地2、鉄釘類、金具類、刻煙草、素麺、酒、種油、蝋燭
二十一	竪町濱、竪町裏町、濱口町濱、濱口町裏町、市小路濱、市小路裏町、西町濱、西町裏町	418	49	2	367	1668	大根、牛蒡、茄子、蜜柑、桃、李、橙、鶏、鶏卵	海魚、布海苔、博多織帯地、生蝋、木櫛、線香、鉄釘類、金具類、人力車製造、刻煙草、焼麩、菓子、酒、酢、醤油、種油、蝋燭、無双膏、龍骸膏

表注　明治初頭は大区小区制により再編され、福岡部は第１大区、博多部は第二大区となる。なお第一大区は二十七小区までだが、二十三小区以降は村落のため本表では割愛している。井奥成彦「「福岡県地理全誌」における物産データについて」によると、物産の「生出」は自用消費のため、「輸出」は当地外へ輸出するためという。いずれにしても、これらは当地で生産されていた。

次に武家地・町人地・寺社地が混在していた郭外の東唐人町堀端・大圓寺町・浪人町・東唐人町では、果実を中心とした蜜柑・金柑・橙・柚・梅・桃・李・柘榴・柿・干柿・梨子・枇杷・鶏・鶏卵・桑を生産しており、旧武家地の耕作地への転用が進んでいたとみられる。また旧町人地のあたりでは、麹・酒・醤油・酢・味噌・傘・竹器類・饅頭を扱っており、引き続き唐津街道を行き交う人の需要に答えている。

博多部では福岡部よりも扱う物が豊富であるが、各町で広くみられるのは酒・酢・醤油・味噌・麹や、種油・蝋燭であり、基本調味料や灯りは生活必需品として需要が高く、広く取り扱われていたことがわかる。また、博多の特徴的な生産品は、博多織帯地と土人形（博多人形）であり、特定の町に職人が集中しているのではなく分散していた。他に特徴的なのは鉄釘類・金具類・鍋釜・人力車であり、特に鉄釘類は多く取り扱われている。博多部においても郭内同様に果実が生産されているが、意外なことに野菜も多く生産している。例えば、大根・蕪《かぶ》・人参・韮《にら》・水菜・京菜・里芋・牛蒡《ごぼう》・春菊・南瓜《かぼちゃ》・胡瓜《きゅうり》・冬瓜《とうがん》・南京豆・茄子と、実に多くの種類の野菜が生産されていた。ここで、明治32年（１８９９）『土地台帳集計表[注8]』を見ると、博多部の土地の種別は約93%が宅地（市街宅地または郡村宅地）であったが、わずかに４％の畑地があった。畑地を有する町は、大乗寺前町・中島町・上辻堂町・下祇園町・御供所町・上小山町・出来町である。『福岡県地理全誌』と照合すると、これらの町では確かに野菜を生産しており、畑地が記されていない町でも野菜が生産されていることになる。これは、宅地においても野菜を生産していたことを示しており、短冊型の敷地の奥に耕作地を有していたと考えられる。

このように明治初頭の福岡・博多の土地で生産された物を見ていくと、当時の人々による「土地から産む生業」が見て取れると同時に、土地利用についても読み取ることができる。しかし、これは明治初頭の特徴を示すものであり、近世後期の特徴を受け継ぐものが多くみられるものの必ずしも近世を通した特徴とはいえないし、その後も同じ生業が続くとは限らない。例えば博多部の瓦町は瓦工が多く住んでいたため町名となったが、明治初頭には陶器や土人形を造るようになっており、扱うものが派生している。

生業の変遷は、明治以降に顕著となる。例えば、博多蔵本町の太田清蔵は江戸後期（19世紀初）より菜種油の製造・卸商を家業としていたが、後に貸金業も加わり、明治22年（1889）に4代目が襲名すると銀行・炭鉱・紡績・保険・鉄道など近代福岡のさまざまな産業に参画していった注9。他にも、家業の呉服商を営むかたわら帝国大学の誘致や博多電気軌道の開業など特に天神地区の発展に寄与した渡邉與八郎、壱岐の豪商の家に生まれながら博多電燈の創業や九州電気の開業など電気・電鉄事業に尽力した松永安左衛門など、近世由来の家業を営みながら近代産業の勃興に進んで参画し、福岡・博多の土地に大きく貢献する人物がつぎつぎと現れた。いわば、「土地から産む生業」から「土地で興す生業」へと時代が変わった。このように、生業は時代に応じて変遷していくものであり、将来も同様に移り変わっていくだろう。

土地の上の日常

かつて筆者は、中国都市史を研究するかたわら中国文学史の演習に参加したことがある。その演習は白居易の漢詩を題材に講読方法と読解を学ぶもので、ある漢詩の読み取りで「唐の都・長安で酒に酔った白居易がふらふらと歩きながら自宅へ帰る道すがらの様子」の話を聞き、衝撃を受けた。直訳を超えて、空間構造を正確に理解し、人の動きや気持ちまでも思いをはせ、ドラマティックに解釈されたのである。それまで筆者は、都市構造や建築形態の変遷など物理的な現象の読み取りに終始していたため、その土地の上で繰り広げられていた人々の日常には関心を寄せていなかった。しかし考えてみれば、土地の上ではさまざまな品物を扱う振り売りが行き交っていたり、道で小競り合いがおこっていたり、女性たちが井戸端会議をしていたり、子どもが遊び回っていたりと、生き生きとした日常が繰り広げられていたはずである。あの演習以来、物理的な読み取りと同時に、なるべく当時の人々の日常や生活を調べ、都市史を生き生きと描くよう心がけている。

　近代の福岡・博多の土地の上の日常は、どのようなものであっただろうか。先に見た生業に関連して明治18年（1885）『筑紫名所豪商案内記[注10]』を見ると、大店《おおだな》の日常を窺い知ることができる。例えば、図3は渡邉與八郎が博多上西町で営んだ呉服商「紙与」の様子である。まず町家の形態に関心が向いてしまうが、よく見ると、店の中に多くの反物が置かれ、店の者が反物を広げて女性客に見せていたり、かたわらでは算盤を弾く人がいたり、反物が納品されている様子などが見て取れる。店の前では、人力車に乗った人や振り売りの人が行き交い、立ち話をしている者もいる。一方、別の図にある太田清蔵の油商では、菜種油が入った樽が店の中や外にいくつも置かれており、呉服商のように女性客はいないものの、男性が油を買いに来ており、店の前では人力車や人が行き交っている。このように大店では、多くの人が働き、来客があり、また店の前ではさまざまな人が行き交っており、生き生きとした日常が繰り広げられていたのである。

　また、明治期の博多の人々の暮らしを知るには、祝部至善《ほうりしぜん》によって描かれた風俗画が興味深い[注11]。特に、町のなかを廻る振り売りには、「肴売り」「金魚売り」「おきうと売り」「飴売り」「かざぐるま売り」「羽子板破魔弓売り」「起き上がり小法師《こぼし》売り」「寿司売り」「水売り」など、先に参考にした『福岡市商工人名録』や『福岡県地理全誌』には記載されない生業が見て取れる（図4）。明治の人々が、小さくともさまざまな商売をしていたことがわかる。他に、「猿まわし」「かたなのみ」「のぞきからくり」「ちくおん機」「艶歌師」などの絵からは、道端で行われる大道芸が人々の娯楽であったことがわかる。大道芸の他にも「役者の顔見せ」「役者の町廻り」「関取の場所入り」の絵もあり、役者や関取が町を通る姿に人々は憧れの眼差しを向けていた。また、「放生会《ほうじょうえ》参り」「お宮まいり」「彼岸まいり」からは、現在でも続いている風習が見て取れる。これら以外にも、祝部至善の風俗画には土地の上

図3　呉服商「紙与」

出典：明治18年（1885）『筑紫名所豪商案内記』
（藤本健八『筑紫名所豪商案内記補正復刻版』より転載）

図4　金魚売り（左）と肴売り（右）

出典：祝部至善『博多明治風俗図』 金魚や・肴売さん
（福岡市博物館所蔵）

で繰り広げられていた人々の日常が生き生きと描かれている。

他に、当時の人々の日常を知るには、古老へのヒアリングによっても可能である。時代は限られるが、その人の経験にもとづく情報や言い伝えによって聞いた情報を得ることができる。このような情報は、史実の解明にヒントを与えてくれるばかりか、都市の読み取りを豊かにしてくれるものといえよう。土地の上で繰り広げられてきた名も無き人々の日常は、史料には残りづらいものの、むしろそれこそが大多数の人々の歴史であり、歴史の核と言えるのではなかろうか。

時間と空間の解釈

歴史研究は現代に役に立たないと言われることもあるが、２０１１年の東日本大震災以降、改めて歴史研究の重要性が見直されている。それは、かつて地震や津波、水害など自然災害によって被害を受けたことが、文字史料や絵図などに残されていたり、また地名として残されていたり、後世の人々が同じ悲しみに遭わないために記録されてきたことが今後の防災に極めて役に立つと再認識されたことによる。土地の成り立ちから変遷までを調べないまま都市開発を行うことが、いかに危険なことであるかをまざまざと思い知らされたのではなかろうか。都市史研究者でさえ、都市開発や都市改造などいわば「陽」の現象に関心を寄せてきたが、現在では災害という「陰」の現象にも眼差しが向けられており、特に都市空間を地理・地形から解明することに注目が集まってきている。ここでは、土地をめぐるいくつかの視点から都市の時間と空間を読み取ることを紹介してきたが、「陽」の部分しか触れてきていない。今後は「陰」の現象、さらには都市の「闇」にさえ目をそらさずに、都市史として真実を明らかにするよう努めなければならないと思っている。

都市史研究とは、時間と空間を解き明かしたうえで、その現象が当該時代あるいはその前後の時代にとってどういう意味を持つのかを解釈する分野なのである。

注

注1　高橋康夫・吉田伸之・宮本雅明・伊藤毅編『図集日本都市史』（東京大学出版会、１９９３年）１４７頁を参照。

注2　宮崎克則・福岡アーカイブ研究会編『古地図の中の福岡・博多　１８００年頃の町並み』（海鳥社、２００５年）を参照。

注3　大正７年（１９１８）『福岡市商工人名録』（博多商業会議所）。

注4　児島有紀・松下藍子「社会変化に伴う唐人町８か寺の変容」（九州大学大学院人間環境学府「アーバンデザインセミナー」２０１２年度研究論文）。

注5　石神絵里奈・酒見浩平「旧唐津街道姪浜宿周辺における旧14町の空間特性」（九州大学大学院人間環境学府「アーバンデザインセミナー」２０１０年度研究論文）。

注6　明治12年（１８７９）『福岡県地理全誌』（福岡県『福岡県史近代史料編福岡県地理全誌（一）』所収、１９８８年）。

注7　鈴木博之『日本の近代10　都市へ』（中央公論新社、１９９９年）。

注8　明治32年（１８９９）『土地台帳集計表』（九州大学附属図書館記録資料館所蔵）。

注9　東邦生命保険相互会社五十年史編纂会『太田清蔵翁伝』（非売品、１９５２年）。

注10　明治18年（１８８５）『筑紫名所豪商案内記』（藤本健八『筑紫名所豪商案内記補正復刻版』２０１３年）。

注11　福岡近代絵巻展実行委員会『福岡近代絵巻』（福岡市博物館、２００９年）。

フィールド編：福岡の商店街地区を読む

アーバンデザインセミナー2012　都市理解のワークショップ

唐人町で考える「都市と枕詞」

課題趣旨

「花の都 パリ」「霧の街 ロンドン」「アドリア海の女王 ベネツィア」「眠らない街 ニューヨーク」「百万ドルの夜景 香港」。その都市の特徴を示す愛称や別名を持つ都市は、多く見受けられる。福岡で言えば、「商人の町 博多、武士の町 福岡」「日本三大歓楽街のひとつ 中洲」「博多の台所 柳橋」がすぐに思いつくだろう。確かに、都市を知ってもらうためには、ひとつの特徴を際立たせたほうがわかりやすいし、観光客も呼びやすい。しかし、これによって、その都市が持つ他の魅力を知ってもらう機会を失うことはないだろうか？いわば「枕詞」のように付される愛称や別名は、効果的か否か。本課題では、都市理解を深める過程で、「都市と枕詞」という問題についても考えていきたい。対象地は、福岡市中央区唐人町。おそらく、すぐに誰もが思いつく「枕詞」は無いだろう。

唐人町という名は、古代・鴻臚館があった時代に、大陸（唐）や半島（高麗）から渡来した人が、滞在あるいは居住したことが由来ではないかと言われている。近世・江戸時代においては、下級武士の住宅や寺が配置され、また唐津街道沿いには町家が建ち並び、城下を守る郭外の砦という役割を持つ町であった。

現在の唐人町は、唐津街道沿いの町家群がアーケード付きの商店街に変貌し、いつも活気に満ちあふれている。多くの寺は、今もなお当時の佇まいを見せている。かつて武家地だった街区は、一部は小学校に取って代わったが、一部は当時の敷地割を窺い知ることができる。住宅は、下級武士の住居形態を継承する近代和風住宅がいくつか見られるものの、大規模マンションやハウスメーカーによる戸建住宅に変わったものも多い。また、かつてのお堀は埋め立てられて道路に変わり、松原だった場所には病院が建設されている。

唐人町の将来は、どこに向かっているのだろうか。現在の動きとしては、産官学民による連携組織「福岡西部Eまちづくり協議会」が西部7自治会を対象にまちづくりを推進しており、唐人町もその対象地のひとつとして、スローガンである「住んでよし、訪れてよし 安心・安全で楽しいまちづくり」を目指している。

以上のように唐人町は、近世から現代に到るまで、ひとつの特徴だけで示すことができないほど多くの魅力を内包する都市といえる。本課題では、唐人町を様々な角度から調べ、都市理解を深めることを通して、「都市と枕詞」という問題提起への回答にも期待したい。

対象地：福岡市中央区唐人町地区

2012 年当時の現地写真

周辺開発動向から見る唐人町の変遷

末吉祐樹／仲摩純吾／三崎輝寛

1 はじめに

1-1 研究の背景と目的

唐人町は江戸時代に北九州と唐津を結ぶ唐津街道沿いの町として、街道を行き交う人々に商売を行う町屋が集積して形成された。また、地区内には福岡藩が防衛を目的に、要塞として多くの寺院を建立した。その後、現代では歴史の変遷に伴い唐津街道の一部は唐人町商店街へと姿を変えたが、寺院と共に町並みに独特の景観や空間を生み出している。これらは開発の進んだ周辺地区である荒戸・地行・黒門・福浜には見られない性格と言える。一方、天神や西新といった中心市街地に挟まれた文教地区でもあるため、高層マンションが建ち始め、人口増加とともに町の様相も変わりつつある。

近年に行われている開発というのは、経済性、快適性の追求を考慮したものが多い。今後、唐人町においてもこのような開発がなされていくべきなのであろうか。そこで本研究では、唐人町の街区構成を時代ごとに追い、地区の開発動向と周辺との関係を合わせて考察し、唐人町の都市的特徴を把握する。

1-2 研究の方法

唐人町および周辺地区の街区形成について、開発が多く行われたと思われる昭和末期から現在までの地図と行政資料から、どのような傾向で開発が進んできたかを把握する。その傾向をもとに、唐人町の都市的特徴について考察する（図1）。

はじめに、唐人町の街区形成の過程を把握するために、文献調査を行う。まず、地区が形成された江戸時代を中心に、街区の成り立ちを整理し、地域の基本的な街区構造の知見

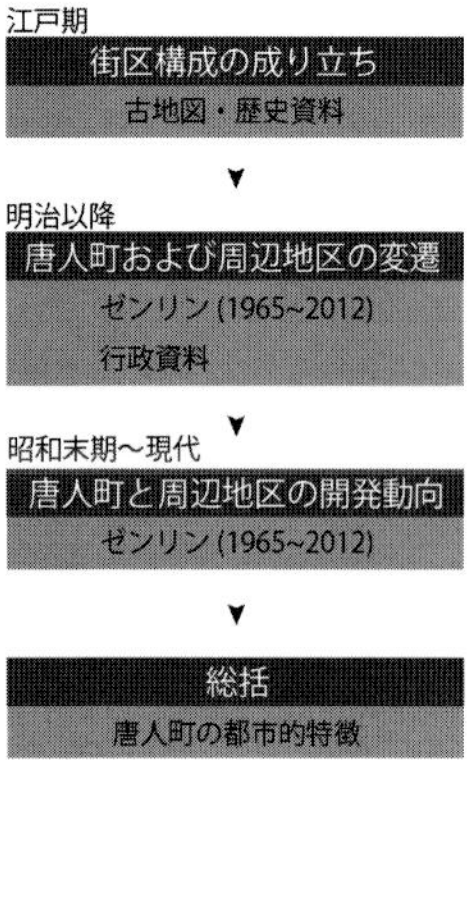

図1 研究のフロー

を得る。そして、唐人町とその周辺地域で著しく開発が行われる契機となった明治22年（１８８９）の福岡市政施行から平成24年（２０１２）までに焦点を当て、周辺地域の開発の要因となった事業等を明らかにする。次に、文献調査から得られた唐人町と周辺地区の動向を背景に、実際の開発状況について住宅地図を用いて調査する。昭和末期から平成24年（２０１２）までの間に新たに開発が行われた建物を確認し、地区ごと年代ごとに傾向を把握する。

2　唐人町と周辺地区の成り立ち

2-1　唐人町の成り立ち

現在の唐人町と呼ばれる地区が形成された理由として、黒田長政による福岡城の築城が大きく関係している。慶長5年（１６００）の関ヶ原の戦いにおいて、徳川家康の覇権に大きく貢献した長政は、その功績として筑前52万3千石を与えられた。その際に、前領主の小早川秀秋の居城であった名島城に入ったが、城下が狭く将来の展望が見込めないと判断した長政は、慶長6年（１６０１）から慶長11年（１６０６）にかけて警固《けご》村福崎に新たに福岡城を築いた。この福岡城の築城によって唐人町は西の砦としての整備が必要となり、現在の唐人町の街区が整備された。それ以前の唐人町は低平地のため居住には向かない土地といわれていたことから、この時に現代の唐人町の原型が誕生したと考えられる。

2-2　江戸時代の唐人町の特徴

開発後の唐人町の地図を図2に示す。図2から唐人町にはいくつかの特徴があることが分かる。1点目は、当時の唐人町は東は黒門川、西は菰《こも》川、南は大濠、北は博多湾に囲まれており、現在の唐人町とは異なり浮島のような構造であったことである。2点目は、唐津街道沿いに町屋を配置している点である。3点目として、福岡城下の中心部を守るために、町の出入口に寺と下級武士の家が配置された点である。特に寺院は敵が侵入してきた

図2　江戸時代の唐人町

文化9年（1812）「福岡城下町・博多・近隣古図」（九州大学附属図書館付設記録資料館九州文化史資料部門所蔵）のうえ筆者加筆

際に応戦できる場所として配置されたといわれており、その多くは荒戸山（現・西公園）に存在していたものがこの時期に移転したものである。４点目として、海からの敵の侵入を防ぐために、水を堰き止める簗所《やなしょ》と呼ばれるものを黒門川の河口付近に設けた点である。この簗所では敵の侵入を防ぐと同時に魚の生育も同時に行われていた。

２－３　唐人町の周辺地区

　唐人町の周辺地区の成り立ちにおいても福岡城の築城が大きく関連している。唐人町の東に位置する荒戸地区は、福岡城を築城する際に山を削った土で埋め立てを行った地に黒田藩士の中級武士の屋敷を造成した地で、造成当時より整然とした街区が形成されていた（図４）。西に位置する地行地区は、もともと元和４年（１６１８）に長政が博多・福岡・姪浜の町人に命じて松を植林したことから松林となっていた。しかし、家臣団の増加による城下の拡大などの背景もあり、松林は寛永20年（１６４３）頃から伐採され、主として足軽の屋敷となった。古地図より地行地区においても街区が形成されていたことがわかる。黒門地区は、唐人町と陸続きで隣接しており、また唐津街道沿いに町屋が配置されていたりと、唐人町地区との関係が大きいことがわかる。

２－４　小結

　唐人町とその周辺の地区が形成された時期や理由がほぼ同じであることが分かった。しかし、周辺地域においてはグリッド状の街区が形成されており、唐人町とは異なることが確認できる。このような違いが生まれた背景を考察すると、福岡城の西方面からの敵の攻撃には唐人町地区が要であったため、防衛上地域特有の街区形成が必要であったからであると考えられる。一方、海側からの敵の攻撃には、荒戸地区から福岡城への侵入は荒戸山が大きな障害となって難しいため、グリッド上の街区形成が可能となった。このように軍事的な背景が唐人町や周辺地区の成り立ちに大きく関係していると考えられる。

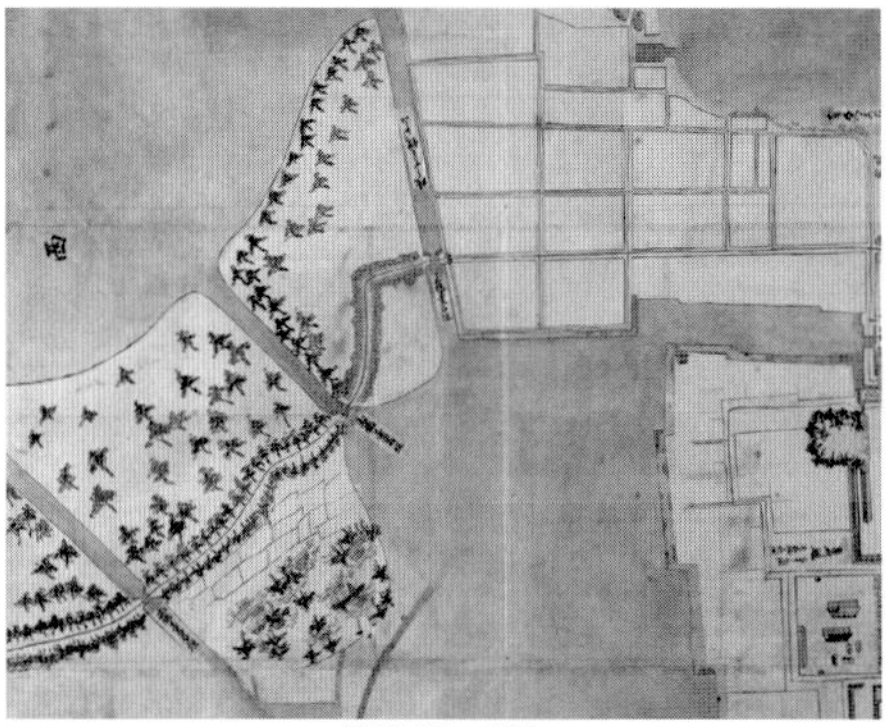

図３　地行地区が開発される前の地区全体図

「福岡城下絵図」
（九州大学附属図書館付設記録資料館九州文化史資料部門所蔵）

図４　江戸時代の唐人町周辺地区全体図

「元禄12年 福岡御城下絵図」
（福岡県立図書館所蔵）

3　唐人町および周辺地区の変遷

3－1　唐人町地区

（1）　旧町割り

唐人町は現在、唐人町1丁目から3丁目に分かれているが、これは昭和36年（1961）から市により進められていた町界町名整理の一環として昭和43年（1968）に変更されたものである。それ以前は、6つの地区に分かれていた（図5）。

東唐人町：現在の唐人町商店街がある地区で、唐津街道に沿った町である。町内には成道寺と善龍寺が存在する。

東唐人町堀端：東唐人町の北から黒門川に沿った町で、家は川に面して建つ片側町である。町内には浄慶寺と妙法寺が存在する。明治25年（1892）に当仁、荒戸、西町の3小学校が合併し当仁尋常小学校（現・当仁小学校）が開校した。

浪人町：唐人町北側の東西に延びる町である。前述したように浪人町も松林であったが、寛永20年（1643）に松を伐採して宅地とした。町内には、吉祥寺と妙安寺が存在する。

大圓寺町：浪人町の北に位置する町で、町内には大圓寺と正光寺が存在し、町名の由来はその名の通り大圓寺が存在していることに由来する。浪人町と同様に松の伐採とともに、町形を整えていった町である。

枡木屋町：大圓寺の西の町であり、町名の由来は、藩公定の枡を製造する建物があったことに由来する。

西唐人町：東唐人町の唐津街道から突き当りの龍善寺前から折れる南北に延びる町であり、街道沿いに町屋が並んでいた。西唐人町の一部は現在黒門に含まれる。

（2）　市制施行後の動向

唐人町の南を走る明治通り（旧・電車通り）は、明治43年（1910）に開催された九州沖縄八県連合共進会に備え、市内電車の敷設と同時に明治42年（1909）に東公園か

図5　旧町割り（明治24年（1891）「福岡市全図」福岡市総合図書館所蔵）

ら県庁前（天神）、明治44年（１９１１）に県庁前から今川橋まで整備された。幅員18ｍのこの道路は、当時としては破格の広さであった。この道路の整備によって西唐人町は南北に分裂し、現在の唐人町と黒門の地区が明確に分離されると同時に、福岡市中心部へのアクセス向上をもたらした。この道路の整備は唐人町だけではなく周辺地域全体にも影響を及ぼしている。また、明治29年（１８９６）に市立荒津病院が吉祥寺境内に新たに建築された。その際に行き止まりであった浪人町の道路が、川端橋に通じるように整備された。

３-２　周辺地区の開発要因

（１）荒戸地区の戦災復興

黒門川通りを挟んで唐人町地区の東側に位置するこの地区は、明治40年（１９０７）に西公園から杉戸手（現・西公園入口交差点付近）までの道路幅員が２間（３・６ｍ）から８間（14・５ｍ）に拡張され、南北の幹線が完成した。また、当地区は、第二次世界大戦時に地区の全域が被災している。終戦翌年の昭和21年（１９４６）には天神や博多を中心とする戦災復興土地区画整理事業が決定され、この事業区域に荒戸地区の南側も含まれたため、明治通り沿いのこの区域は市によって、街路樹や緑化の促進、市民生活の保健衛生や防災にも配慮した上で集合住宅などの開発が行われることになった。

（２）大濠地区の博覧会

明治通りを挟んで唐人町地区の南東側に位置するこの地区では、国際的な博覧会が多く開催された。昭和２年（１９２７）に開催された東亜勧業博覧会に向けて福岡市は、昭和元年（１９２６）から福岡城下の大濠を埋め立てて大濠公園を造成し、その一帯を博覧会の会場とした。この大濠公園の造成によって、黒門をはじめとする大濠公園の周辺地区は大規模公園と隣接する地区となり、その恩恵を享受し、都市的な価値が上昇し、大きな発展をみせた。

（３）福浜地区の団地造成

現在唐人町の北部に位置する福浜地区は、昭和36年（１９６１）に埋め立て事業が決定し、昭和44年（１９６９）には埋め立て完了、昭和45年（１９７０）には高層住宅が建設された。その後の団地造成により人口が大幅に増加した。平成元年（１９８９）のアジア太平洋博覧会に合わせて「よかトピア通り」や「黒門川通り」が整備されるものの、開発の中心はアジア太平洋博覧会やユニバーシアード福岡大会の会場である地行浜・百道浜地区に移り、更なる開発・整備はあまり行われなかったため、魅力の低下とともに人口はその後次第に減少している。

（４）地行浜・百道浜地区の跡地開発

平成元年（１９８９）のアジア太平洋博覧会の会場として計画されたこの地区は、昭和57年（１９８２）に埋め立てが開始された。この博覧会に合わせて福岡タワーや福岡市博物館などが建てられた。また、会場跡地は住宅地や商業地、公園などとして整備され、周辺インフラとして荒津福浜線(よかトピア通り)や黒門川通りも合わせて整備された。また、博覧会と同年にプロ野球球団ダイエーホークス（現・ソフトバンクホークス）が本拠地を移転したことにより、この地区に大規模な商業施設や新たな本拠地となるスポーツドームなどを建設した。また、ホークスタウン開業と同年の平成7年（１９９５）には福岡ドーム（現・ヤフオクドーム）をメイン会場とする世界学生スポーツ大会「ユニバーシアード福岡大会」が開催され、那の津通りやよかトピア通りがマラソンのコースの一部になるなど、周辺地域も利用した大会となった。これに合わせて那の津通りでは道路拡幅工事が行われた。平成12年（２０００）には福岡市博物館にて九州・沖縄サミット福岡蔵相会合、平成14年（２００２）には福岡ドームにてロボカップ２００２福岡・釜山が開催されるなど、次第に国際的なイベントはこの地区で行われるようになった。

３-３　小結

唐人町地区における戦後の動向は、主に周辺地区で行われた博覧会などの国際的なイベントに向けたインフラ整備や、住宅地としての魅力向上に伴うマンションなど住宅整備によってもたらされた影響が強いことが考えられる。

市制開始以降の福岡市、唐人町周辺地区の動きを表1に示す。博覧会などの国際的行事は大濠公園で開催されることが多かったが、百道浜・地行浜の整備後はドームやシーサイドももちでの開催が多くなった。それに伴い開発行為の中心も徐々に西へ移っていった。したがって、唐人町周辺地区の開発期を大きく「大濠博覧会期」（１８８９〜１９７４年）と「シーサイドももち開発期」（１９７５〜２０１２年）に分ける。細かく見ると「大濠博覧会期」は福浜地区の埋め立てが竣工した昭和44年（１９６９）を境に「大濠博覧会期」「福浜最盛期」に分けられ、「シーサイドももち開発期」は地下鉄の整備や地行浜・百道浜の埋め立てが行われた「インフラ整備期」（１９７５〜１９８９年）と、その後の国際的行事が行われた「跡地開発期」（１９９０〜２０１２年）に分けることができる。

4　唐人町と周辺地区の開発動向

前述のように区切った開発期ごとに、実際にどのような開発が行われてきたのかを地区ごとに調査した。対象地区は新しく造成された地区を除き、唐人町・荒戸・地行・黒門の4地区とする。調査には住宅地図を用い、各開発期の終了時もしくは最も近い年度のもので行った。選定した4つの年代（１９６５年・１９７３年・１９８９年・２０１２年）の地図を比較し、前年代より規模が大きく建て替わっているもの、新たに建てられたものを開発として捉え、地図上にプロットした。

4-1　１９７３年時の開発分類（図６）

唐人町：唐人町の開発は北部と南部を中心として開発が行われた。北部においては、唐人町の北側で造成される予定の福浜団地の大量住戸供給に合わせるように2階建ての低層集合住宅の建設が行われた。南部においては当時から主要幹線であった明治通り沿いを中心

図６　１９７３年時の開発分類
（黒：１９６６〜１９７２年の開発）

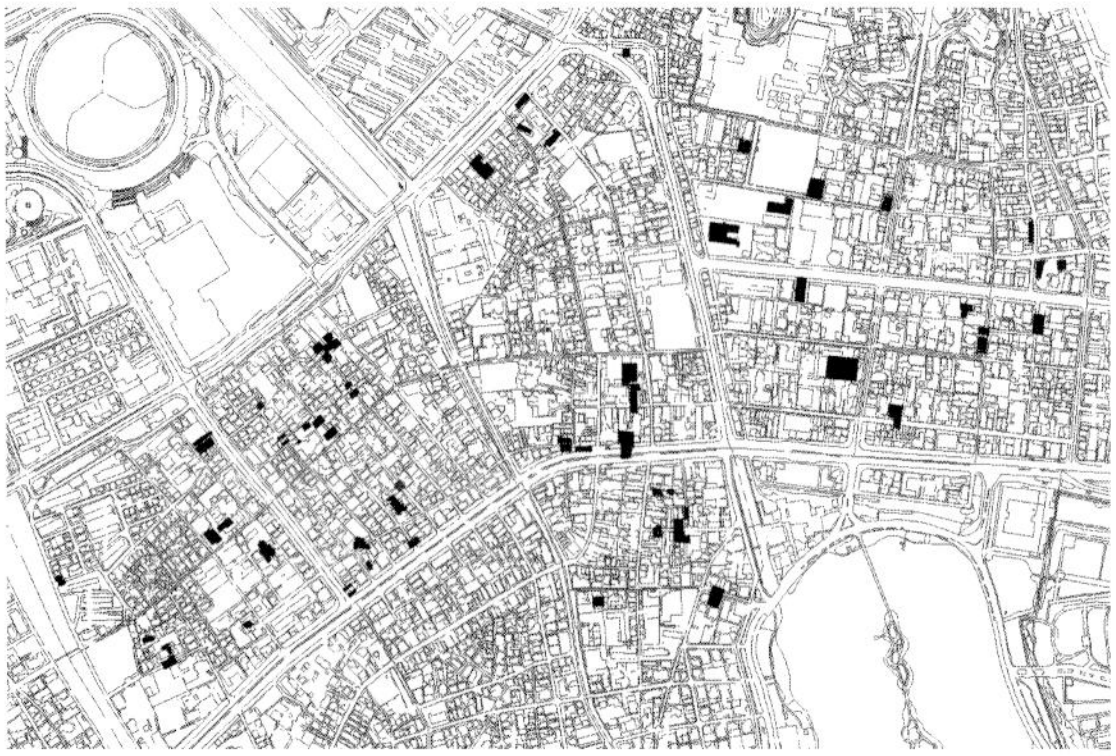

ベースマップは 2012 年の地図

表１　福岡市、唐人町周辺地区の動き

		年	福岡市の都市的な動き	唐人町周辺地区の動き	主影響エリア
大濠博覧会期	大濠博覧会盛期	1889(明22)	市制施行(市域約5km²、人口約5万人)	唐人町周辺地区(西新を除く)が福岡市域に指定される	
		1910(明43)	市内電車営業開始	唐人町周辺は貫線(地行～大学病院前)が開業　荒戸一丁目駅・西公園駅・唐人町駅・地行駅が開業	荒戸、西公園、唐人町、地行、黒門
		1918(大7)		百道浜海水浴場開設	百道浜
		1922(大11)	家庭博覧会開催	西公園が会場となる	西公園
				西新町が福岡市域に編入される	西新
		1926(大15)		大濠公園着工	大濠
		1927(大16)	東亜勧業博覧会(福岡市)開催	大濠公園が会場となる	大濠
			西鉄城南線全線開業	大濠駅・西新駅が開業	大濠、西新
		1929(昭4)		大濠公園が完成	大濠
			西鉄貫線全線開業	今川橋-西新が開業	荒戸、西公園、唐人町、地行、黒門、今川、西新
		1935(昭10)	風致地区の決定	大濠公園・西公園が指定される	大濠、西公園
		1939(昭14)	聖戦博覧会開催	大濠公園が会場となる	大濠
		1942(昭17)	大東亜建設博開催	百道浜が会場となる	百道浜
		1945(昭20)	福岡大空襲で市街地の大半が消失	荒戸地区が被災	荒戸
		1946(昭21)	復興都市計画の決定(道路、公園)		
			戦災復興土地区画整理事業の決定（328ha）	荒戸地区の一部が指定される	荒戸
		1948(昭23)	第3回国民体育大会開催	平和台競技場がサッカー・ラグビーの会場となる	大濠
		1957(昭32)	公共下水道の決定(1009ha)		
		1958(昭33)		スーパーマーケット(丸栄)が西新にオープン、以後急速に市内に拡がる	西新
		1961(昭38)		福浜地区造成決定	福浜
		1966(昭41)		荒戸地区で町界町名整理を実施、新町名となる	荒戸
			福岡大博覧会(西日本新聞)開催	大濠公園が会場となる	大濠
				唐人町で町界町名整理を実施、新町名となる	唐人町
		1969(昭44)		福浜地区埋立竣工許可	福浜
	福浜造成期	1970(昭45)		福浜団地高層住宅建設	福浜
		1972(昭47)	政令指定都市に昇格		
			天神地下街の決定		
			海洋博覧会開催	福浜が会場となる	福浜
		1974(昭49)	西新地区市街地再開発事業の決定		西新
シーサイドももち開発期	インフラ整備期	1975(昭50)	福岡都市高速鉄道１，２号線（地下鉄）の決定		
			福岡大博覧会(西日本新聞)開催	大濠公園・舞鶴公園が会場となる	大濠
			西鉄市内線の一部廃止(貫線、城南線、呉服町線)	貫線、城南線の廃止、代行バス運行開始	荒戸、西公園、唐人町、地行、黒門、今川、西新、大濠
			市営地下鉄起工式		
		1976(昭51)	天神地下街完成		
		1978(昭53)		福岡市美術館着工	大濠
		1979(昭54)	西鉄市内線全線廃止(循環線、貝塚線廃止)		
				福岡市美術館開館　公園に接し武道館建設 日本庭園建設のためプール跡地整地	大濠
				西新地区第一種市街地再開発事業(西新エルモール)着工	西新
		1981(昭56)	地下鉄空港線(室見～天神)開業	西新駅・唐人町駅・大濠公園駅開業	西新、唐人町、大濠
			西新地区市街地再開発事業完了		西新
		1982(昭57)	分区により７区制となる		
			ふくおか'82大博覧会開催	大濠公園が会場となる	大濠
				百道浜・地行浜埋め立て開始	百道浜、地行浜
		1985(昭60)		博多姪浜線(明治通り)の唐人町1丁目～百道1丁目完成	唐人町、地行、西新、百道
		1986(昭61)	地行・百道地区(シーサイドももち)の埋立竣功許可		百道浜、地行浜
			地下鉄2号線(中洲川端～貝塚)全線開業		
		1988(昭63)		大濠公園池浄化工事着工	大濠
				黒門川通り暗渠化完成	唐人町、荒戸
		1989(平1)	アジア太平洋博覧会開催	百道浜・地行浜が会場となる	百道浜、地行浜
				荒津福浜線(よかトピア通り)整備完了	福浜、唐人町、地行浜
				唐人町福浜線(黒門川通り)整備完了	唐人町、福浜
	跡地開発期	1990(平2)	天神地区市街地再開発事業の決定		
		1993(平5)		福岡ドーム竣功	地行浜
			地下鉄空港線（博多～福岡空港）延伸開業		
		1995(平7)	ユニバーシアード福岡大会開催	福岡ドームがメイン会場になる 平和台競技場で野球、那の津通りやよかトピア通りがマラソンコースで使用される	地行浜、大濠、唐人町、百道浜など
				千鳥橋唐人町線(那の津通り)の西公園参道～唐人町間の道路拡幅工事完了	荒戸、西公園、唐人町
		2000(平12)	九州・沖縄サミット福岡蔵相会合開催	福岡市博物館が会場となる	百道浜
		2001(平13)	世界水泳選手権大会開催	百道浜がオープンウォータースイミングの会場となる	百道浜
		2002(平14)	ロボカップ2002福岡・釜山開催	福岡ドームが会場となる	地行浜

として商業的な開発が行われた。中央部に関してはほとんど開発が行われず、戸建住宅が建ち並んでいる。

荒戸：荒戸の開発は、比較的住宅が密集している東側については住宅や商業の小規模な開発が行われ、もともと区画が広い西側では、大きな敷地を利用した中層集合住宅の開発が目立つ。また、当時の荒戸の明治通り沿いには小さな商店が軒を連ねていたことが分かる。

地行：開発が一部に偏るような傾向はなく全体的に低層集合住宅を中心とした開発が行われている。地行は他の地区とは異なり、鉄道会社や建設会社などの大手企業の寮がいくつか開発されている特徴がある。また、明治通り沿いは道路の拡幅整備に合わせて空地や空き家になっている所が多い。

黒門：大濠公園で行われた数多くのイベントの影響から、ホテルや銀行などの商業的開発や低層集合住宅の開発が地区中央部で行われている。また、明治通りの拡幅整備に合わせて、通り沿いに存在していた数多くの商店がなくなり、空き地となっている。

4-2　1989年時の開発分類（図7）

唐人町：この時期に唐人町の周りでは黒門川通りとよかトピア通り、地下鉄の整備が行われ、周りの幹線道路沿いの開発がみられる。黒門川通り沿いでは中層集合住宅、よかトピア通り沿いでは低層集合住宅が多く、中央部では大規模マンションの建設が行われている。しかし、地区全体として建設数は周辺地区に比較すると少ない。南側の唐人町商店街周辺では商業的開発が活発に行われている。

荒戸：全体として数多くの集合住宅の開発が行われている。この時期に地区の中央部を東西に横切る那の津通りの拡幅整備が西公園参道下まで行われ、那の津通り沿いを埋め尽くすように中高層のマンションの建設が行われている。西側においては大きな敷地を利用した開発が継続して行われ、南側では商店が減り、商業ビルの建設がいくつか行われている。

地行：東側を中心に低層集合住宅の建設が多く行われ、また拡幅整備された明治通り沿い

図7　1989年時の開発分類
（グレー：1966～1972年の開発、黒：1973～1989年の開発）

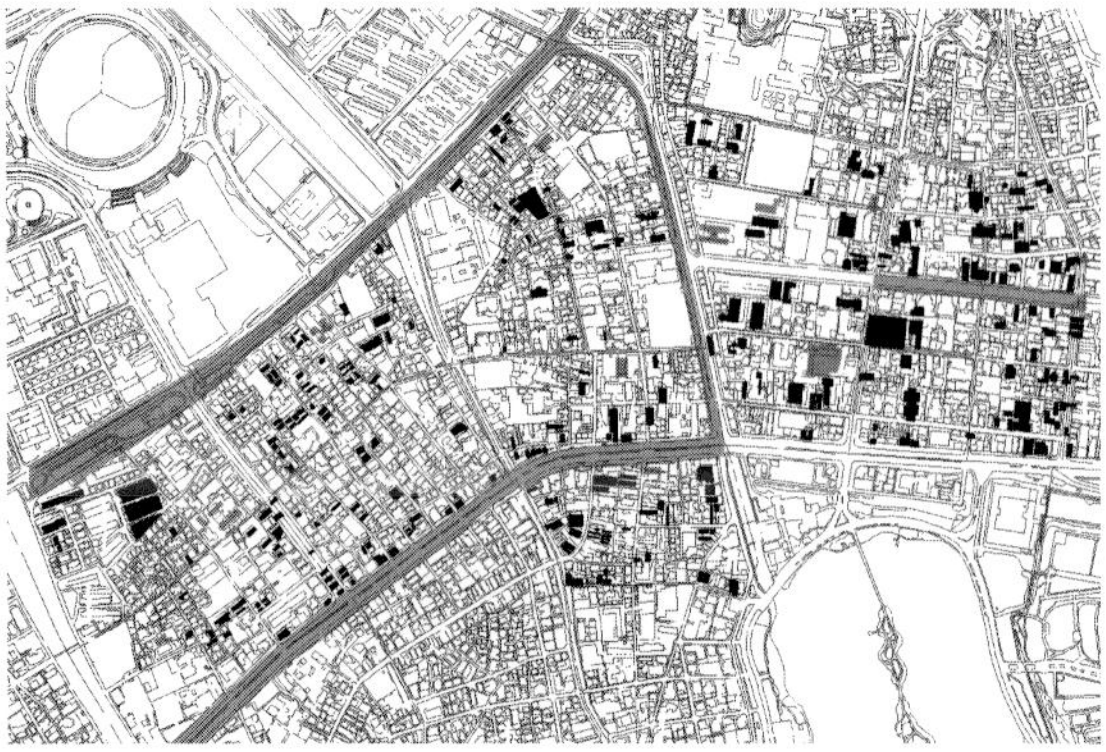

ベースマップは2012年の地図

には商業ビルの建設がみられる。しかし、唐人町に隣接する東側では大規模な開発は行われていない。

黒門：全体を通じて多くの開発が行われており、幹線道路沿いには高層マンション、中央部では中層集合住宅の建設が行われている。低層集合住宅の開発がほとんど行われていないのが特徴で、当時の黒門地区の地価も周辺地区と比較して高い。明治通り沿いに存在していた商店が軒を連ねる姿は消えた。

４－３　２０１２年時の開発分類（図８）

唐人町：唐人町では幹線道路沿いではなく街区の内側に中高層のマンションの建設が行われている。建物が密集している唐人町商店街地区では福岡市の主導のもとで優良建築物等整備事業が行われ大規模マンションの建設が３件行われた。北側での開発は少なく、多くの開発が南側で行われ、開発の中心が南下している傾向がある。

荒戸：那の津通り拡幅整備が完了、荒戸地区内に大きな幹線道路が完成した。非常に多くの中高層マンション建設が行われており、昭和48年（１９７３）から平成元年（１９８９）に建設された集合住宅の建て替えが多くみられる。明治通り沿いに存在していた商店は減少した。この時期に行われた開発を機に荒戸はマンション街へと姿を変えた。

地行：地区の中央を南北に走る道路の拡幅整備が行われたが、荒戸のようにマンションが多く建設されるということはなかった。東側の開発は幹線道路沿いを中心として行われる傾向がある。西側では、福岡市の副都心である西新の影響もあり、企業の寮が存在していた広い敷地を利用した中高層のマンション建設が行われている。

黒門：これまで開発されなかった場所に数多くの開発が行われており、特に高層マンションの建設が多い。荒戸地区と同様にマンション街かつ高級住宅地となった。

４－４　全体を通した開発動向

昭和38年（１９６３）から平成24年（２０１２）までの約半世紀に及ぶ唐人町を中心と

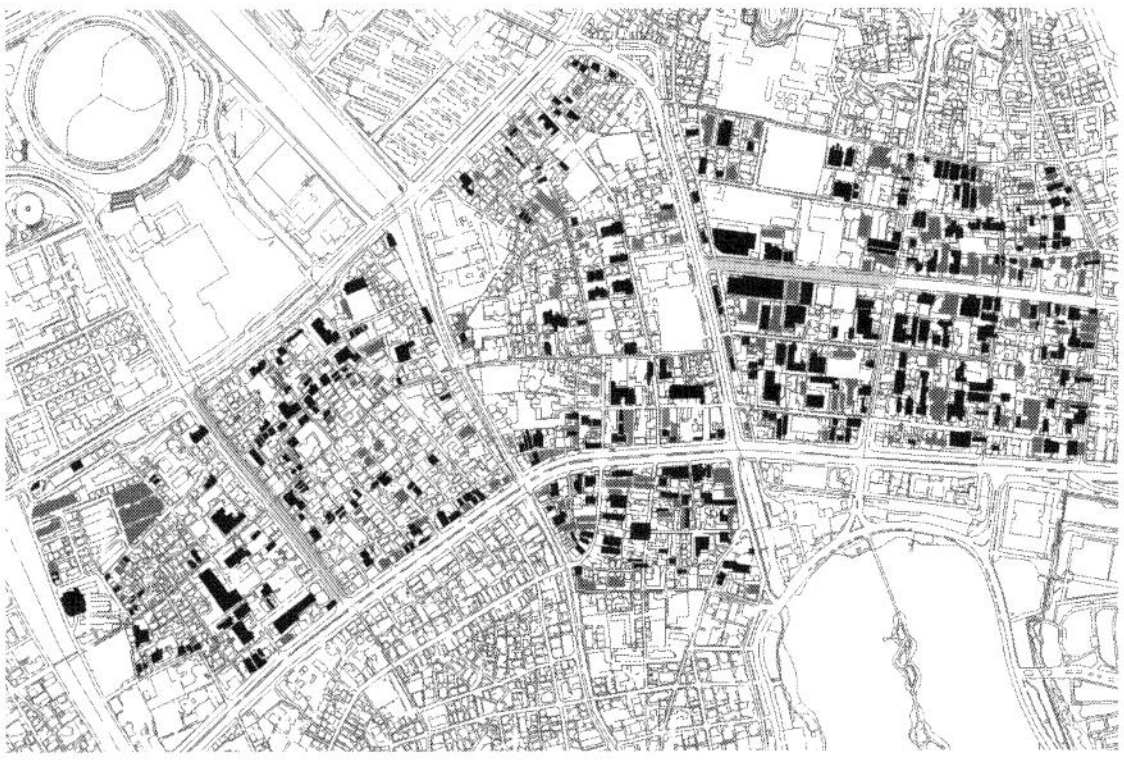

ベースマップは2012年の地図

図８　２０１２年時の開発分類（グレー：１９６６～１９８９年の開発、黒：１９９０～２０１２年の開発）

した開発動向を見てきた。全体として、50年という長い期間で戸建住宅を含めほぼすべての建物が建て替わっている中でも、開発の内容など地域差が現れている。特に黒門や荒戸地区においては平成に入ってからの開発が非常に多く行われ、このことが唐人町との町の印象を違わせる要因になったことが考えられる。また地行地区でも西新の影響で西側を中心とした大規模な開発が活発になっており、この傾向は東へと波及する可能性がある。また、黒門と荒戸地区には明治通り沿いに唐人町商店街のように多くの商店が建ち並んでいたが、道路整備や開発のために大半は消えてしまった。しかし、唐人町においてはマンションなどの開発はあるものの、周辺地域における地域密着型の商業地域として位置付けが強くなったと考えられる。

4-5 小結

上記のように唐人町と周辺地区における開発の違いを生じさせた理由として以下のことが考えられる。

(1) 道路整備手法の違い

一般的な道路整備としては、那の津通りのような既存道路の拡幅工事が主流であり、その際道路に面する建築物の取り壊しが行われ、新たな建物の開発が実施されやすい。一方、唐人町における周辺道路の整備では、黒門川通りの暗渠化やよかトピア通りの埋め立てなどは既存の建築物の取り壊しは少ない。そのため、道路整備と一体的な開発は行われにくかったのではないかと考えられる。道路を地区内に整備しなかった理由としては、前述のように寺が集中的に配置されていたことや、街路がグリッド状ではないことによるものであると考えられる。

(2) 人口増加と周辺地区との関係性

福岡市全体の人口増加に加えて、唐人町周辺地区では博覧会やインフラ整備の影響で住宅地としての魅力が向上したため、多くの住宅が必要とされた。その際、大量の住宅を供給する役割を担ったのが唐人町ではなく周辺地区であった。１９７０年代前半においては、行政主導のもとに建設された福浜団地が、それ以降は荒戸や黒門がその役割を担ってきた。これらの地区は、埋立地であったため開発が容易であったことや、道路拡幅による地区中央部への自動車でのアクセス性の向上がモータリゼーションと合致したこと等の理由から住宅開発が盛んに行われたことが考えられる。これらの地区で住宅供給が充分に賄われてきたために、唐人町においてはマンション開発があまり進まなかったと推測できる。しかし、現在では荒戸・黒門地区には新たに大規模な開発を行う余裕が少ないことにより、新規の住宅開発が行われにくい傾向にあると考えられる。そのため、住宅需要を補う地区として唐人町が注目され、今後住宅開発が行われる可能性は高いと推測できる。

（０）用途地域の違い

都市計画で決定されている用途地域では、唐人町においては南側は商業地域、幹線道路沿いは第二種住居地域、その他は第一種住居地域として定められている。唐人町地区の大多数を占める第一種住居地域では容積率が２００％と低く、民間による大規模開発には適していない。一方、荒戸や黒門地区は地区のほとんどが商業地域であり容積率が４００％と高く、大規模開発を行いやすい環境にある。このことが開発地の選定に影響を及ぼしている可能性は高いと考えられる。

５　総括

本研究では周辺地区との関係性や開発動向の違いについて考察してきた。唐人町の都市的特徴としては、周辺地区では感じられなくなった「空間の歴史性」から得られる独特な景観であると考えられる。この空間の歴史性とは、地区内に寺が多いということだけではなく、街区形成当時から残る地区特有の街路の骨格が残り続けていることや、周辺地区が開発で失ってしまった多くの小規模な商店が軒を連ねる姿をいまだに残しているということである。この歴史性は街区構成や商店街が生み出す要素となっているが、同時に周辺地区で行われてきたような開発を抑止する要素にもなっていると考える。結果、周辺地区では高層マンションなどが多く開発されたことによって、地区が大きく更新されるなか、唐人町は開発されているものの、地区全体の印象を一新するような開発は見受けられず、周辺地区との景観的なギャップを生み出している。これは、用途地域による開発の制限があることや周辺地区が開発の受け皿となってきたことが影響していると考えられる。

以上のように、唐人町は周辺地区とは異なった性質を持っているが、それは周辺地区との対比の中で生み出されたものである。唐人町地区は大濠公園、シーサイドももちのような大規模公園や娯楽地区に近く、天神と西新に挟まれた立地の良い土地である。周辺地区では、新たな開発が起こりにくいため、唐人町地区の住宅地としてのポテンシャルが高まっており、今後も開発されていくことが考えられる。しかし、周辺地区に起こったような開発が進んでいくことは、周辺地区とのギャップによって生み出される唐人町の特徴・魅力を失うことにつながる恐れがあると考えられる。

参考文献

1　福岡城下町・博多・近隣古図（１８１２）、九州大学記録資料館九州文化史資料部門（九州文化史研究所所蔵）。

2　福岡城下絵図、九州大学記録資料館九州文化史資料部門（九州文化史研究所）所蔵「吉田家文書」５２８号

3　福岡御城下絵図（１６９９）、福岡県立図書館所蔵「福岡県史編纂資料」６５１号

4　九州大学デジタルアーカイブ、http://record.museum.kyushu-u.ac.jp/

5　当仁公民館『当仁風土誌』１９８３年

6　『古地図の中の福岡・博多』海鳥社、２００５年

7　ボランティアグループよかぁ〜当仁・郷土史のぼせもん倶楽部『よかぁ〜とこ・当仁地区の歴史：唐人町・黒門・大濠・荒戸・西公園　（郷土史・語り部シリーズ）』第1号、２００７年
8　福岡市総務局『福岡の歴史〜市制九十周年記念』１９７９年
9　福岡市土木局『福岡市土木史：福岡市の道路のあゆみ』２００６年
10　福岡市ホームページ、http://www.city.fukuoka.lg.jp/
11　福岡県立図書館ホームページ、http://www.lib.pref.fukuoka.jp/
12　ゼンリン『ゼンリン住宅地図　福岡市中央区』、２０１２年
13　ゼンリン『ゼンリン住宅地図　福岡市中央区』、１９８９年
14　ゼンリン『ゼンリン住宅地図　福岡市中央区』、１９７３年
15　ゼンリン『ゼンリン住宅地図　福岡市中央区』、１９６５年

唐人町の武家地の記憶

池田峻平／木村萌／呉琮慧

1 はじめに

1－1 研究の背景と目的

本研究の対象地区とする福岡市中央区唐人町地区は、天神から約1・5km西に位置する。天神から地下鉄で4分という距離であり、都心部に隣接する地域であるが、昔ながらの商店街と多くの寺院、密集する家々により、情趣ある町並みをつくりだしている。

地区南部には東西に商店街のアーケードが伸びる。古くは福岡藩と唐津藩が参勤交代に使った唐津街道で、街道を行き交う人々に商売を行い、自然発生的に町家として発展していったと言われている。また、地区内には8つの寺院が密集しており、地区西部には妙安寺、吉祥寺、成道寺、善龍寺が、地区北部には妙法寺、浄慶寺、大佛大圓寺、正光寺が位置している。これらの寺院は、福岡藩が北側の海からの都市防衛に要塞として建立したと言われている。加えて、地区中心部から南部にかけては細かく割られた宅地が道路を中心として密集している。細い路地が通りからいくつも宅地に引き込まれており、江戸期には下級武士の宅地が並ぶ武家地であったと伝えられている。

これら様々な要素が存在する唐人町を歩くと、それぞれの空間で唐人町独特の雰囲気を感じる。本研究では、町の歩行空間を構成するいくつかの要素を取り上げて分析することで、そこを歩くと確かに感じるその違いを捉えることを試みた。特に、下級武士の宅地が並んだと伝えられる唐人町地区の中心部から南部を対象として分析を行った。

1－2 研究の方法

まず、慶安4年（1651）から文化9年（1812）にかけての「福岡御城下絵図」6枚、明治13年（１８８０）から昭和17年（１９４２）にかけての「福岡市街地図」32枚をもとに、唐人町地区全域における土地利用の変遷を追った。

次に、対象地区において、特に空間の雰囲気に関係していると考えられる空間構成要素の選定を行い、それぞれの分類種別を検討した。その後、現地調査によりそれらの分布を把握した。最後に、対象地区内で部分的に１／５００の配置図を採取し、詳細分析を行った。

２　唐人町の土地利用の変遷

２－１　寺の建立と浜の土地利用

寺の建立については、寛永元年（１６２４）から元禄3年（１６９０）に渡って、相次いで吉祥寺・成道寺・妙法寺・真福寺・大圓寺・浄慶事・妙安寺・正光寺・善龍寺が唐人町地区内に建立、または移転された（表1）。吉祥寺と妙安寺の側に移されたと伝えられる真福寺は、その後、元禄9年（１６９６）には地行西町へと移された。

浜の土地利用については、元禄12年（１６９９）の『福岡御城下絵図』（図1）において、海岸沿いに松林が描かれているが、文化9年（１８１２）の『福岡城下町・博多・近隣古図』（図2）においては、「畠」と書かれており、畑として耕作されていたことが分かる。『黒田家譜』によると、元和4年（１６１８）に当時の福岡藩主黒田長政が、町人に命じて荒戸の西から室見川まで1軒につき小松1本を植えさせたと伝えられているが、その後の寛永20年（１６４３）に松林が伐採され、武士の宅地化が進み、「浪人町」と「大圓寺町」が形を整えていった。現在も唐人町地区内には多くの松が分布している。

２－２　町区分

唐人町は、大きく「寺院」「町人地」「武家地」の3つの土地利用に分かれていた。現在、「町人地」は唐人町商店街に、「武家地」はマンションや戸建て住宅等の宅地となり、「寺院」は現在も残っている。慶安4年（１６５１）以降の絵図には、南より、新大工町・西唐人

図1　元禄12年（１６９９）福岡御城下絵図

福岡県立図書館所蔵

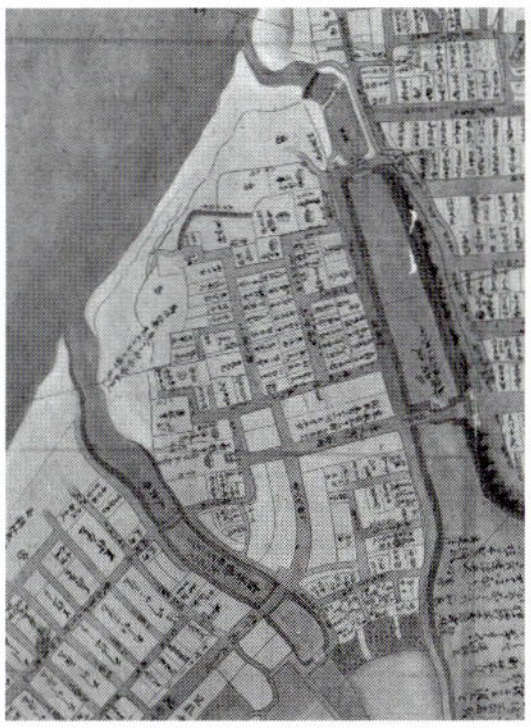

図2　文化9年（１８１２）福岡城下町・博多・近隣古図

九州大学附属図書館付設記録資料館
九州文化史資料部門所蔵

町・東唐人町・浪人町・東唐人町堀端・大圓寺町・枡木屋町という7つの町名が書かれており、明治24年（１８９１）『福岡市全図』（図３）には各町の領域が示されている。

（１）町人地

東唐人町、西唐人町はかつて町人地であった。東唐人町は東西の筋であり、西唐人町は南に折れる南北の筋である。維新以前には東唐人町を本町といい、西唐人町を横町と呼んだ。ともに唐津街道沿いにあり、現在は唐人町商店街がある。

（２）武家地

江戸期に下級武士の宅地が並んだとされるのは、東唐人町堀端・大圓寺町・枡木屋町である。東唐人町堀端は黒門川沿いの道の西側にある片側町であり、昭和10年（１９３５）より当仁小学校が位置している。大圓寺町と浪人町は、寛永20年（１６４３）に松林が切り倒され、武士の宅地化が進められてできた。浪人町は東唐人町の北側に並行する東西の筋である。筑前怡土《いと》郡（現・糸島）の原田氏、筑後の田中家の浪人が、職を求めて城下町に移り住んだといわれている。明治6年（１８７３）から昭和10年（１９３５）にかけて当仁小学校が位置していた。枡木屋町は大圓寺町と平行してあり、町の北部には藩公定の枡を製造検査する建物があった。これは町名の由来でもある。江戸期には武士の宅地が位置したといわれており、安政6年（１８５９）には囚獄舎が浜辺に建てられた。明治39年（１９０６）より荒津病院が建てられた後、昭和55年（１９８０）には福岡市立こども病院（２０１４年に転出）となった。

（３）寺院

東唐人町に成道寺と善龍寺が、東唐人堀端町には浄慶寺と妙法寺が、大圓寺町には大圓寺と正光寺が、浪人町の西端には吉祥寺と妙安寺が位置する。寛永元年（１６２４）から元禄3年（１６９０）に渡って、相次いで9つの寺院が唐人町地区内に建立、または移転された（表1）。吉祥寺、妙安寺の側に移されたと伝えられる真福寺は、その後、元禄9

図３　明治24年（１８９１）福岡市全図

福岡市総合図書館所蔵

表１　唐人町年表

元和4年	1618	長政が町人に命じて荒戸の西から室見川まで1軒に小松1本宛を植えさせた。
寛永4年	1627	「唐人町」の名の初見。
		善龍寺が東唐人町（現唐人町1丁目）に荒戸山の麓より移された。
寛永1年	1624	吉祥寺が浪人町（現唐人町2丁目）に建立された。
寛永18年	1641	成道寺が東唐人町（現唐人町1丁目）に唐人町堀端より移された。
寛永20年	1643	松林が伐採され、「浪人町」「大圓寺町」が造られる。
正保2年	1645	妙法寺が東唐人町堀端（現唐人町3丁目）に蓮池町より移された。
正保2-5年	1645-1648	真福寺が東唐人町（現唐人町1丁目）に荒戸新町より移された。
慶安2年	1649	大圓寺が大圓寺町（現唐人町3丁目）に荒戸山の麓より移された。
		浄慶事が東唐人町堀端（現唐人町3丁目）に荒戸山の麓より移された。
万治3年	1660	妙安寺が浪人町（現唐人町2丁目）に建立された。
貞享4年	1687	正光寺が大圓寺町（現唐人町3丁目）に荒戸山の麓より移された。
元禄9年	1696	真福寺が地行西町（地行2丁目）に東唐人町より移された。
寛延4年	1751	簗所を管理する簗奉行という職制と簗所御仕組が設けられていたが、簗奉行のもとで番方が漁をすることとなった。
寛文9-12年	1669-1672	浜に枡小屋を設置し、新枡を作成する。
安政6年	1859	枡小屋町の浜に囚獄舎が橋口町より移される。
明治5年	1872	囚獄舎を福岡城内に移し、後明治9年に天神町の県庁構内に移す。
明治10-12年	1877-1879	コレラが流行し、吉祥寺に避病院を開設する。
明治25年	1893	「当仁尋常小学校」が浪人町（現唐人町3丁目）に開校する。
		（荒戸、西街、当仁の3小学校を合併）
明治39年	1906	避病院が千代の松原より移転し「荒津病院」となる。
大正1-14年	1912-1925	樋川の護岸石垣修繕工事を行う。
昭和2年	1927	東唐人町堀端道路の拡張工事を竣工する。
昭和4年	1929	荒津病院改築。
昭和10年	1935	当仁小学校が現在の場所（唐人町3丁目）に校舎移転。
昭和11年	1936	大圓寺が全焼する。その後、黒門大火。
		県社　鳥飼八幡宮　式年神幸。
昭和54年	1979	荒津病院が改築され感染症センターとなり、翌年こども病院も開設された。

図４　唐人町地図

年（１６９６）には地行西町へと移された。

２－３　現在の唐人町

終戦後は、唐人町商店街が福岡市内の商店街の中でも早くからアーケードを設置して賑わい、住宅地化が進行した。１９９０年代後半から住宅街の再開発が進み、高層マンションの新築が相次いだ（図４）。また、マンションの建設とともに駐車場も多くつくられた。

３　空間構成要素の抽出

「町人地」「寺院」「武家地」の大きく３つの要素をもつ唐人町であるが、本研究では特に「武家地」を扱う。現在、唐人町の中心部から南部には、低層住宅や高層マンション、または多くの駐車場がつくられている。江戸期においてこの地区は、大圓寺町・桝木屋町・浪人町にあたり、下級武士が居住していたと伝えられている。これらの地区では、屋敷が通りに沿って並ぶことで歩行空間が形成していたと考えられる。そこで、武家屋敷を構成する特徴的な要素の中から、唐人町における歩行感覚を決定していると考えられる空間構成要素を選定し、それぞれの分類種別の検討と分布の把握を行う。武家屋敷を構成する要素として塀・門・松の３つを選定した。これらは武家屋敷の特徴的要素であり、現代も住宅地である唐人町に共通して存在するものである。

３－１　分類

（１）塀

塀は、武家屋敷において敷地境界と外的防御の役割を持っていた。重厚で高さのあるものが好まれ、材料や形式は、武家屋敷の格調の基準のひとつであり、身分や階級に適したものが用いられた。武家地では通りに沿って屋敷が構えられており、連続して立ち並ぶ塀が通りを形成していた。現在、かつての用途は薄れ、隣地や道路との境界、建物との調和に重きが置かれがちであるが、様々な種類や高さの塀が存在しており、歩行空間を構成す

写真１　コンクリート塀

写真２　ブロック塀

写真３　煉瓦塀

る特徴的な要素となっている。

コンクリート塀：現場で仮枠をつくってその中にコンクリートを流し込む方法、あるいは工場生産のコンクリート板を組み立てる方法のいずれかで作られている（写真1）。冷たい感じを与える生地の色が特徴であるが、リシンガンを使った吹き付けによる仕上げを行ったり、目地を切ったりすることで表面に変化を持たせている。

ブロック塀：コンクリートブロックを積み上げて作った塀（写真2）。ブロックの種類が豊富で、組み合わせによってデザインに変化がつけられている。モルタル仕上げを施されているものが多く、その仕上げ方法の違いによって、自然石風や土塀風な表情をつくっている。フェンスや煉瓦塀など他の種類の塀と組み合わせて用いられているものもある。

煉瓦塀：基礎コンクリートを打ち、その上に煉瓦を積んだ塀（写真3）。煉瓦の長手の方を表に出して積んだ長手積みの塀がほとんどである。明るい色合いの煉瓦は少なく、コンクリートブロックと似たような色合いを持つ煉瓦塀が多い。フェンスや植栽と組み合わせて用いられていることが多い。

タイル貼りの塀：コンクリートやブロック積みの表面に化粧タイルを貼った塀や、煉瓦色のタイルを貼り、煉瓦積みに見せた塀。色や大きさの種類が豊富で、明るく現代的な印象のものが多い。煉瓦塀と同様にフェンスや植栽と組み合わせて用いられていることが多い。

板塀：木板を表裏から交互に貼った大和塀風の塀や、板を縦に目板打ちとして貼った竪板塀がある（写真4）。親しみある木の表面が特徴的であり、その性質から傷んでいるものも多い。ブロック塀やレンガ塀を基礎としてその上につくられているものもある。

フェンス：格子、唐草や幾何学模様などを施したスチールフェンスと、網を張ったネットフェンスがある（写真5）。ほとんどが金属製であり、鉄かアルミが主な材料である。開放的で豊富なデザインがあり、コンクリート塀やブロック塀、煉瓦塀などと組み合わせて用いられているものが多く、その場合、他の塀を基礎としてその上につくられている。

写真4　板塀

写真5フェンス

写真6　生垣

生垣：通路と庭の仕切りや、庭園内の区切りなどに設ける低い垣から、敷地の外周に設ける一般的なものがある(写真6)。通りに対して自然のある豊かな外観を見せている。ブロック塀や煉瓦塀、フェンス等と組み合わせて設けられるものが多い。唐人町における武家屋敷の塀は「ちんちく塀」と呼ばれる竹の生垣であったと伝えられるが、現存していない。

（2）門

門は、武家屋敷において出入口と外的防御の役割を持つ。それぞれの種類に格式があり、身分、階級によって屋敷に構えることのできる門は制限されていた。通りに対して構えられる門は、まさに屋敷の顔であった。現在、門の形式やデザインは自由に行われ、唐人町においても様々な材料や形式を持つ門が住宅に構えられており、通りの主要な空間構成要素のひとつとなっている。以下に門の分類とそれぞれの特徴を記す。

木の門：木の門は、江戸期に用いられていた、格式の高い門に似た形式であるものが多い。棟門や薬医門の形式を用いている門は、木の門柱に瓦葺きの屋根を有しており、風格ある構えをしている。また、石張りやコンクリートの重厚な独立門柱の上に、瓦や鉄板を葺いている寄棟や切妻の屋根をかけているものもある（写真7）。また、2本の木の独立門柱のみで、屋根がない門も存在した。門扉があるものとないものがあり、数か所に見られた。いずれも門柱の端部は金物で保護されており、塀重門の形式に似ている。

ブロックの門：コンクリートブロック積みの門（写真8）。門柱を完全に独立して作る形式と、ブロック塀の延長に門扉を付けるものがある。小さい門柱が多く、あまり目立たない。

モルタル仕上げの門：コンクリートやコンクリートブロックを下地にし、モルタル仕上げを施すもの（写真9）。造形的にも色彩的にもシンプルである。独立した門柱を持ったものと、塀の延長に門扉を付けて門としたものがあり、どちらも地区内に数多く存在する。

煉瓦・タイル：煉瓦積みやタイル貼りの門。材料そのものの色彩と、目地の織り成す模様が特徴的である（写真10）。門柱を完全に独立して作る形式と、塀を延長して門柱だけタ

写真7　棟門

写真8　ブロック積みの門

写真9　モルタル仕上げの門

イルを貼る形式、また塀から門柱まで化粧タイルで一体化してしまう形式などがあった。

石積み・石張り：自然石を用いた鉄平石の乱張りや、小端積み、大谷石積み、または人造石の石積み、石張りなどがある（写真11）。石の種類や積み方、張り方によって、いかめしく重厚な印象を持つものや、軽快なものがある。

（3）松

唐人町においては、前述のように、元和４年（１６１８）に荒戸の西から室見川まで１軒につき小松１本を植えたと伝えられ、元禄12年（１６９９）年の『福岡御城下絵図』（図１）では海岸沿いに松林が描かれている。また、塀と門とともに松は武家屋敷を構成する要素のひとつである（写真12）。現在の十神町では、多くの松が宅地の敷地内に見られ、塀、門ともに住宅の顔として通り側の歩行者空間を構成する要素となっている。

３-２　分布

（１）塀

ブロック塀は地区全体に広く分布している（図５）。通りに面しているものに比べ、宅地間の境界となっているものが非常に多い。次にフェンスが多く、地区全体に広く分布している。公園や駐車場の塀に用いられているものが多く、また宅地間の境界に部分的に用いられている。コンクリート塀は地区中央部の敷地境界やこども病院の住宅地側の塀として用いられている。煉瓦塀は非常に少なく、地区北東部、北西部、中央部、南部にわずかに分布している。板塀も同様に少ないが、多くが煉瓦塀の分布と重なっている。

（２）門

多くは通りに面して構えられているが、一部、通りから引き込まれた細い路地に対して構えらえているものがある（図６）。屋根のある門は大圓寺通り、桝小屋通り、子供病院の東側の通りに面して分布している。

写真10　煉瓦積みの門

写真11　石張りの門

写真12　松

図５　塀の分布

図６　門の分布

図７　松の分布

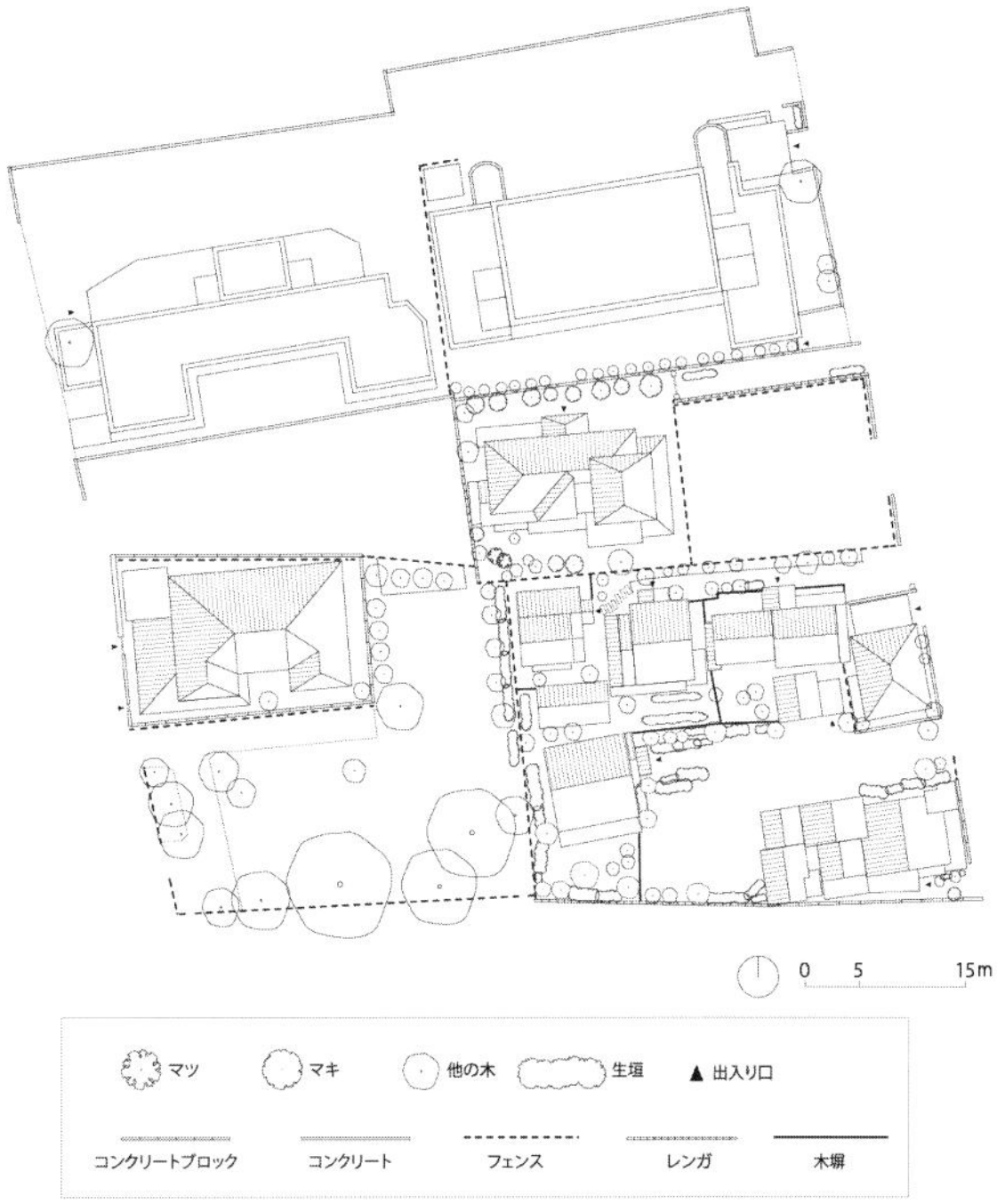

図８　配置図１（2012 年７月採取）

（3）松

地区全体に広く分布している（図7）。老松はこども病院周辺や、南部の妙法寺周辺に多く、若松は旧枡木屋町や旧大圓寺町の住宅地の敷地内に多い。一方で、商店街や小学校周辺には少ない。また、住宅地の敷地内にある松は通り側に植えられていることが多い。

4　詳細分析

東部にある旧大圓寺町周辺と西部の旧枡木屋町周辺において、それぞれ部分的に１／５００の配置図を採取し、分析を行った。また、昭和40年（１９６５）の住宅地図より、屋敷境界を把握し、現在の唐人町の空間構成と比較した。

４‐１　旧大圓寺町周辺部

（１）要素配置

旧大圓寺町周辺部において、部分的に配置図採取を行った（図８）。現在、高層マンションが２棟立地し、公園や駐車場が広い範囲を占めている。公園や駐車場の周辺はフェンスで囲まれており、街区を東西に分割する塀にはコンクリート塀とコンクリートブロック塀が多い。また、南東部の木造住宅が集中する地区には木塀が多く見られ、門柱が位置するのもこの地区だけである。また、松や槙は図中心部の木造住宅の庭にのみ存在する。

（２）屋敷境界

同地区の現在の屋敷境界と昭和40年（１９６５）における屋敷境界とを比較した（図９）。現状、駐車場、公園、高層マンションとなっている部分にも昭和40年（１９６５）においては住宅が立地していた。そのアプローチは、現状において木造住宅が集まる南東部と同じように、大圓寺町と枡木屋町の通りから道を引込み、それに沿って住宅が立地するような構造をもっていたと推測される。また、現在、マンションや公園、駐車場が立地する部分についても、昭和40年（１９６５）における屋敷境界の名残が見られ、いくつかの屋敷

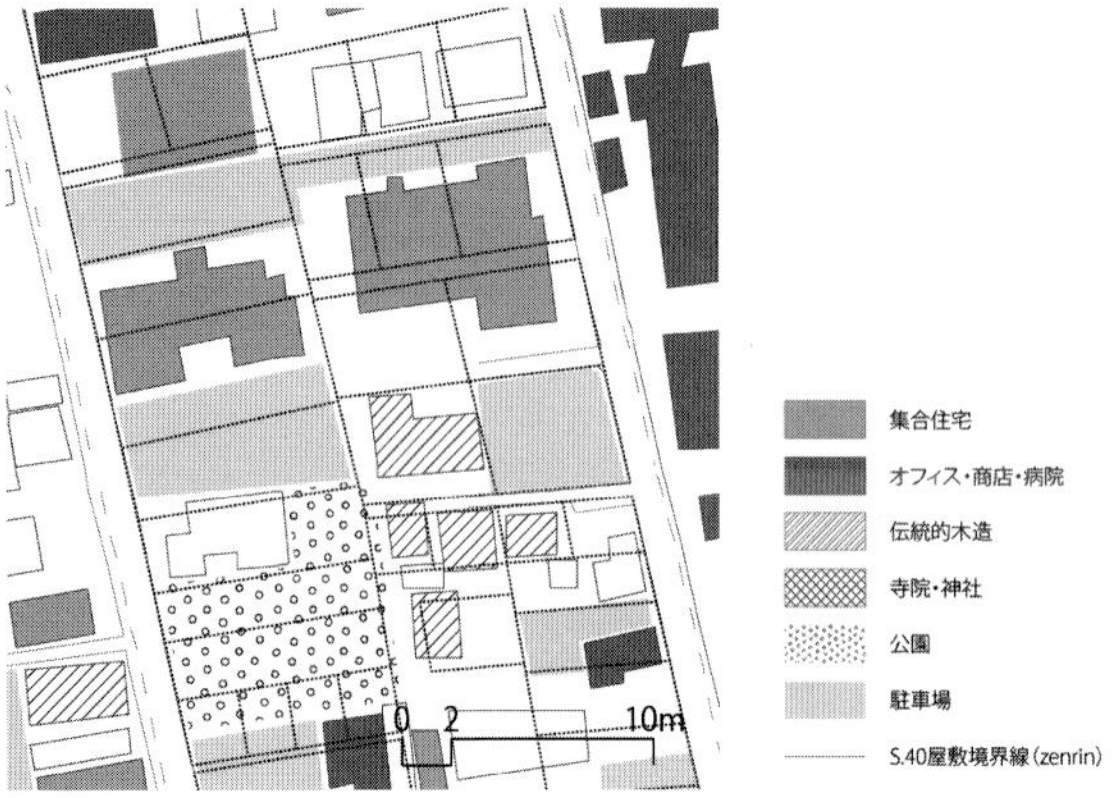

図９　屋敷境界線１（昭和40年）

と同時に買取り、マンションの敷地にしたことが推測される。

4-2　旧枡木屋町周辺部

1）要素配置

旧枡木屋町周辺部において、部分的に配置図の採取を行った（図10）。南部に高層マンションが立地し、木造2階建てアパートが数軒立地する他は、住宅が多くを占める。各住宅の屋敷は狭く、庭も狭く、そのアプローチも非常に入り組んでいる。塀の種類に着目すると、コンクリートブロック塀が非常に多くを占め、木塀やレンガ塀はほとんど見られない。また、門柱は枡木屋町や浪人町の通りにのみ存在する。引込道として認識されるのは南部の枡木屋町の通りから西に引き込まれる道のみで、それ以外の住戸は通りに接道している。

2）屋敷境界

同地区の現在の屋敷境界と昭和40年（１９６５）における屋敷境界とを比較した（図11）。昭和40年（１９６５）においては屋敷が道沿いに集中していることが分かる。当時の通りに接道していなかった住戸へのアプローチは表記されていないが、前述の様に通りから引込道が持たれたのではないかと、現在の配置図から推測できる。

4-3　比較分析

一見すると、枡木屋町が複雑に入り組み、大圓寺町は規則的に分裂したように思われる。しかし、これらの地区は同じように、通りから道を引き込み、それに沿って住宅が立地するような構造をもっていると推測される。大圓寺町が南北に通りが伸びていたのに対し、枡木屋町では、様々な方向へと通りがひかれていたため、宅地分裂する際に、裏にある住戸がアクセスするためにひかれた引込道の方向や形態が不規則であったと考えられる。

5　まとめ

唐人町の中の「武家地らしさ」をつくるものとして、武家屋敷を構成する塀・門・松を

図 11　屋敷境界線 2

図 10　配置図 2（2012 年 7 月採取）

抽出し、分析を行った。門については、当時下級武士の宅地の門は簡素なものか、それ自体存在しなかったということが文献から読み取れ、現在の門は後からつくられたものと推測される。塀については、下級武家屋敷であった頃の「ちんちく塀」と呼ばれるものは残存していない。松については、武家地に分布する松は若松が多く、老松はその他の唐人町周辺部に多く位置するため、江戸期の元和４年（１６１８）に植えられたものが残っているとは考えにくい。しかし、門の中には、現代の素材やデザインを用いて格式高い門の形式を表現しているものが見られ、塀・門・松の武家屋敷然とした構えを持つ住宅も多い。

また、武家屋敷の境界は、宅地群の中に高層マンションや駐車場の境界として現在も残っており、町の骨格となっている。以上のように、唐人町の「武家地の記憶」は、そこで暮らす人々の記憶によって連綿と受け継がれていた。

参考文献

１　当仁校区自治連合会並びに社協・当仁風土誌編纂委員会『当仁風土誌』１９８３年

２　『福岡地方史研究・第36号』福岡地方史研究会会報、１９９８年

３　『福岡地方史研究・第42号』福岡地方史研究会会報、２００４年

４　宮崎克則・福岡アーカイブ研究会編『古地図の中の福岡・博多　１８８０年頃の町並み』、２００５年

５　保岡勝也『門・塀及垣』、１９４０年

６　『実例：庭のデザインシリーズ①　生垣・門・塀』平岡典明・大橋忠成、１９８０年

唐人町商店街に関する研究
―（　）と（　）に一番近い街―

都合遼太郎／三吉和希／吉田健志

1　はじめに

1-1　研究の背景と目的

福岡市中央区に位置する唐人町商店街は、江戸時代に唐津街道を行き交う人たちに対し商売を行う町屋が自然と集まり、そこから発展したことを由来とする歴史ある商店街である。現在では再開発や世代交代にともなう店舗の入れ替わりにより、食料品のみならず衣料品や生活雑貨、飲食店・喫茶店も揃う地域密着型の商店街として人通りが絶えない。

近年、市街地付近を除く多くの地域の商店街が衰退しシャッター通りとなっていくなかで、唐人町商店街は空き店舗がほとんどなく、新たな出店希望も少なくない。また、西新商店街や新天町商店街のような市街地型の商店街とは異なり、唐人町商店街は昔ながらの市場のような雰囲気を残している商店街であるといえる。

これらの背景を受け、今もなお顧客を惹きつける唐人町商店街の特徴や、他の商店街とは異なる独特の雰囲気や魅力を明らかにすることを通じて、今後の唐人町商店街、ひいては日本の商店街の持続と発展に貢献する知見を得ることを目的とする。

1-2　研究の方法

本研究のフローを図1に示す。まず、筆者らが唐人町商店街において実際に体験したエピソードをもとに唐人町商店街について考察を行い、唐人町商店街独特の雰囲気や特徴を見出す。次に、唐人町商店街振興組合と唐人町商店街アーケード協同組合の各理事長を対象にヒアリング調査を行い、各組合の目的と具体的な活動内容、商店街の現状等を中心に話を伺った。唐人町商店街において商店をとりまとめる組織について調査を行うことで、

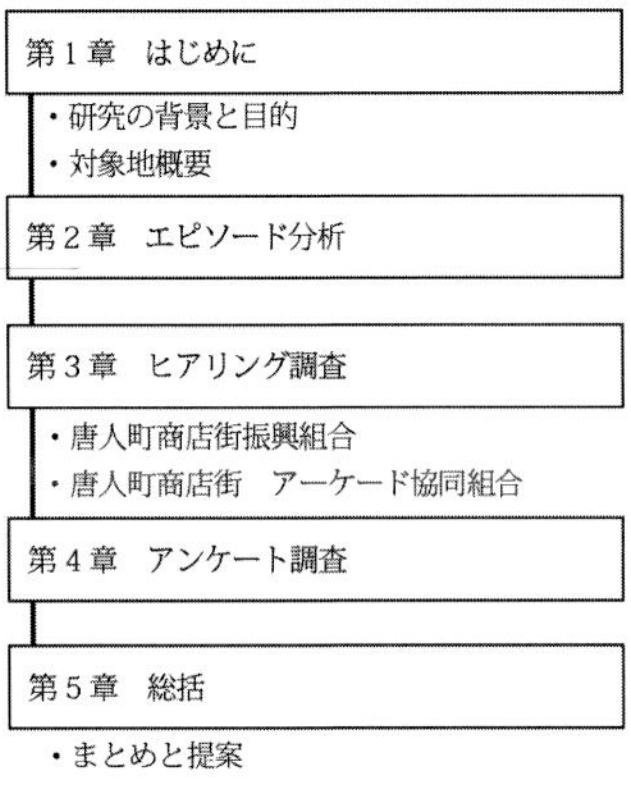

図1　研究のフロー

唐人町商店街の魅力と特徴、課題、目指している将来像などを把握する。さらに、唐人町商店街を構成する各店舗を対象に、各店舗の客層・営業時間・運営形態や、商店街に対する取り組みや商店街に対して思っていること、商店街の課題などを探ることを目的としたアンケートを作成し調査を行った。

１－３　対象地の概要

本研究の対象地である唐人町商店街は、九州最大の繁華街である福岡市中央区天神から西に約３・５㎞の福岡市中央区唐人町１丁目に位置し、福岡市営地下鉄唐人町駅の北にある。約４００年もの歴史ある商店街であり、旧唐津街道沿いに生まれた店々が起源とされる。唐人町商店街周辺は市の再開発事業の対象となっており、平成10年（１９９８）頃からマンションなどの開発が進み、計３つのマンションが商店街に面して建設された（図２）。いずれのマンションも、玄関へのアプローチとは別に商店街とつながる通路が整備されている。再開発マンションのひとつには、１階部分にスーパーが入っている。しかし、そのスーパーは比較的規模が小さいため、他の店舗の顧客を奪うということはなく、お互いに補い合うような形で共存できている。他に、「ドームと劇場に一番近い街」というキャッチコピーの通りヤフオクドームに最も近く、小さな劇場も有している。唐人町地区の人口は増加傾向にあり、マンション建設の影響もあって、ファミリー層の割合も増えている。周辺には小中学校や専門学校などもあり、比較的若い世代が集まる地域でもある。

２　エピソード分析

２－１　唐人町商店街と子ども

唐人町商店街では、子どもたちを見かけることが多い。ある日、商店街を歩いていると4歳ぐらいの少女がお菓子を食べながら1人で立っていた。筆者らが特に気に掛けることなくその少女の横を通り過ぎようとした時、少女が「こんにちは！」と声を掛けてき

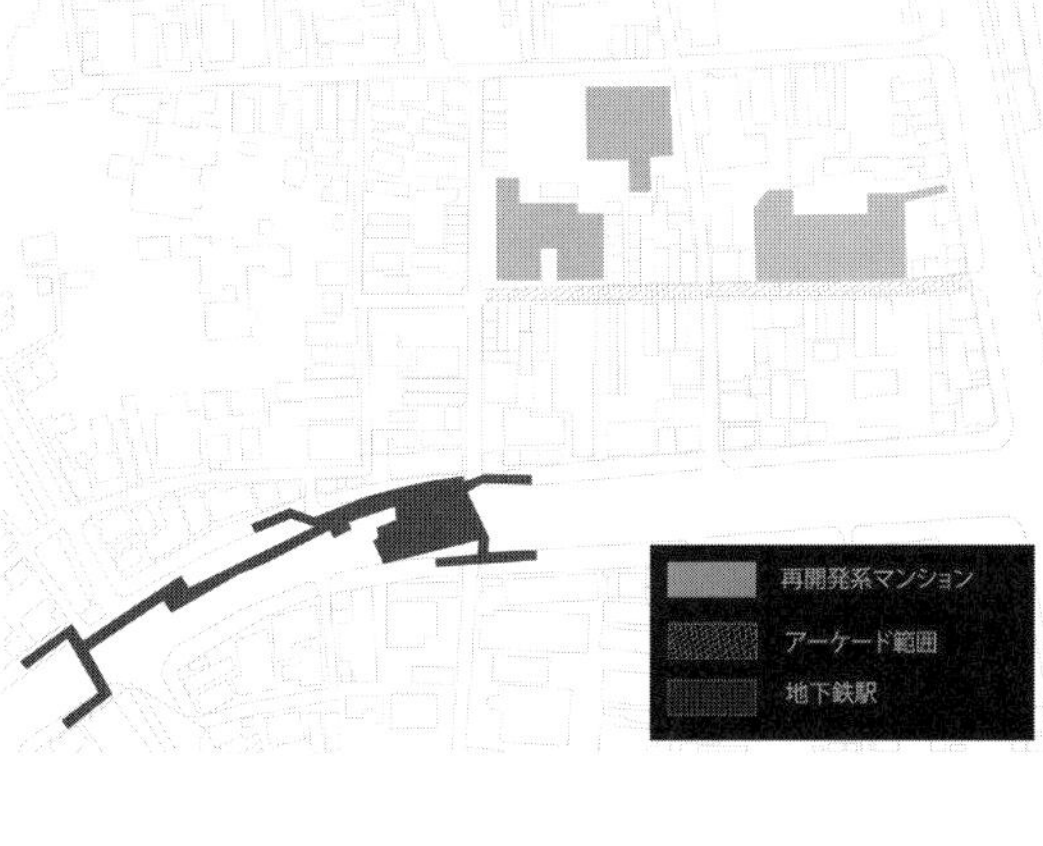

図２　唐人町商店街略図

た。他の日には、6歳と4歳ぐらいの姉妹だけで飲食店でおやつを食べているのを見かけた。少し経つと、買い物帰りのお母さんが迎えに来て、一緒に帰って行った。（写真1・写真2）

まちで子どもが1人だけでいることも少し違和感を覚えるが、さらに見知らぬ人に挨拶をすることはとても珍しいと感じた。この少女や姉妹だけでなく、唐人町商店街では子どもたちが子どもだけで遊ぶ姿や、店舗の人と話している様子を見ることが多い。周辺に学校も多く、唐人町商店街は地域の子どもたちにとって重要な役割を担っているのだろう。

2-2　唐人町商店街と顧客

商店街内のある店舗で店の方にインタビューを行っていた時、偶然居合わせたお客さんが筆者らに話しかけてきた。研究のことや調査のことについてひと通り話すと、「大変ねえ」と言って、買い物袋から肉まんを取り出して筆者ら3人にひとつずつ分け与えてくれた。その肉まんは唐人町商店街内の惣菜屋で売っているもので、たくさん購入したので分けてくれたという。姪浜の方に住んでいるというそのお客さんはインタビューをしていた店舗の常連らしく、唐人町商店街にはよく来るということであった。どこか遠出する時は唐人町商店街に寄って肉まんを買ってお土産として持っていくという話を聞かせてくれた。（写真3）

遠方からの顧客が行きつけの店を目的に買い物に来るという話は興味深い例で、唐人町商店街は飛び込み客よりも馴染みのお客さんが来街していることが多いことが伺えた。

他にも、商店街の居酒屋で食事をしていると店主がたくさんサービスをしてくれたり、歩いているだけで声をかけてくれたりするなど、常連でなくても商店街に来た人を温かく受け入れてくれる空気を感じることができた。市街地型の商店街や郊外の大型ショッピングセンターで買い物をすることが多い筆者にとってはとても刺激的な体験で、心温まるエピソードであった。

写真1　子どもと会話する店主

写真2　一人で遊ぶ子ども

2-3　唐人町商店街の店舗

唐人町商店街を調査する中で、何度かお邪魔する店舗もいくつかできた。調査に行く度に「お茶でもどうぞ」と言って麦茶を出してくださる店舗や、「順調に進んでる?」と声をかけてくださる店舗、「いつもありがとうね」と言ってくださる店舗など、大変お世話になった店舗も多い。店舗の方々は商売で忙しいにも関わらず、アンケート調査に快く協力してくださったり、商店街に関する色々なことを説明してくださったり、とても親切に対応していただいた。

調査の中で色々な店舗をまわったが、多くの店舗はお客さんとの会話やコミュニケーションを大事にしている傾向があるように感じた。このような、商売以外の点においてのお客さんや地域住民との関わりは、他の商店街ではあまり見られない、あるいは少なくなっているものであると考える。

2-4　唐人町と甘棠館

唐人町商店街には、唐人町プラザ甘棠館《かんとうかん》という施設がある。甘棠館には、甘棠館 show 劇場という劇場やカルチャーホールなどがあり、演劇や健康体操教室、ダンス、カルチャースクールなど地域住民のコミュニティスペースとして利用されている。筆者らも、劇場で行われていた演劇を観に行ったが、連日満員で多くのお客さんが観に来ていた。お客さんの年齢層も幅広く、中学生から高齢者まで様々な世代の人が見られた。公演終了後のお客さんの行動を見ると、地下鉄駅やバス停に向かう人も多く、近隣地域以外から来ている人も多いということが分かった。（写真４）

甘棠館ではカルチャースクールや色々な趣味の教室も頻繁に行われており、地域住民の利用が多いようである。アンケート調査でまわった店舗の方々も演劇を観に行ったりすることもあるようで、甘棠館は地域に根差したコミュニティスペースになっていると言える。

写真３　店舗内で会話を楽しむお客さん

写真４　甘棠館

3　ヒアリング調査

3－1　唐人町商店街振興組合

唐人町商店街振興組合理事長にヒアリング調査を行った。

理事長によると、唐人町商店街振興組合（以下、振興組合）は、黒門市場や名店街やそれぞれの通りにあった連合を統合して、平成2年（１９９０）に連合商店街振興組合となったものを起源としているそうである。現在、商店街とその周辺の店舗や企業などが参画し約60の組合員で構成されている（２０１２年６月現在）。唐人町商店街および周辺地域の活性化を目的としており、様々なイベントや収益事業に取り組み商店街のみならず地域全体のためにも積極的に活動しているということだった。

具体的な活動として、７月下旬に開催される納涼夜市や11月のちゃんこ祭り、他にも定期的に売り出しセール（写真５）などを行っている。振興組合のイベントは集客のためというよりは地域のために行っているという姿勢を見ることができ、地域の方に喜んでもらって地域全体の活性化に繋がればという話を聞くこともできた。以前は、博多の祭りである山笠の時期には子供山笠なども行っていたようで、このような地域育成力のある行事やイベントが多くできれば良いとのことであった。

唐人町商店街の良いところは、昔ながらの対面販売方式が残っている所であり、店舗側とお客さんのコミュニケーションが生まれている点であるそうだ。市街地型の商店や郊外の大型商業施設のように無言で買い物が終わってしまうのではなく、店主とお客さんの会話やコミュニケーションが生じることが、唐人町商店街の重要な付加価値であるということだ。商店街が売り買いの場だけでなく、高齢者や子どもたちをはじめとする地域住民にとって居心地の良い本当の意味でのコミュニティの場であることが望ましく、それが唐人町商店街の目指す姿であるそうだ。地域育成力、子ども育成力を持った、地域に無くてはならない存在としての唐人町商店街を目指していることがみてとれた。

写真５　売り出し

一方で、若い世代の周辺住民を商店街に上手く取り込めておらず、今後の課題であるという話も聞くことができた。また、商店街全体としての雰囲気をより良くするためにも組合員間のコミュニケーションの活発化もさらに取り組んでいきたいとのことだった。

2　唐人町商店街　アーケード協同組合

唐人町商店街アーケード協同組合理事長へヒアリング調査を行った。

理事長によると、唐人町商店街アーケード協同組合（以下、アーケード組合）は、アーケード設置に伴う借入金の返済や、アーケードの維持更新を目的とする組合であるということで、組合員はアーケードに面する店舗が対象となっており、現在は対象店舗のすべてが加盟している。アーケードは、戦後の北九州市小倉の魚町商店街をはしりとする商店街のアーケード設置ブームをきっかけに、昭和30年（１９５５）に集客目的で架けられたのが始まりであり、アーケード組合の歴史は唐人町商店街振興組合よりも長いそうである（写真6）。具体的な活動内容としては、加盟店舗から間口の長さに応じた組合費を集め、その資金をもとにアーケード設置の際の借入金の返済と、必要に応じてアーケードの改修やメンテナンスなどの維持管理を行っているという話を聞くことができた。

商店街の良いところについて伺ったところ、唐人町商店街振興組合の理事長と同じように、大型店ではできないお客さんと店員の会話が一番の魅力ということだった。その会話は、組合が商店に積極的に話しかけるように呼びかけているのではなく、各商店が自発的に心がけているということだった。

3　ヒアリング調査まとめ

振興組合とアーケード組合は目的や活動内容がそれぞれ異なり、前者は主に商店街や周辺地域の活性化を目的としたイベントや収益事業を行っており、後者は主にアーケードの維持管理と設置の際の借入金の返済を行っている。両者が共通して挙げていた商店街の良いところは、店主とお客さんの会話やコミュニケーションであり、そこが大型店にはない、

写真6　アーケード

商店街ならではの付加価値だと考えていることが伺えた。

4　アンケート調査

アンケートは唐人町商店街の店舗に直接配布し随時回収した。配布日時は２０１２年７月２日（火）14時～17時、３日（水）14時～16時、６日（金）14時～17時の時間帯に行った。配布数は72部、回収数は68部である（回収率94％）。なお、アンケート配布時に閉店していた店舗や事情によりお願いできなかった店舗は今回の調査の対象外としている。

4－1　商店街の利用者について

商店街の基礎情報として、顧客の性別や年齢層、どこから来街するのかなどを質問した。

アンケート結果によると、商店街を利用する顧客の約７割は近隣地区から来ていることが分かった。また、性別に着目すると女性が７・５割、男性が２・５割と女性に偏っていることが見てとれた。顧客の年齢層を見ると、子供が約１割弱、高齢者が３割強と商店街の利用者に占める高齢者の割合が高いことが伺える結果となった。

業種の分類を表１、業種別の利用者の居住地区を図３、業種別の利用者の性別の割合を図４に示す。図３のグラフをみると、「サービス」、「食料品」はその他の地区からの利用者も多く、図４から、「飲食店」は男性利用者の割合も高いことがわかる。

4－2　唐人町商店街の印象

店舗の人が唐人町商店街にどのような印象を持っているのかを質問した。

回答が集中した項目は、「歴史のある」、「親しみやすい」、「ドームやホークスと関わりがある」、「周辺住民のための」、「子どもを見守る」、「高齢者に優しい」、「温かみのある」、「家庭的な」、「テレビなどによく出る」であった。

特に歴史という項目では全体の約７割の回答を得た。前述のとおり、唐人町商店街には江戸時代からの古い歴史があり、多くの店主はその歴史に誇りを持ち、意識しているとい

表１　業種分類

分類	業種
飲食	カフェ・居酒屋など
食料品	お茶・惣菜・和菓子など
生鮮食品	肉・野菜・魚など
日用品	文房具・布団・工具など生活に必須なもの
雑貨	日用品以外のもの
サービス	美容室・マッサージ・ギャラリーなど
服飾	衣料品・化粧品・靴・鞄など
医療	病院・薬局・整体など

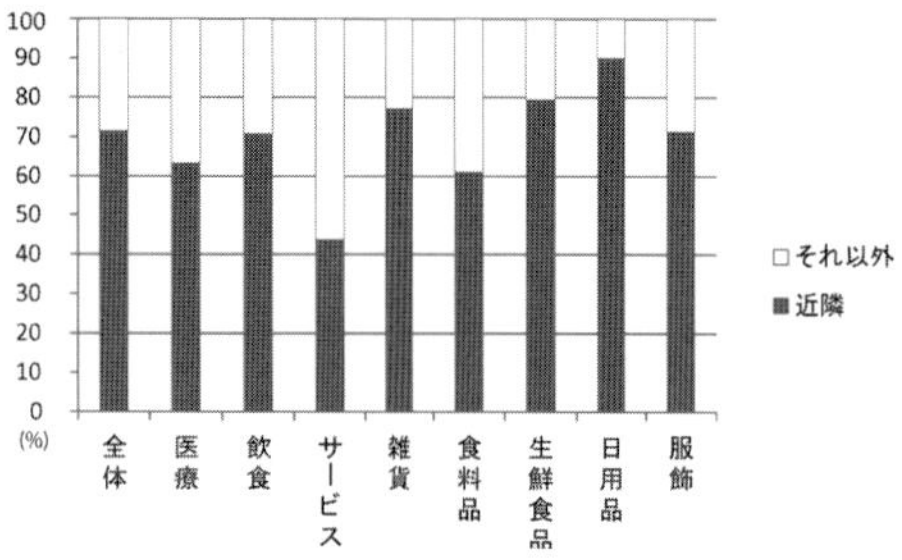

図３　利用客がどこから来街しているか

りことが伺える。また、周辺住民のためのという項目では全体の約6割、外からの顧客が多いという項目では約1割の回答が得られた。これは、商店街に来る顧客のうち、約7割が近隣地区から来ているということが一因として考えられる。

4-3 唐人町商店街をより良くするための取り組み

唐人町商店街をより良くするために店舗として積極的に取り組んでいることや、心がけていることについて質問した。

〈回答例〉「組合活動やイベントへ積極的に参加する」「良い品物、サービスの提供を心がける」「他の店舗を紹介するようにしている」「挨拶や会話は積極的に行う」

お店を出来るだけ開けるようにすることや、自店のPR、オリジナル商品、良い品物・サービスの提供など各店舗での取り組みが多くみられた。その他には、会話や挨拶を行う、子どもや高齢者に優しい店舗を目指すなどの回答も多かった。

イベントへ積極的に参加するなど商店街の雰囲気を良くするための取り組みへの意識も見られたが、比較的各店舗それぞれの努力が多くみられる印象を受けた。これらの各店舗の個々の努力が唐人町商店街を良くしている一因であると捉えることができる。

4-4 商店街に集客施設を誘致することについて

唐人町商店街にファーストフードやパチンコなどの集客施設を入れることについてどう考えるかを質問した。

賛成が23票、ファーストフードなどは賛成だがパチンコは反対が22票、反対が13票、その他（どちらでもよい、無回答）が9票であった。ファーストフードなどに関して賛成が半数を占めていた。

〈回答例〉

賛成意見「周辺には専門学校や家族向けマンションがありひとり暮らしの若者やファミリー層がいるのに、今の唐人町商店街にはそれに対する店が少ないから」「このような施

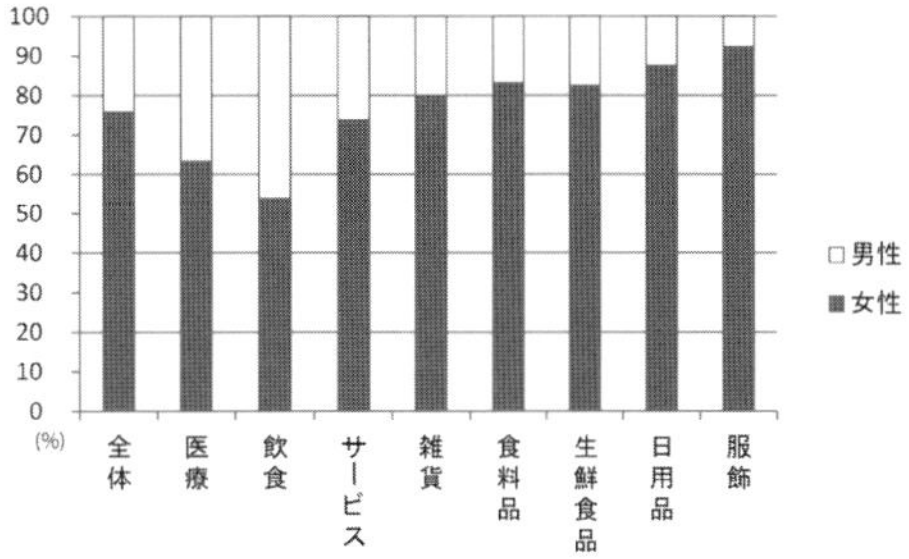

図4　利用客性別

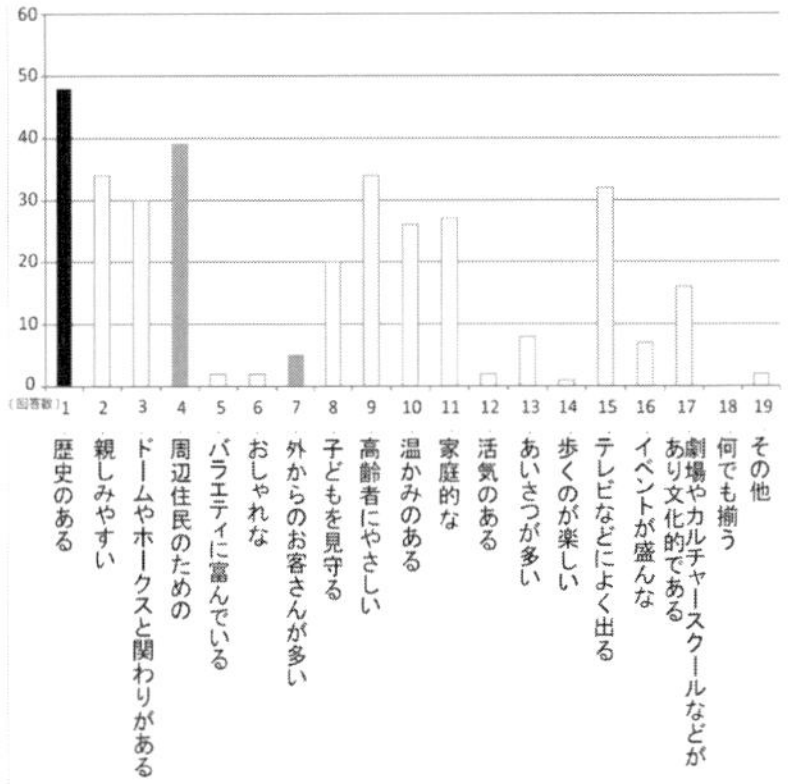

図5　商店街の印象

設の客をどう商店街に立ち寄らせるかが重要で、駐車場の立地を工夫するなどして相互の人の流れを作るべきである」「賛成だが、治安や環境が悪化しないような工夫が必要だ」反対意見「今の唐人町商店街の雰囲気（和やか感、落ち着き感、ゆっくり歩ける環境）がなくなる」「周辺には学校も多いし通学路にもなっている。子どもたちが多いのに不安」「新しい施設を入れるスペースは無いのでは」

ファーストフードやカフェ、ドラッグストアなどの出店を望む声が多くみられた。これは、集客力のある店舗を誘致することで、商店街全体に買い物客の流入を見込むためであると考えられる。現在の唐人町商店街では補いきれない若者層のニーズに対応することでさらなる集客を期待していることが分かる。

反対意見の多くは商店街の風紀の乱れやマナーの悪い客などに対する懸念が多くみられた。現在の商店街の雰囲気が大事で、個々の店の魅力があること、高齢者や子どもたちに優しい商店街であることを大切にすべきだという意見も多かった。他に、集客施設に来るような客は既存店の客層に合致せず商売にならないのではという意見もみられた。

4-5　来店されたお客さんに対する心がけ

来店された顧客と接客する際に、日頃から配慮していることや、心がけていることなどについての質問を行った。

〈回答例〉「馴染みのお客さんと初めてのお客さんを分け隔てなく挨拶や会話するようにしている」「笑顔を心がけ、良い印象を持ってもらう」「馴染みのお客さんにはサービスしたりおまけしたりする」「顔や名前、話したことを覚えておき、リピーターの確保につなげる」

全体的に会話や接客の仕方を心がけている店舗が多く、その点は大型店舗や西新などの商店街との違いだと言える。「特に会話を心がけている」と回答した店舗は、全体の半数以上であった。しかし、アーケード組合理事長へのヒアリングにもあったように、どの店舗も会話することを特別気にかけているというわけではなく、商店として当然のことだという考えを持っていることが伺えた。

馴染み客への対応と、そうでない客への対応の違いは店舗により異なり、数字的には馴染みの客へのサービスに力を入れている店舗の方が多くみられた。

4-6　子どもに対する心がけ

自店あるいは唐人町商店街において、特に子どもたちに対して心がけていることや意識していることがあるかという質問を行った。

〈回答例〉「積極的に挨拶や声かけをするようにしている」「店内で騒ぐなど悪いことをしていれば叱る」「店の前が通学路なのでよく声をかける」「おつかいで来た子などを褒めるようにしている」

会話や挨拶、声かけを積極的に行うという回答が多くみられた。また、悪いことをしていれば叱るなどの回答も多く、子どもたちを見守るだけでなく育成している一面もあると捉えることができる。全体の6割以上が子どもたちに対して何かしらの心がけをしていることが分かった。以上のことから、唐人町商店街は子どもたちを見守り育てていくような商店街という一面を持つことが伺える。

4-7　高齢者に対する心がけ

自店あるいは唐人町商店街において、特に高齢者に対して心がけていることや意識していることがあるかという質問を行った。

〈回答例〉「お茶を出して椅子に座ってゆっくりしてもらう」「来店時間や曜日がだいたい決まっている高齢者の方が来ない時は連絡を入れてみる」「商品の説明を丁寧にしたり、商品を一緒に探す」

挨拶や会話をするという回答が約半数で見られた。自宅まで荷物を配達したり、健康への気配りをしたりという回答もみられた。また、お茶を出す、休憩所として使ってもらう、散歩がてらに来てくださいと言うといった回答もみられ、商売に結び付かない、高齢者に対する心がけも見て取れた。全体の約７割の店舗が高齢者に気配りをしている結果が得られ、子どもたちだけではなく高齢者にも優しく親しみやすい商店街であることが伺える。

４－８　アンケート調査まとめ

アンケートの結果から、唐人町商店街は近隣住民の利用頻度が高く、生活に根差した商店街であることが分かった。特徴としては、会話や挨拶、声かけを積極的に行うことが挙げられる。また、子どもや高齢者にとって、安心して過ごせる環境を組織的に作り出すのではなく、各々の商店が行う独自のサービスが集まることで実現しているところが興味深い点である。唐人町商店街の印象についての質問で、「周辺住民のための」、「子どもを見守る」、「高齢者に優しい」、「温かみのある」、「家庭的な」といった項目に回答が集中したのは、これらの各々の商店の心がけが関係しているのではないかと考える。

５　総括

５－１　唐人町商店街の魅力・特徴

エピソード分析、ヒアリング調査、アンケート調査から得られた分析結果を受けて唐人町商店街の魅力および特徴について考察を行う。

（１）「売り買いの場」としての魅力

調査結果から、唐人町商店街の各店舗はそれぞれお客さんに対する接客態度や心がけへの高い意識を持っていることが読み取れる。挨拶や会話を心がけているという店舗は大半を占め、さらには馴染みのお客さんに値引きやサービスをしたり、新規のお客さんにもリピーターになってもらえるように心がけたりしている様子が伺える。

各店舗での、このようなお客さんに対する態度や意識はそれぞれに違いは見られるものの、やはり根幹にあるのは昔から続く対面販売方式の商売によって生まれるコミュニケーションの重要性によるものなのであろう。このような環境は、市街地型の商店街や郊外の

写真７　店主とお客さんが会話する様子

人型商業施設ではあまり見ることのできない「良質な売り買いの場」であり、唐人町商店街の魅力のひとつであると考えることができる。

(2)「地域に密着したコミュニティの場」としての魅力

唐人町商店街の各店舗は、前述した顧客に対する態度の他に、子どもや高齢者、あるいは地域住民に対する態度や心がけへの高い意識を持っていることも特徴として挙げられる。子どもたちに関しては、褒めるだけでなく叱るという行為が特徴的で、唐人町商店街は子ども育成力を持った商店街であると言える。我が子を叱らない親が増えている昨今、商店街や地域の人が地域の子どもを褒めたり叱ったり礼儀を教えたりするという環境は唐人町商店街の大きな魅力であると言える。

また、高齢者に関してもお茶を出したり積極的に挨拶をするなどの心がけが多く見られたが、他にもいつも決まった時間に来る人が来ない時には、電話で連絡を入れたり、散歩がてら立ち寄ってもらうように声をかけるなど、高齢者を見守ろうとする高い意識が各店舗から読み取れる。

このような取り組みは直接商売に結び付かないような心がけであるように思えるが、唐人町商店街が商売のためだけの場ではなく人間味のある「地域に密着したコミュニティの場」に成り得ていると捉える事が出来る。商店街の各店舗は、商売だけに重きを置いているのではなく、唐人町地域で生活する一員としての面を併せ持っており、これは唐人町商店街の魅力のひとつであると考えられる。

これら2つの特徴が、唐人町商店街の大きな魅力であると言える。これは唐人町商店街において昔から脈々と続いてきたものであり、歴史の深い唐人町商店街ならではの大変価値のあるものであると言える。

唐津街道沿いに自然と集まった商店を起源とする唐人町商店街は、郊外型の大型商業施設とは違い、自然と集まった各店舗がそれぞれ努力することで生まれた魅力によって、あ

写真8　店先に腰かけて会話をする様子

写真9　地域住民でにぎわう商店街

る種の一体感が生まれている。しかし店主らは、お客さんや地域住民に対する心がけを努力という形で認識をしているわけではなく、商売人あるいは唐人町で生活する者として当たり前の振る舞いであると考えている。そういった振る舞いは、今の世の中では「当たり前」でなくなってきている。しかしながら、唐人町商店街では、この「当たり前」が昔から地域に密着した形で続いてきており、そこに唐人町商店街の魅力を見出すことが出来る。

5-2　唐人町商店街が持つ課題と可能性

アンケート調査からわかるように、唐人町商店街は「外からのお客さんが多い」わけではなく「地域住民のための」商店街であると言える。しかし、ヒアリング調査でもあったように、唐人町商店街には周辺の若い世代やファミリー層を上手く取り込めていないという課題があり、各店舗へのアンケートでも問題視されていた点である。

周辺のマンション建設にともない唐人町地域への流入人口は増えており、地下鉄やバスなど公共交通の便も良好で、唐人町はポテンシャルの高い地域であると考えられることから、これらの若い世代やファミリー層を商店街に取り込むことは商店街の持続にとって重要な位置を占めている。

5-3　唐人町商店街の今後

唐人町商店街は、個々の店舗の心がけによって生じる良質な売り買いの場や地域に密着したコミュニティの場としての魅力を持っており、これは周辺住民を取り込み得る魅力であると考えられる。昔から、唐人町商店街と周辺住民は互いに支え合いながら持続してきたのであり、唐人町商店街の魅力であるこの質の高い持続性をさらに膨らませ、発展させていくことが重要である。唐人町商店街が全体としてこの魅力を自覚し、さらにそれが活きていくような取り組みが必要であると考える。

また、唐人町商店街は「ドームと劇場に一番近い街」という枕詞を掲げている。ドームと劇場に近いことは確かに唐人町商店街のひとつの特徴であると考えることもできる。しかし、今回の調査で明らかになったように、唐人町商店街にはさらに質の高い魅力があるように思える。それは箱を作って一体的に開発を行う郊外型の大型商業施設ではあまり見られないもので、唐人町商店街の個々の店舗の心がけによって生じているある種の一体感が唐人町商店街の魅力であり、このような点で「ドームと劇場に一番近い街」という枕詞は唐人町商店街の魅力を言い表せていないのではないだろうか。

参考文献・ホームページ

1 唐人町商店街ホームページ http://www.tojinmachi.org/（２０１２年６月12日 アクセス）

2 唐人町商店街振興組合ホームページ http://www.fukunet.or.jp/member/toojin/（２０１２年６月12日アクセス）

3 福岡市ホームページ http://www.city.fukuoka.lg.jp/jutaku-toshi/chiikikeikaku/chikeihp/03/03/index.html（２０１２年６月19日アクセス）

アーバンデザインセミナー２０１１　都市理解のワークショップ

元祖・博多の台所「美野島」の潜在力を読み解く

課題趣旨

鎌倉時代の博多の絵図をみると、冷泉津と呼ばれる入江の奥に「箕島」と書かれた島が位置している。これが現在の「美野島」であり、その歴史は極めて古い。大正時代の頃の地図には、箕島の集落形状が描かれおり、この時期から集落は徐々に拡大されたと考えられる。昭和になると箕島の集落は天神・博多方面から拡大した市街地にのみ込まれ、戦後には完全にその一部となってしまった。しかし、現在でも狭隘で不規則な道路や密度高い住宅・商店および宅地の形状などは、かつての面影を色濃く残している。

今日の美野島は不思議な街であり、人々を惹きつけてやまない何かしらの潜在的魅力を持っている。例えば、公共交通の利便性は決して良くないが、近年、ここには高層・中層のマンションが次々に建設され、ファミリー世帯や若者が増加している。その一方では、「ＡＬＷＡＹＳ３丁目の夕日」のような昭和の懐かしい雰囲気を有し、元気ある店主さん達の姿から活力ある商店街の姿が伺える。そのような日常的な光景が評価され、第18回福岡市都市景観賞も受賞した。

しかし、この街の魅力は目に見えるもののみならず、その背景にある潜在的な何かが作用しているように感じられる。それは、古きものを残しつつ新しいものを取り入れる、バランスの良い新陳代謝が影響しているのかも知れない。また、それを引き起こしたこの街独自の潜在的な遺伝子のようなものがあるのかも知れない。

本課題では美野島が有する潜在力に着目することで、「過去」を読み解いても良いし、これまでの新陳代謝によって形成された「今」さらには「将来」を論じても良い。諸君ら大胆な視点で、従来の概念にとらわれない挑戦的な都市読解を期待したい。

対象地：福岡市博多区美野島地区

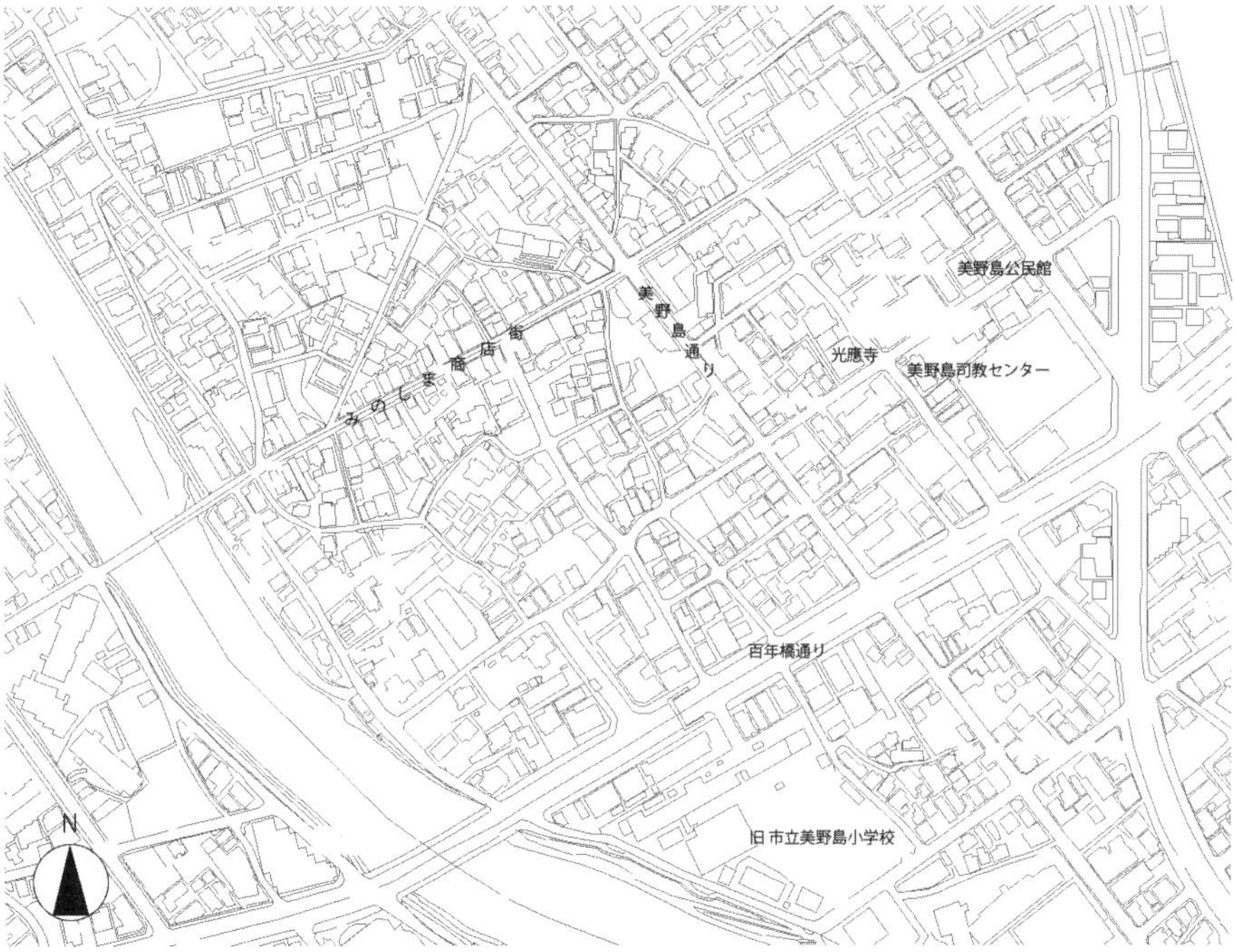

2011年当時の現地写真

みのしま商店街における「アジア」を出発点としたまちづくり

太田健一／田中潤／ヘニ・オクトリヤニ

1　はじめに

1－1　研究の背景と目的

１９８９年アジア太平洋博覧会（通称よかトピア）の開催は、福岡市の街の姿を変えたばかりでなく、アジアとの向き合い方をさらに深化させる契機となり、「アジアの玄関口」として国際化の一歩をたどる皮切りとなった。博多駅にほど近いみのしま商店街は、各地の商店街の衰退が多くみられるなかでもにぎわいがあり、現在も多くの外国人を目にすることができる。通りの両側には昔ながらの八百屋から、新規にできたケーキ屋まで様々な店舗が軒を連ね、それらの間を歩きながらふと目をやると、韓国語や中国語で書かれた貼り紙がまばらに点在し、そこには確かにアジアが存在していることが感じられる。

本研究では、商店街に息づく「アジア」を切り口として、みのしま商店街においてどのような取り組みや地域づくりが行われてきたのか、また現在どのように商店街に息づいているのかについて考察することを目的とする。

美野島地区は博多駅から約１km南に位置し、古くから「博多の台所」として市民に親しまれてきた。本研究では、美野島地区１丁目にあるみのしま商店街を対象とする。東西南北それぞれ約３００ｍから成るこの商店街は、都心部である天神・博多地区に近いながらも、昭和の昔ながらの町並みが今に残る。精肉・魚・惣菜・菓子・パン・野菜・米・飲食・生活雑貨・病院等、約70ある種々の店舗が軒を連ねる。

1－2　研究の方法

まず、商店街のこれまでの国際交流活動を明らかにするため、みのしま連合商店街振興組合関係者へのヒアリング調査を行う。それと並行して、現在、商店街において息づいているると感じられるアジアを探索し、ヒアリング調査によってその経緯を明らかにし、分析・考察を行う。さらに、実際に商店街を訪れる外国人に街頭インタビューを行うことによって、その属性や訪れる目的等を明らかにするとともに、商店街と外国人の関係性について考察を行う。最後に、みのしま商店街のこれまでの国際交流活動、個人店舗に見られるアジア、商店街を訪れる外国人の相互の関係性やつながりについて考察する。

２　事業面からみる商店街の取り組み

２－１　協働の始まり「第１回みのしま夏祭り」（１９８９年）

みのしま夏祭りとは、毎年７月にみのしま商店街総出で行われる美野島の一大イベントである。みのしま連合商店街振興組合が主体となって取り組んでおり、各商店は出店《でみせ》を出し、まるで商店街一帯が屋台村であるかのような賑わいを見せる。

第１回みのしま夏祭りは１９８９年に行われた。事業主体は、現在のみのしま連合商店街振興組合の前身組織である５ヵ町の商店会であった。「博多の台所・世界の味巡り」と題し、近くに住んでいた計９ヵ国の留学生らも積極的に祭に参加し、各出店でそれぞれ母国の郷土料理を振る舞った。

２－２　夕焼け美術館（２００２年）

２００２年10月、みのしま商店街において夕焼け美術館が開館した。これは、アジアからの移住者や留学生の多い福岡の特色を活かし、アジアンテイストあふれる街にするために開始されたプロジェクトであり、商店街の店舗のシャッターに、アジアを表現するアートをペイントした。シャッターアートは、はじめ有志者の店舗４軒のシャッターに絵を描いたことから始まる。第１号の作品は、Ａ商店のシャッターに九州芸術工科大学の留学生が描いたものである。また、Ｂ商店ではシャッターアートの実演も行われた。その後、商店街の積極的な告知とメディアの呼びかけによって、絵を描く参加者はアジアからの留学生、近所の子供、店の顧客から、店主まで次々と増え、「人と自然」をテーマとして約30店のシャッターに絵が描かれ、夕焼け美術館が開館されることとなった。

２-３　国際交流アジア屋台市（２００２～２００３年）

「国際交流アジア屋台市」は、２００２年７月から12月までみのしま連合商店街振興組合が主体となって、商店街の「にぎわい創出事業」の一環として、毎週土曜日に空き店舗を利用して開催された。事業内容として、生鮮食料品を中心とするみのしま商店街の特色を活かして、アジアの留学生等と共に協力しながら、台湾を中心にアジアの屋台市を開催し、新しい食の提案、新商品の開発を紹介するための展示試食会を行った。アジアの食文化を伝えることにより、地域住民に新たな食の創造を提案でき、来街者増進と国際交流を図った。また、地域住民などの来街者がアジアの文化に触れる場を提供するため、季節ごとの各国行事を再現し、絵画や各国の小物の展示を行った。事業を通して、留学生の生活・活躍の場、また雇用の場としての機能を、商店街地域に創出していく可能性を検討している。具体的には図１に示す場所にて開催された。

２-４　チャレンジショップ（２００３～２００４年）

「チャレンジショップ」事業は２００３年７月から２００４年２月まで、空き店舗を利用して開催された（図２）。２００２年の「国際交流アジア屋台市」の継続事業として、事業主体であるみのしま連合商店街振興組合が「空き店舗対策事業」という市の制度を活用し、助成金を得て行われた。「チャレンジショップ」では空き店舗を２つ利用し、もともとのアジア屋台の設置場所には、新たにコーヒーショップ「オリエントクリスタル」を開店し、もう一店舗は台湾料理を提供するレストラン「皇厨《ファンツー》」を開店した。

２-５　ランチバイキング（２０１０年～）

ランチバイキングとは春季、秋季の毎月第３土曜日に行われる商店街のイベントで、商

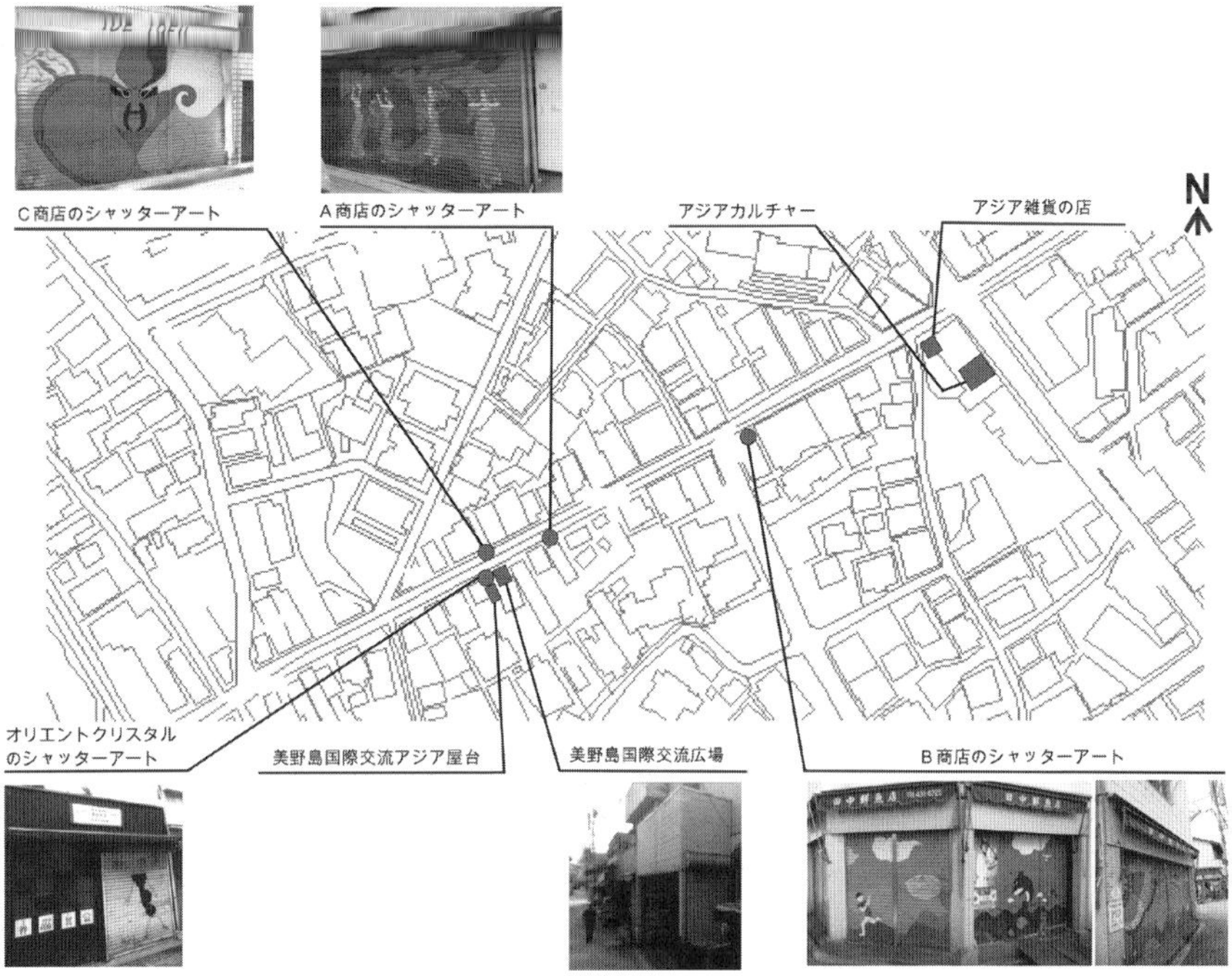

図１　国際交流アジア屋台市設置場所と４軒のシャッターアート（2002 年）

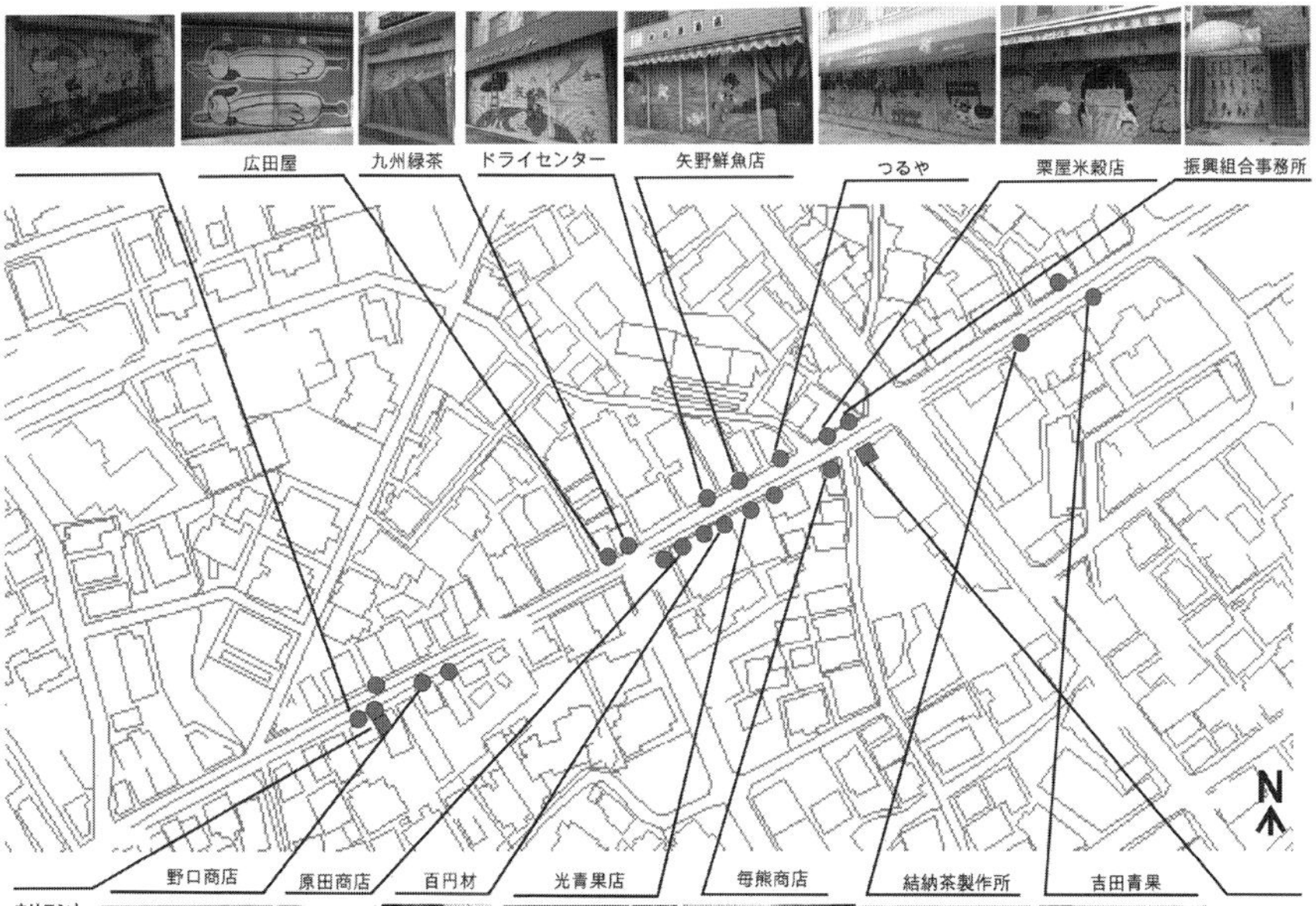

図２　チャレンジショップの開店場所とシャッターアート（2003 年）

店街内の食品を扱っている参加店舗（11店舗）を巡り、ランチプレートを完成させるというものである。そして、その完成させたランチを歩行者天国（11時〜18時）により道端に設置されたテーブル・イスで食べられる仕組みとなっている。５００円でご飯が盛られたプレートと8枚のチケットが渡され、そのチケットとお惣菜を交換する（写真１）。

ランチバイキングは２００５年に行われた国交省の道路活用社会実験である「お外に出ようプロジェクトin美野島」において行われたイベントのひとつで、最も評価が高かったため２０１０年秋より定期的に行われるようになった。「お外に出ようプロジェクトin美野島」は、ＮＰＯ博多まちづくり、まちづくり協議会や自治協議会、みのしま連合商店街振興組合が協働して取り組んだ。

２‐６　小結

みのしま商店街における国際交流の活動は、その多くがイベントとして始まり、期間を限定して開催された。一過性のものだけではなく、シャッターアートのようにイベントが終わった後でも形として残っているものもあった。予算に関しては、市や振興組合の助成金で賄える場合もあった。ランチバイキングに関しては、留学生等の外国人が活動に参加しているわけではないが、その設えにそれまでの活動の成果が窺える。

３　人からみる商店街の取り組み

３‐１　アジアのおこり（１９８０年頃）

みのしま商店街におけるアジアというテーマの出現は海外勤務を体験し、アジアを含めた世界各国を訪れた経験を持つＡ商店の店舗主Ａ氏に因るところが大きいという。Ａ氏は退職後、商店の経営に携わるようになり、５ヵ町の商店会の連合会長に就任した。１９８９年からは、商店街のマスタープラン策定やみのしま連合商店街振興組合発足のための事業である、美野島ワーキングプロジェクトの役員として活動した。

写真１　ランチバイキングの様子

Ａ氏は世界各国を訪れた中でも、アジアの人々の活力や、市場などの食文化によって生み出される人々の交流に刺激を受けていた。また、商店街の将来的な戦略として、他のどこにもない魅力的な商店街を形成することをめざして「アジア」を商店街のテーマとして掲げることになった。ここでいうアジアのイメージとは、日本も含めたアジア各国の文化が交じり合い、「多国籍」に文化交流が行われるというものであった。

３－２　人からみる協働の始まり「第１回みのしま夏祭り」（１９８９年）

美野島において商店街と外国人の協働がみられるようになったのは、１９８９年の「第１回みのしま夏祭り」においてといえる。計９ヵ国の留学生が参加し、母国の郷土料理を振る舞う出店を出した。留学生の出身国の内訳は、中国・台湾・韓国・マレーシア・インドネシア・スリランカ・タイ・ドイツ・ブラジルと多彩で、アジアを中心に世界各国からの留学生がこの夏祭りに参加したことがわかる。

このようなイベントが行われるようになったきっかけとして、マレーシア人留学生Ｍ氏とＡ氏との出会いがある。Ｍ氏は、当時の九州芸術工科大学の留学生で、留学生団体の一員でもあった。商店街へたびたび買い物に来ていたことからＡ氏らと親しくなり、留学生団体で食材が必要な時は安く提供したり、商店街・留学生団体それぞれがお互いの集まりに参加したりするようになった。このように、Ａ氏らと親睦を深めていく中で、Ｍ氏は「商店街で何かできないか」とＡ氏に相談する。それを受け、Ａ氏の側では、夏祭りで留学生に何か料理を出してもらおうと考え、Ｍ氏が知っている複数の留学生団体へ出向き、留学生に第１回みのしま夏祭りへ参加してもらうこととなる。

第２回、第３回の夏祭りの際には、祭りの前日に留学生が当日お世話になる商店で料理を一緒に作り、ホームステイをするというさらに深い交流に至った。

３－３　国内外視察（１９９０～１９９３年）

商店街では、１９９０年から３年間、国内外の観光まちづくりの成功事例の視察に赴いた。視察先としては、北九州・直方・田川・佐世保・熊本といった九州内の比較的近い地域から、沖縄・京都・大阪・香港・シンガポール・釜山といった九州外や国外の遠方までさまざまであった。人を呼び、まちを活性化し、共に豊かになるシステムとして観光を捉え、その秘訣を学び取るための視察であった。「多国籍なアジア」というイメージが商店街の中で共有され、それを実現するために戦略的な活動が展開されるようになっていったことがうかがえる。

3-4　T氏とみのしま商店街の出会い（2000年）

夕焼け美術館が開催されるきっかけとなった「シャッターアート」の提案者は、台湾出身のT氏という人物である。T氏は2000年に仕事の都合で長崎から福岡に移り住むこととなった。住む家を決めるために美野島を探索している時に、みのしま商店街を初めて見つけた。T氏は、みのしま商店街を見て台湾の下町にそっくりであることに衝撃を受けた。T氏は当時のみのしま商店街の台湾らしさの要因として、ハード面では商品が足もとに置かれており、それが山積みになっていることや、家主が2階に住んで、1階で店を経営しているといった、人の生活と仕事の距離感を挙げていた。ソフト面では、店主とのコミュニケーションの中から商品の値段を決めたり、おまけをくれたりする市場的な要素を挙げていた。

T氏がみのしま商店街の中ではじめに交流をもった人物が、C商店の店主であるC氏である。台湾料理には豆腐を素材とするものが多く、豆腐を使った日本にはないアイデア料理の話や新しい豆腐の食べ方などの会話から次第に親密な仲となっていった。

3-5　人からみる夕焼け美術館（2002年）

T氏は、台湾と似た雰囲気をもつみのしま商店街のために自分ができることはないかと考え、「シャッターが閉まった後の商店街がさみしい」とC氏に話し、閉店後の殺風景な通りをさらに明るくにぎやかに彩るために、シャッターをキャンバスとして使用し絵を描ことを提案した。Ｔ氏は「商店街の人に負担をかけるわけにはいかない」ということで、協力してくれることとなった商店街内の有志の４店舗のシャッターに絵を描くために必要な人材をアジアからの留学生や九州大学・九州産業大学などの学生に声をかけて集めた。また、使用するペンキやハケなどの道具もＴ氏の知り合いの方に提供してもらうなど、すべての準備をＴ氏が整えることで「シャッターアート」は始まった（写真２）。

３−６　人からみる国際交流アジア屋台市（２００２年）

「シャッターアート」が地域振興の業績として認められ、市から助成金が入ることとなり、Ｃ商店店主のＣ氏はＴ氏に何かできないかと話を持ちかけた。そこでＴ氏はみのしま商店街をアジアの食の街とすべく「国際交流アジア屋台市」を開催することを提案した。

　アジア屋台市では、はじめはＴ氏がみのしま商店街の食材を使って台湾料理を提供し、後に福岡教育大学の留学生や日本語学校の学生などが、母国のアジア料理を訪れる人に振る舞うようになった。アジア雑貨の店は、当時北九州市立大学の留学生であったインドネシア出身のＩ氏が、インドネシアの雑貨販売やアジアの絵画展示を行っていた。時には、モンゴルの塩を一袋すくい放題で販売したりもしていた。夜になりアジア屋台が閉店すると、Ｃ商店向かいの空き家を使って打ち上げを行った。この打ち上げにはアジア屋台市参加商店に限らず、みのしま商店街の多くの商店が参加し一体感が生まれるものとなった。

　また、２００３年２月には、２００２年12月まで行われていた国際交流アジア屋台市の延長として春節祭が開催された。春節祭はアジアの新春を祝う祭りのことで、その中でＴ氏は、アジア屋台の横の広場にて「パントー」という演出を行った。パントーとは農業時代の台湾において、空地にテントを張り、臨時の炊事場と丸テーブルをしつらえ、来賓の人々にご馳走をふるまうという、特色ある台湾の飲食文化のひとつで、Ｔ氏はこの伝統的なもてなしでアジアの文化が体験できるイベントを企画した。

写真２　シャッターアート

３‐７　人からみるチャレンジショップ（２００３〜２００４年）

２００２年の国際交流アジア屋台市の成功を受け、みのしま商店街は２００３年にも継続的に事業を行う予算を市から得られることとなった。そこでC氏からT氏に、再度協力を求め、T氏はチャレンジショップ「皇厨」の初代店長を務めることとなった。「皇厨」で扱う食材は、みのしま商店街の食料品店より調達した。また、コーヒーショップでは雲南省より直接コーヒー豆を仕入れ、その場で焙煎して販売していた。この一連の空き店舗を利用した事業は、単に事業を実行することだけが目的ではなく、「多国籍」というA氏の掲げるアジアのコンセプトのもと、人々が新しいことに挑戦できる柔軟性をもった試みとして、戦略的に展開されていた。

３‐８　人からみるランチバイキング（２０１０年〜）

ランチバイキングは、２０１０年秋より定期的に行われるようになった。このイベントが行われるようになったきっかけとしては、当時の九州芸術工科大学の女子学生の、「これだけ出せるものがあるし、オープンカフェもあるのに、もったいない」という言葉が影響している。これを受けた商店街側は、各店がこのイベントのために1品お惣菜を開発した。その結果、ランチバイキング初日には限定50食分しか用意していなかったチケットがあっという間に完売した。それ以降、１００食、２００食、３００食と売るチケット数を増やしていった。メディアへの露出も増え、ランチバイキング目的に県外から来る客もいた。先のパントーと屋台の関係のように、その場で買ってその場で食べられる、滞留空間の設えの中に、潜在的にアジアという概念が息づいているのではないだろうか。

３‐９　小結

以上、みのしま商店街の過去の取り組みについて、人に焦点を当てて記述してきた。商店街での動きをみるなかで、商店街内部の人物がキーパーソンとなっている時期、商店街外部の人物がキーパーソンとなっている時期が存在することを読み取ることができる。

みのしま商店街におけるアジアというテーマは、実際にアジアの市場の持つにぎわいをみてきたA氏という商店街内の人物から発せられている。その後、多様なアイデアと実行力を兼ね備えた台湾出身のT氏の出現によりアジアの街として劇的に動き出した。また、アジア屋台市は多くのメディアに報道されたことから、みのしま商店街の名は広く知られることとなった。

4　みのしま商店街に息づくアジア

4-1　モンゴルの塩

C商店の店頭にて2008年頃より販売を開始した（写真3）。モンゴルの塩ははじめ、2002年国際交流アジア屋台市にてインドネシアの留学生・I氏が販売していた。しかし屋台市が終了した後もC商店にモンゴルの塩のリピーターが多かったことから、C氏はI氏に相談した。T氏はI氏とコンタクトを取り、現在ではモンゴル料理店からI氏が塩を購入し、T氏を介してC商店での店頭販売が成立している。これは、過去の商店街の活動によって育まれた関係が、現在も商店街に息づいているといえる。

4-2　美容室

33年間同じ場所で店を構えている。昔は祖母がスーパーを営業していたが、5年前に祖母の娘が美容業を始めたことで、美容室へとシフトしている。耳に花をつけた看板は、クリームバスというヘッドスパの広告で、ヘッドスパの発祥地であるバリ島をイメージしたものであった（写真4）。また、美容室が発行している新聞には、モデルとして外国のお客さんに出演してもらっている。

4-3　ラーメン屋

2010年1月にオープンしたラーメン屋で、店の外観はビニールで覆われており仮設的につくられている。これは、シャッターの内側に壁を設けると店の中が狭くなってしま

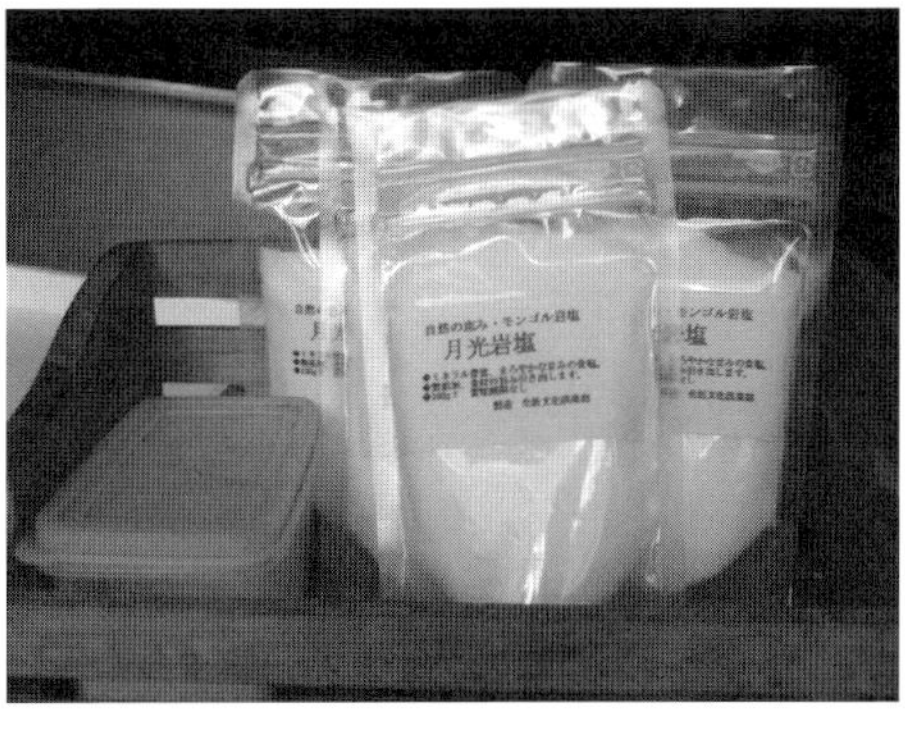

写真3　モンゴルの塩

写真4　美容室の看板

うためであり、結果として屋台のような雰囲気を帯びたたたずまいをしている。また、ビニールには英語・韓国語・英語で店をアピールしたものがかかっている（写真5）。これはマップを見てみのしま商店街にやってくる外国人が多いことから、ラーメンを食べに来ていた外国人に店主が声をかけ、中国語、韓国語を教えてもらい書いたものである。

4－4　D商店

店主のD氏は、趣味として中国のお土産の玩具をディスプレイし、地域の子供たちを喜ばせている（写真6）。また、20年前から中国語の勉強を始め、美野島を訪れる外国人に積極的に話しかけている。中国語による交流は、美野島においてアジアを感じさせるもののひとつといえる。

4－5　美野島を訪れる外国人

みのしま商店街を訪れる外国人に対し街頭インタビューを行った。調査期間は7月7日（木）（14時～16時）、7月9日（土）（11時～18時）の2日間で、合計13組17人から回答が得られた。インタビューの内容としては、出身国・住まい・職業・商店街へ来る目的・頻度・交通手段・よく利用する店・商店街の印象である（図3）。

出身国は、17人中12人が中国であった。その他の国は、アメリカ・カナダ・イタリア・シンガポール・フランスがそれぞれ1人ずつであった。住まいは、美野島に住んでいる人が7人、大宮・白金といった川を挟んだ隣町に住んでいる人が3人で、全体の約半数が美野島やその近辺から来ていることがわかる。また、日本に住んでいるのではなく、主に観光を目的として商店街を訪れている人もいた。職業については、観光客の外国人を除くと、14人中12人が留学生であった。そのうち11人が中国人であり、中国からの留学生が多いことがわかる。また、彼らの多くが美野島近辺に住んでいることもわかった。通っている学校の立地は都心部から郊外まで様々で、学校へは少し遠いけれどもあえて美野島近辺に住んでいる外国人が存在することが窺える。商店街を訪れる目的としては、買い物を挙げる

写真5　看板

写真6　中国のお土産

人が13人と多かった。その中でも野菜を買うために来る人は6人もいた。それを反映してか、よく寄る店として多く挙がったのが、八百屋のE商店であった。E商店では、足もとに食材が山積みに置かれ、安い価格で野菜の詰め放題を行うなどまるで市場のような販売形式をとっている。これを目的に商店街を訪れる人もいるほどであった。また、みのしま商店街の印象を聞いたところ、「日本らしい」「昔の日本が残っている」「かわいい町」など都心部にありながら開発されることなく、その町並みを評価する声が聞かれた。

4-6 小結

現在の商店街の店舗へのヒアリング調査から、経緯はそれぞれ異なるものの、共通して店主が外国人へ積極的にアプローチをしていることがわかった。今のみのしま商店街に息づくアジアは、その働きかけによってできた、アジアらしいものが店舗の周辺に表出することで形成されているのではないだろうか。外国人への街頭インタビューより、立地条件の良さから美野島やその近辺には特に中国人の留学生が多いこと、価格の安さからE商店で買い物をすることを目的に商店街へ来る外国人（中国人）が多いことがわかった。また、その他の理由として、その市場のような陳列・販売方式にT氏が述べていた台湾らしさを感じとる人もいると推測される。図4は、これまでみてきた商店街内の取り組みとそれに関わる人を時系列で表した相関図である。

5 まとめ

以上のように、みのしま商店街では、商店街外部の人や内部の人が、互いにコミュニケーションをとることで交流が生まれている。このようなやり取りの中から出てきたアイデアが、互いに同じ方向を向いて協働したとき、商店街の取り組みへとつながっていることがわかる。現在の商店街内の個人店舗においても、外国人に話しかけたりすることで看板ができたり、モデルになってもらったりしている。

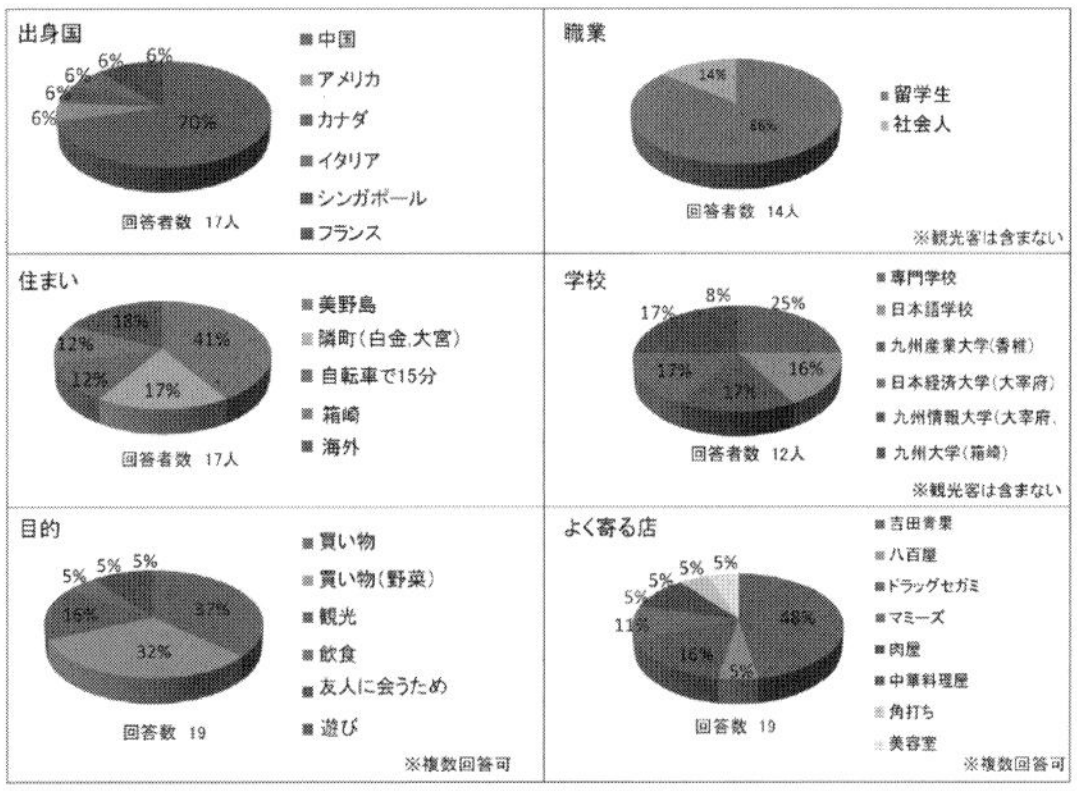

図3 外国人街頭インタビュー調査結果

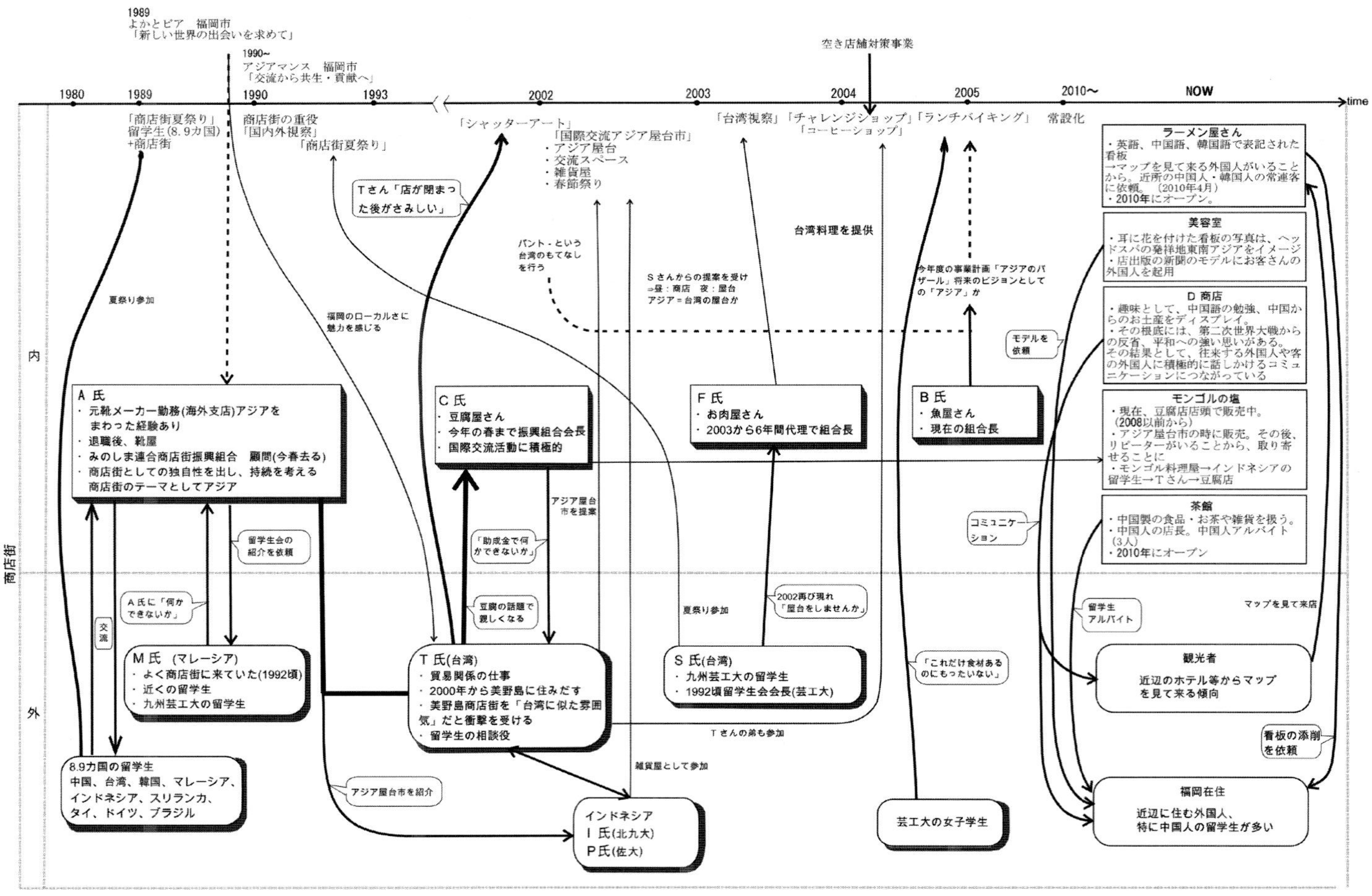

図４　みのしま商店街の活動に関わる内外の人物相関図

また、そのようなつながりは決して一時的なものではなく、過去から途切れることなくつながっているということもみのしま商店街の特徴となっている。

参考文献

1 「地域振興に向けた協働の場づくり～福岡市美野島地区の事例から～」、２００９年

2 田村良一他「地域イベントの評価構造に関する研究―社会実験「お外に出ようプロジェクトin美野島」をケーススタディとして」２００６年

3 「美野島ワーキングプロジェクトの活動について」１９８９年

4 「「国際交流アジア屋台市」計画概要書」、２００２年　みのしま連合商店街振興組合ホームページ www.syoutengai.or.jp/ pdf/15/15/19.pdf

みのしま商店街の雰囲気

城間秋乃／田口善基／森重裕喬／大和遼

1　はじめに

1‐1　研究の背景と目的

福岡市博多区、ＪＲ博多駅から南へ１kmあまりのところに、周辺の近代都市像とは大きく異なる不思議な懐かしさを漂わせるまちがある。みのしま商店街である（図１）。ここで商う人々がこの場所を「元祖博多の台所」と語るように、ここは昭和40年代から50年代にかけて、文字通り周辺地区の台所の役割を果たし、極めて活気に溢れた場所であったという。もともとは職人の町で、八百屋や魚屋だけでなく畳屋や桶屋などもあり、生活全般を支える今でいうショッピングモールのような働きをしていたことがうかがえる。その後、時代の移り変わりとともにこの商店街の役割も変わり、当時の勢いは弱まったが、商店街で商い、暮らす人々には、来訪者が自然と居ついてしまうような明るさと温かさが依然として見られる。各地の商店街が深刻に衰退している現代にあって、ここが当時の姿を一定程度とどめた状態で存続しているのも、このまちの人々のそうした魅力と、柔軟で熱意のある工夫が背景にあると思われる。

そうした変化と存続の流れの中で、現在のこの場所が持つ独特の「雰囲気」。私たちはこれに意欲をかきたてられ、研究に臨んだ。この「雰囲気」を、複数の異なる視点から調査、分析し、その本質に少しでも迫りたい、というのが本研究の目的である。

1‐2　研究の方法

本研究は、複眼的なアプローチによりみのしま商店街の雰囲気に迫る(図２)。はじめに、商店街を構成する特徴的な要素を抽出してのマッピングとそれらの重ね合わせといった空

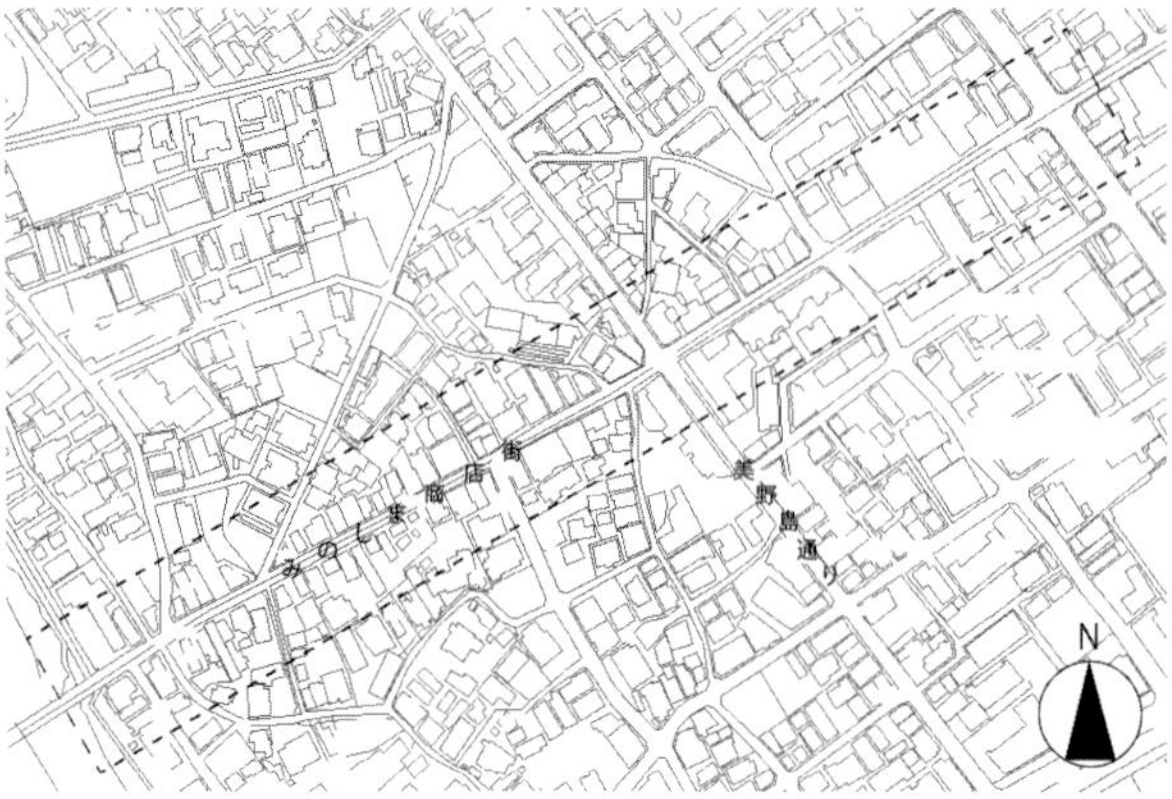

図１　研究対象地

間的分析から、商店街全体の雰囲気を捉える。次に、物品なども含めた空間構成、そこでの人のアクティビティなどを分析し、多くの要素の相互関係が生む雰囲気をより詳細に見ていく。そして、「商い」に焦点を当て、みのしま商店街の雰囲気に関わる店づくりの工夫などをヒアリングによって明らかにしていく。最後に、そこでの人々の暮らしに目を向け、暮らしの中のエピソードから商店街の商業活動だけでは語れない生活感のある雰囲気を探る。

? みのしま商店街を特徴づける要素の可視化

みのしま商店街で感じる独自の雰囲気は何に起因するのかを観察してみると、もちろん様々な物や建築による空間構成などが見られるが、何よりも人の動き自体から感じられるものが大きかった。場所によって人の滞留性や流動性が異なり、さらに自転車のありようも様々であるという印象を受けた。そこで、みのしま商店街を特徴づけている人々の動きと、それと関係があると考えられる要素を抽出・可視化し、それぞれのレイヤーを重ねることにより、場所ごとの人の動きと、それによる空間の雰囲気を読み取る。

?-1 要素の抽出・可視化

みのしま商店街の雰囲気を特徴づけていると考えられる次の3つの要素を抽出し、図面上にマッピングする。ベースとなる図は、図1で点線で囲った範囲を拡大したものである。

① 営業している店舗の範囲と入口のタイプ（オープンタイプ・クローズタイプ）（図3）
② 人々の滞留・流動の様子（図4）
③ 自転車が置かれている場所（図5）

?-2 要素の調査方法と表記方法

① 図3は店舗範囲を示す。路上に商品が置かれていた場合はそこまで店舗範囲であるものとみなして線で囲っている。さらに店舗の入り口が完全に開いているもの（オープン

図2 研究のフロー

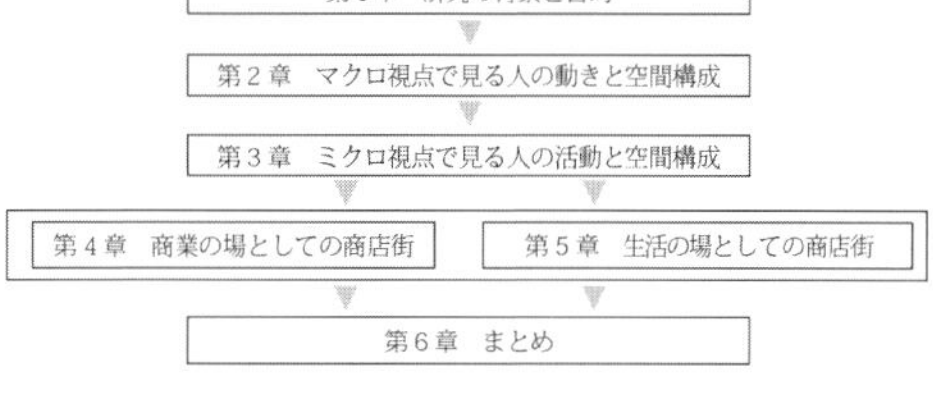
第1章 研究の背景と目的

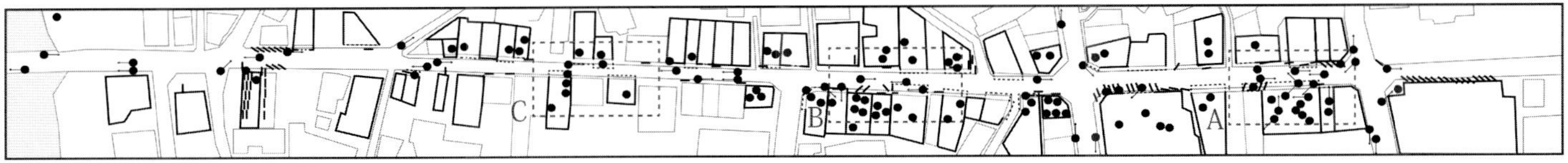

図６　各レイヤーを重ね合わせた図

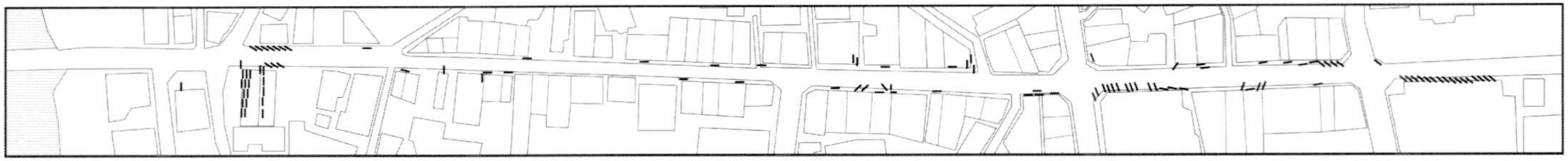

図５　自転車が置かれている場所

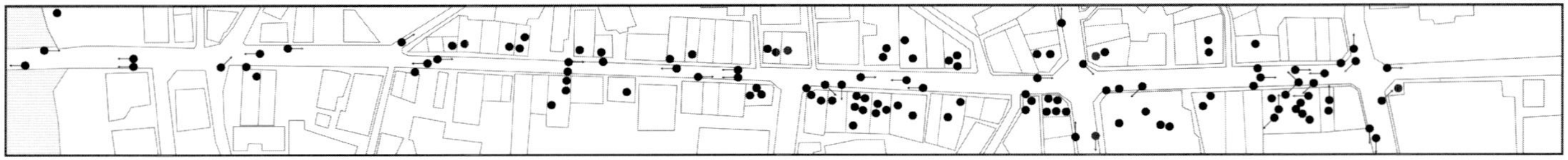

図４　人々の滞留・流動の様子

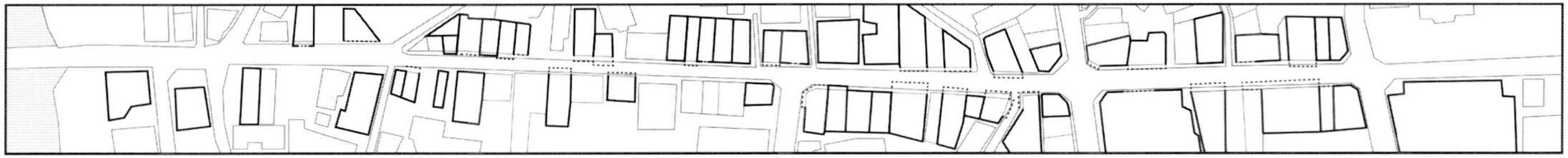

図３　営業している店舗の範囲とその入口のタイプ

タイプ）は点線で、閉じているもの（クローズタイプ）は実線で示している。

② 図４は人々の滞留・流動の様子を示す。人が止まっている場合には丸い点のみで表記し、人が動いている場合には丸い点と同時に、その進行方向を矢印で併記した。これらは観察者がみのしま商店街で実際にカメラを使って記録した動画をもとに判断した（撮影日時２０１１年６月18日土曜日15時頃）。

③ 図５は自転車が置かれている場所を細長い線で示す。図６は図３〜図５の３つのレイヤーを重ねたもので、細長い線と丸い点を並列に描いているものは人が自転車を保持したまま滞留している状態を示し、細長い線と丸い点を重ねて表記しているものは人が自転車に乗って留まっている状態を示す。さらに細長い線と丸い点に矢印が付いているものは、人が自転車に乗って移動している状態を表す。

２-３　レイヤーの重ね合わせ

３つのレイヤーを重ね合わせた図６からは、同じみのしま商店街の場所でありながら、均質ではなく偏在的な状態が見て取れる。ここで、特に特徴的だと考えられる３つの場所について詳細を見ていく。３つの場所をそれぞれA、B、Cと呼ぶこととする。

（１）エリアA

図７はエリアAの拡大図である。青果店は庇を大きく広げ広い空間を使って商売を行っている。また、ここを訪れる人は流動的に動き回る性質が強く、滞留性はあまり感じられない。これはオープンタイプであることに起因していると考えられる。自転車を店舗の隣に置き、買い物を終えれば自転車に乗るという点も特徴的である。

（２）エリアB

図８はエリアBの拡大図である。多くの人が滞留しているが、これらはすべて屋内空間であり、道路上で活動が生まれることは少ない。クローズタイプの施設構成であることに起因している部分が大きいだろう。この周辺はクローズタイプの施設が並んでいるため、

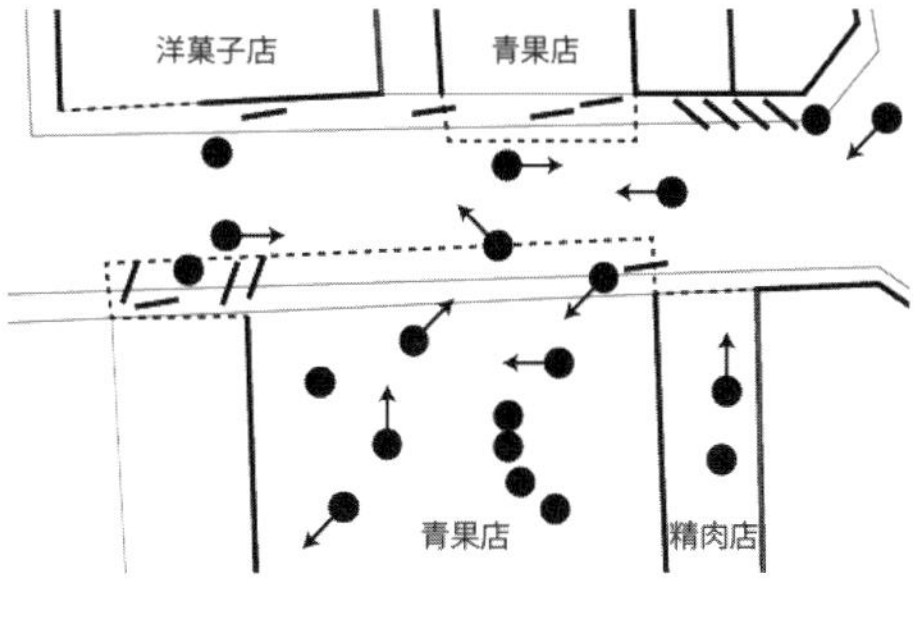

図７　エリアA：Y青果付近

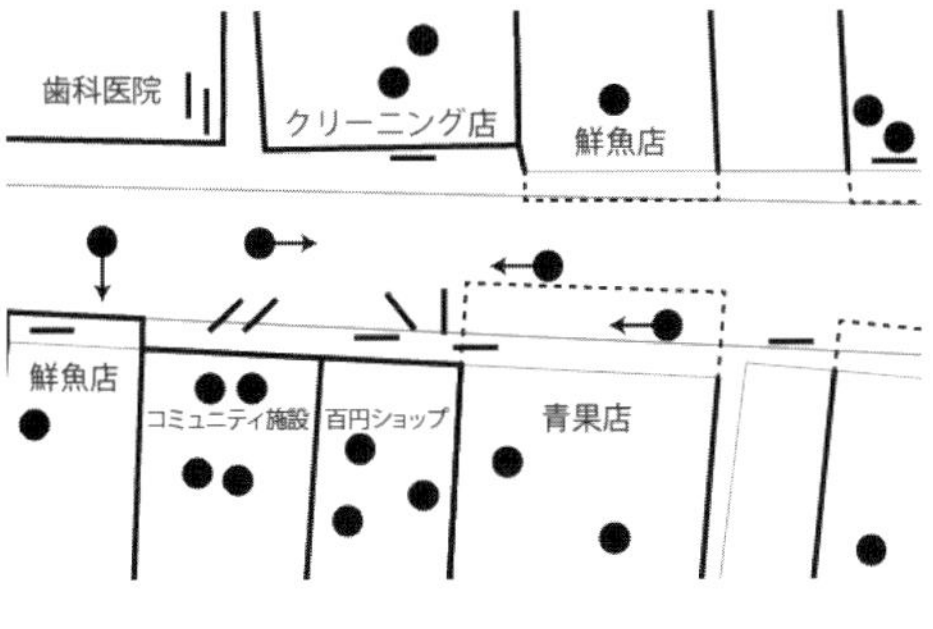

図８　エリアB：交流施設Y付近

他の場所とは異なる雰囲気を作り出している。

（3） エリアC

図9はエリアCの拡大図である。大きな特徴は人の滞留性の高さである。ここでは店の店員と一般客が立ち話をするなど、単なる商業活動を超えた活動が行われており、これにはオープンタイプの店舗構成と大きな庇が関係していると考えられる。

（4） みのしま商店街全体

みのしま商店街の人の動きの特徴のひとつは、自転車の使い方である。ある場所に自転車が大量にとめられていることもあれば、自転車にまたがったまま買い物をする人もいる。また、自転車に乗っているときに商店の店員に話しかけられ自転車を降りてそのまま話し込む人なども見られる。また、単に目的の商品を巡って流動し続けるだけでなく、滞留するスペースがあること、ここに商業空間だけに収まらない、豊かな地域コミュニティのためのスペースが生まれている。

2-4 小結

以上、特に人の動きと空間構成に着目し、マクロな視点から商店街の場所ごとの雰囲気を導き出した。そこで浮かび上がった特徴的な場所の中でエリアAとCに関して、一方は流動性が高く、一方は滞留性が高いという対照的な違いがあったことが興味深い。そこで次ではその2ヶ所について、さらに詳細な視点で分析を行う。

3 ミクロ視点で見る人の活動と空間構成

前述で浮かび上がったAとCの2ヶ所は、商店街を実際に歩いていても何となく「美野島らしい」と感じる場所である。ここでは、それら2ヶ所について、現地での実測および観察調査に基づき、ヒューマンスケールで見た空間の特徴と人々の活動に関して分析を行い、それらの場所の雰囲気がどのようなものであるのか、またそれが何に依拠するもので

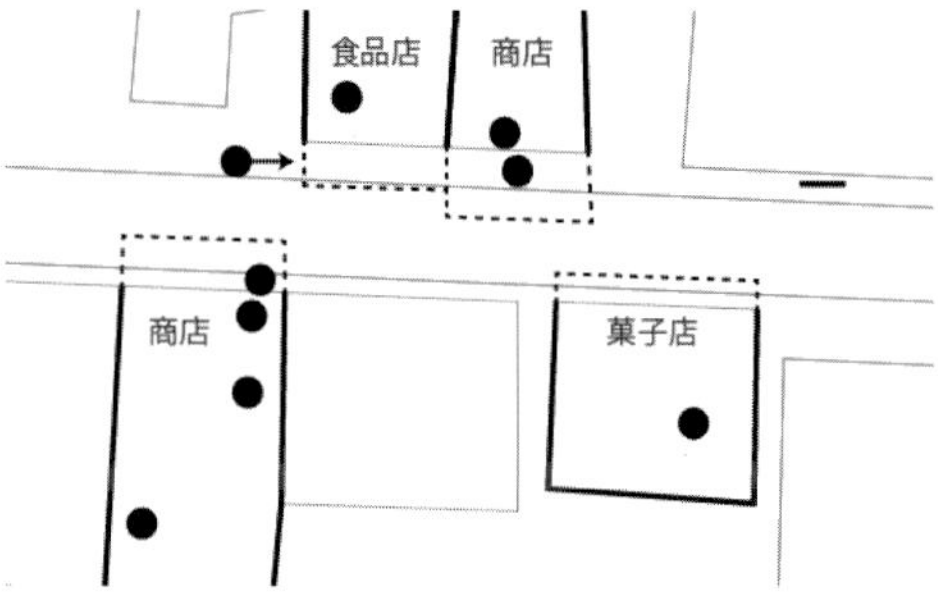

図9 エリアC：N商店付近

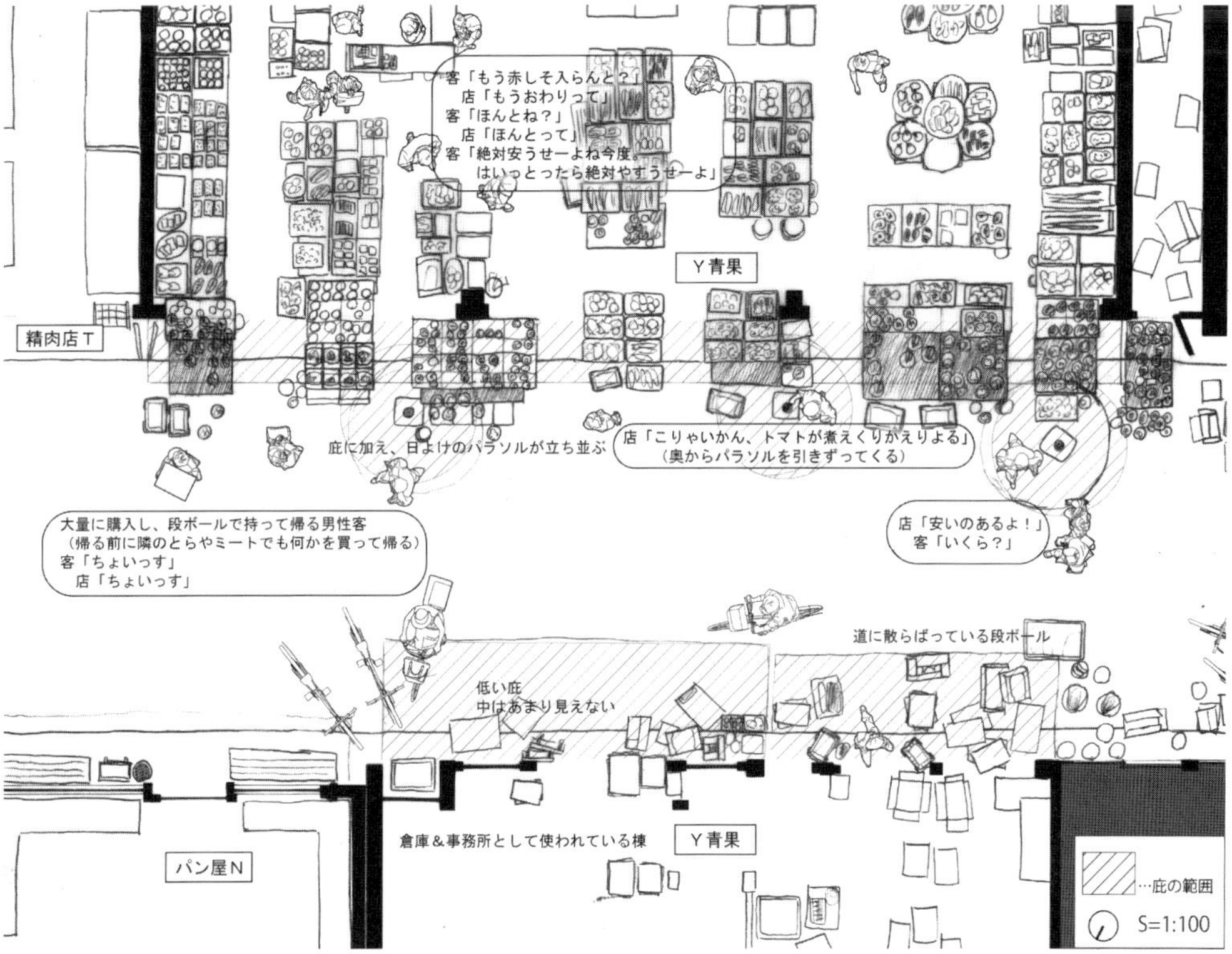

図10　エリアA：Y青果周辺図

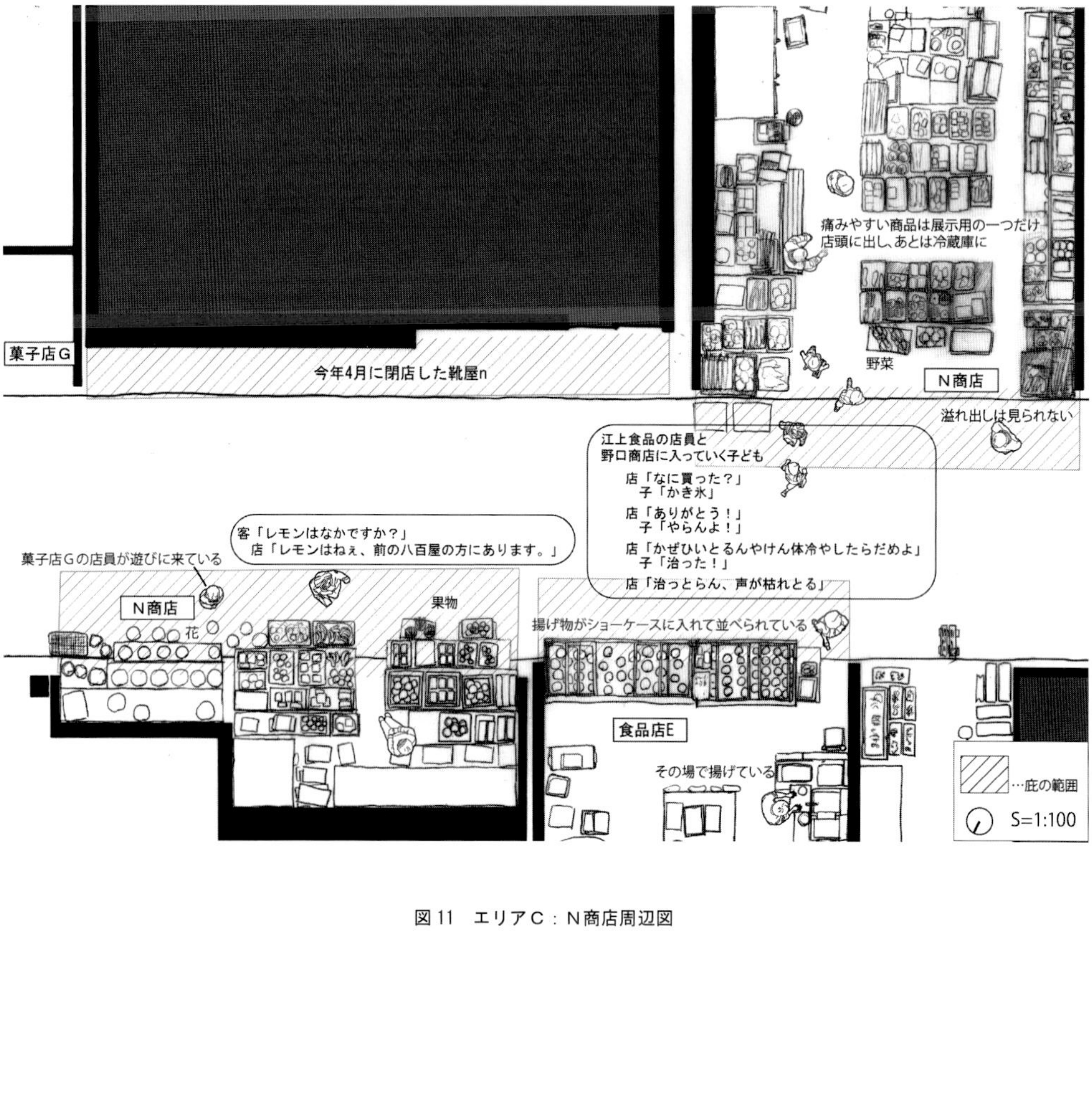
痛みやすい商品は展示用の一つだけ
店頭に出し、あとは冷蔵庫に
菓子店G
今年4月に閉店した靴屋n
野菜
N商店
溢れ出しは見られない
江上食品の店員と
野口商店に入っていく子ども
店「なに買った？」
子「かき氷」
店「ありがとう！」
子「やらんよ！」
店「かぜひいとるんやけん体冷やしたらだめよ」
子「治った！」
店「治っとらん、声が枯れとる」
客「レモンはなかですか？」
店「レモンはねぇ、前の八百屋の方にあります。」
菓子店Gの店員が遊びに来ている
N商店
花
果物
揚げ物がショーケースに入れて並べられている
食品店E
その場で揚げている
…庇の範囲
S=1:100

図 11　エリアC：N商店周辺図

あるのかを考察することとする（図10・図11）。

3-1 エリアA

エリアAを歩いていると、大型の青果店がひときわ目を引く。物品が道に多く溢れ出し、店員がせわしなく働き、多くの客が買い物に訪れる活気に満ちた場所である。

青果店は道を挟んで2軒の建物からなり、店舗部分は広い方の建物に集中し、もう一方は倉庫兼事務所となっており、効率的な空間利用がなされている。店舗の建物は、完全に開放されたファサードと広い内部空間によりオープンなつくりとなっている。また、庇に加えパラソルを立てて日よけを設けており、それが商品の溢れ出しとも相まって賑やかな印象を生み出している。倉庫兼事務所の建物は目線よりも低い庇で視線が遮られるうえ、非常に暗いため中の様子が見えない。溢れ出す物も空の段ボールやケースで、店舗の方とはかなり異なる雰囲気である。

ここでは人々は絶えず動いている。店員は接客とレジ打ちをする店員、商品の運搬、陳列をする若い男性店員、全体に気を配りながら商品の在庫チェックや発注などをする店長といったように、役割を分担し効率的に働いている。客は、店内を歩き回り商品を物色する。業務用に野菜を仕入れていく飲食店の経営者なども少なくない。

また、隣のパン屋や食肉店にもそれぞれ多くの客が訪れている。青果店にあわせてそれぞれの店舗に立ち寄る利用者も見られた。

3-2 エリアC

エリアCは、エリアAとはずいぶん雰囲気が違い、静かで落ち着いた印象がある。ここにはエリアAのような賑やかさはない。しかし、それとは違う良い雰囲気があるように感じられる。このエリアにある商店は、前述の青果店と同じく道を挟んで2軒でひとつの店舗である。しかし正対はしておらず、一見すると別々の店舗のように見える。この2軒の商店とその間に位置する食品店の存在が、不思議な関係を生んでいる。商店はその位置のずれのために、店の前まで出なければもう一方の店舗が見えない。そこで、小さい方の店舗の店番を主にしている高齢の夫婦は、時折、大きい方の店舗に移動している。そこに小さい方の店舗へ客が来た場合、隣の食品店の店員がそれに気づき、「お客さんよー！」と声をかけ知らせるといったことが行われる。また、商店によく出入りする子どもたちに食品店の店員が道越しに話しかける場面や、近くの店舗の店員たちが道ばたに集まって会話する場面も見られた。ここでは、客も古くからの顔見知りが多いようで、道ばたで知人と話し込んで長時間とどまることも多い。道を中心に近隣の店舗がひとつの場所をつくっているような印象を受けた。

3-3　小結

エリアAは業務も空間利用もスーパーマーケット的だと感じるほどに効率化された青果店の印象が強く、道への溢れ出し、それによる集客、飛び交う値段交渉のやりとりなど、活気のある商業の場としてのみのしま商店街の姿が見られた。一方、エリアCでは生活に密着した近所付き合いの場として、また近隣の交遊関係を形成する人々の集まり＝コミュニティとしてのみのしま商店街の姿があった。これらの特徴がみのしま商店街の独特な雰囲気を生む大きな要素となっていると考えられる。そこで、次はこの２つの側面について、商店街の人々へのヒアリングから、より深く踏み込んだ分析を行う。

4　商業の場としてのみのしま商店街

「橋の方から見たら、あそこは上になっとろうが。こっち見たら頭がこうしてから。（身振りで人がひしめく様子を表す。）自転車やら通られんやったもんね。」とある八百屋の店主は、昭和40年代頃のみのしま商店街のにぎわいをこんな風に語ってくださった。多い時には10軒ほどにも及んだという商店街の八百屋は、この時期、その賑わいに魅せられて次々と、八女、浮羽、甘木、唐津などからこの通りに店を構えたものだという。「野菜の鮮度が悪うなる暇もなく売れていた。」という言葉が聞かれるほどの大盛況。いくつもの八百屋が共存共栄していた時代である。

今は確かに当時とは事情が違う。「ほんというと青物も出したいけど、こげん人が少なかったらねー。」「つくるより買うた方が安いけんね。」と現状を嘆く声も聞こえてくる。現在八百屋は4軒。スーパーマーケットが食料販売の主流となったこと、周辺地区の世帯が、大所帯の一軒家から単身のワンルームマンションを中心とした構成に変わったことなど、八百屋数減少の原因はあちこちで聞かれる。しかし、私たちを引き付ける何かがここには未だ根強く残っている。むしろそれは、商店街を懸命に担っていく人々の日々の努力や工夫によって今も新しく作られ続けているものなのかもしれない。それをここでは知恵と呼び、その知恵を、商うという視点から見つめ、店主と私たちの間に生まれるこの不思議な幸せ（＝雰囲気）について考えてみたい。

4-1　2つの八百屋の比較

商店街は十字に交差する街路からなる。南北の通りはかつて、筑前一ノ宮である古宮、住吉神社とJR筑肥線の美野島駅とを結ぶメインロードであった。今は住吉通りと百年橋通りという2つの大通りを結び、車が頻繁に往来している。それに対して、東西を走る通りは昔の面影を残す、まさに商店街らしいたたずまいを見せる。この通りは、東西を分ける交差点を境に東側が住田町商店街、西側がみのしま商店街とその名前を変えるのだが、商店街の人々の話を聞いている限り、それらは別々のものではなく、ひとつの「みのしま商店街」であるようだ。昭和30年（1955）から昭和40年（1965）頃、商店街は板屋、桶屋、畳屋などを有する職人街であった。周辺はまだほとんどが田んぼで、砂利道や農道が走るのどかな風景が見られたという。そこに食品店を開きたいと外部から店主が集まってきたのが商店街の始まりであり、その当初の賑わいの頃からこの東側と西側において、八百屋が商いを続けてきた。2つの八百屋はその雰囲気もこだわりも異なる。しかし、どちらもが共通の商店街の気質を持っていて、まさに共存を思わせるものがある。次にそれぞれの特徴を考察してみる。

4-2 八百屋（東側）

東側の八百屋は、品物の数が多く、店舗からあふれんばかりに並べられている様子が特徴的と言える（写真1）。店舗と事務所を合わせると道の両側にまたがり、それを行き来する様子は、道までも店舗の一部のような印象を感じさせる。店員の数も多く、専用駐車場も持っており、それも合わせれば面積はこの商店街において最大である。朝の時間帯は市場からの仕入れで店の前にトラックが止まり、慌ただしく荷下ろしと陳列が行われるなど、スピード感が感じられる。しかし一方では、やはりお客さんとの交流も多い。ただし、隣の空き店舗に自転車が数台止まる様子などを見ると、少し離れた近隣からも買い物に訪れていることも考えられ、この付近に漂う他の店舗と異なる往来の速さや混雑した雰囲気を説明する要因とも言えるかもしれない。

客との交流の様子を見ると、その時買いどきの野菜を勧めるなど、店側から客へという働きかけが多いように思われる。陳列にもそれは現れていて、前面に出ているのは価格や産地から買い時の値段がついているもので流動的であるのに対し、中に入っていくにつれて価格が上がり、位置も固定化するといった並べ方が見られる。

4-3 八百屋（西側）

非常に整理され、スマートな印象を受ける本八百屋は、商品は中央と左右に分かれ、庇の中にすっぽりと入る形で陳列されている（写真2）。並べ方は、天気や気分によって変わり、「特に暑い時は葉物を中の涼しいところに入れる。」とのことだった。通りすがる常連のお客さんと話したり、約束したりする中で配列が微妙に変わることもあるという。もちろん、どの野菜を売りたいか、という意図も含まれるが、スーパーマーケットや量販店にはない陳列の工夫が見て取れる。実際、筆者らが伺った際は、中央部に最も旬で需要の

写真1 Y青果正面

高そうな、しかも品質の良い野菜が色とりどりに並べられ、左右に陳列のメインからは外れた小さい商品などが並べられていた。ひとつひとつの数はそれほど多くなく、整理されてスマートに並んでいる。ヒアリングによると、単に安いものというよりはいいものを売っているそうで、生産地として国産にこだわり、値段とのバランスの中で品質にも注意を払っているとのことだった。

向かいに店があることから客だけでなく周囲とのコミュニケーションも多く見られる。ご主人がバイクで配達に出かける時も、冗談が飛び交うなど、どこかほのぼのとしていて、居ついてしまいそうにゆったりとした時間の流れが感じられる。前述の八百屋（東側）にスピード感が見られたのに対し、八百屋（西側）ではゆったりとした空気が見られる。同じ八百屋でも全く違うこの雰囲気は、商店街のおもしろさを伝えている。

4-4 小結

どちらの八百屋もスタイルが全く違いながら、東西の通りの端と端で共存しており、通りの中のそれぞれの場所の雰囲気をつくっている。これは、商店街での買い物が楽しいという感覚を持たせる要因であろう。こうした違いの背景には、その八百屋がどこからやってきたのか、ということがあげられるようで、これによって、今も通っている市場が違い、品物の違いが生まれるのだという。この場所で商う中でそうして醸成されたものは、次第に定着し、外からふらりとやってきた者にもどこか温かさをもたらしてくれる、その幸せを作り出す知恵を少し垣間見た。

5 生活の場としてのみのしま商店街

店主へのヒアリングを通して得た3つのエピソードをもとに、生活の場としてのみのしま商店街の姿を読み解いてみたい。

3つのエピソードは、みのしま商店街という商いが行われている地域において生じた出

写真2 N商店正面

来事である。しかし、そこには暮らしとしての姿も垣間見ることができる。

商店街で営まれているのは、客と店員との間でモノの売買をする関係だけではない。店主や店員はときには客に変わる。すなわち店を営みながらも、近隣の店の客として生活者の顔を見せる。例えば、商店街内ではある商店のドリンクを飲むことを日課にしている人が数人おり、店主夫婦は2人で客の訪問を認識し、誰が来店したかそして来店していないかを逐一伝え合いドリンクの在庫を確認・調整するそうである。

また、店主と店主とが酒を交わす機会もある。例えば、ある店主の楽しみは、商店街では定期的に開催される協議会の後の飲み会であるそうだ。飲み会の席では各々がざっくばらんに好きなことを語る。飲み会の席では、信頼関係があるからこそ話せる冗談交じりの会話が飛び交うそうである。

さらに、ときには他店の経営についての助言者としての役割を果たす時もあるそうである。例えば、食事処でもある施設には480円の日替わりランチがあるが、店員はメニューに頭を悩ますことが多い。その際、食糧品を扱う店舗が多い商店街らしく他店舗の店員が助けてくれることがあるようで、「この前人気だったアジのハンバーグはどうか」などの助言によって、ときにはランチメニューが決まるそうである。

様々な役割を、各々が心地よいと思える時に心地よく無意識に立ち振る舞う。その振る舞いによって、商いの場が、生活の場、娯楽の場、学びの場などに変容する側面を持つ。この多様さ、重なり合いがみのしま商店街の雰囲気を築く要因のひとつになっている。

6　まとめ

今回の調査から、みのしま商店街の雰囲気を特徴づける2つの側面を見いだした。

①商人気質・職人気質

みのしま商店街には商売に対する積極的な精神が今でも生きている。八百屋（東側）に見られるように、商業のための効率的な空間利用と業務形態があり、時代に対応して流動的に変化していく面がある。一方で、八百屋（西側）に見られるようにより良い物をより良い状態で出そうとするなどのこだわりを持ち、変わらない店づくりを続けている面もある。また、かつて職人のまちであったことに由来する職人カタギも今に受け継がれている。

②生活空間・コミュニティ

商店街はそこの人々にとっては生活空間でもある。共同空間である道を中心とした垣根のないコミュニケーション、商店街で店舗を経営することで生まれる経営者同士のつながりが地域コミュニティ形成に大きく寄与している。みのしま商店街の各個人、各店舗は、それらの側面を独自のバランスで併せ持っている。さらに、その個性がいくつも集まることで、場所ごとに違う雰囲気となって現れる。一人ひとり、一軒一軒で異なる気質が衝突することなく関わりあい、助けあい、また適度な距離感を保っていることで、場所ごとに個性のある雰囲気をつくりつつも、全体としてうまく共存している。

みのしま商店街に古くから根付く「商」の精神と「共生」の精神。このふたつの精神が、絶妙なバランスで共存してきたことが、このみのしま商店街の何とも言えない居心地のよい雰囲気を生みだしているのではないだろうか。

流動する美野島――「空き」に着目して――

日下部亨介／福岡理奈／藤本慧悟／山口浩介

1　はじめに

1‐1　研究の背景

福岡市博多区美野島地区は博多や天神、薬院といった都心部に挟まれるように位置しており、いずれの地域にもアクセスの便が良い場所である。しかしその一方で近隣に鉄道駅やバス停が少なく、公共交通の便は良くない。また、美野島は街路形態が非常に複雑であり、細い路地が入り組んでおり、自動車に適した道路とは言い難い。このような交通の利便性や街路形態を考えると、美野島において徒歩や自転車といった移動手段が非常に重要な意味を持つと考えられる。

一方、美野島1丁目と2丁目に挟まれるように位置するみのしま商店街もまた、この地域において非常に重要な意味を持つものと考えられる。実際にみのしま商店街を歩いてみると、歩行者はもちろんのこと、自転車が商店街の中にまで入り込み、自転車にまたがったまま買い物をする人がいたり、自転車を押しながら商品を眺める人がいたり、時には自転車に乗った人と歩行者が立ち話をしていたりと、様々なアクティビティが存在している。このように歩行者と自転車が互いにうまくバランスを取りあい、時には互いに影響しあいながら「みのしま商店街」という独特の空間を創出しているように感じられる。

1‐2　研究の目的

以上のように、「徒歩」と「自転車」という移動手段や、それらによって生まれるアクティビティが美野島の潜在力を読み解くにあたって非常に重要なキーワードになると考えられる。また、みのしま商店街に訪れる人々は空間の「空き」や時間の「空き」など様々な「空き」をうまく利用して、流動的に活動しているように思われる。

そこで、歩行者と自転車を中心に調査分析を行うことで、みのしま商店街で起こる様々なアクティビティを「空き」という概念に着目しながら読み解くことを目的とする。

１-３　研究の構成

研究の構成を図１に示す。まず、基礎調査として美野島地区の歴史と現状を文献調査等から把握する。さらに、パーソントリップ調査データを用いて美野島地区の交通情勢や移動状況の実態を把握する。次に、実際に美野島地区を訪れ、観察調査を行う。主にみのしま商店街を行き交う人々のアクティビティの観察を中心に行った。次に、ここまでの調査・観察の内容を分析するための視点として、「空き」概念の定義づけを行い、一人一人の行動パターンや属性による違いなど「人」に着目した分析、固定化した「空き」や場所の時間変化など「場所」に着目した分析のふたつの観点による分析を行う。最後に、分析結果から美野島地区で起こるアクティビティの特性を読み解き、まとめを行う。

１-４　研究の方法

研究方法として、観察調査・ヒアリング調査を行った。

（１）観察調査（その１）

２０１１年６月23日（金）16：00～19：00と７月５日（火）16：00～18：00の２度に分けて観察調査を行った。観察の方法は、散策を行う中で特徴のある行動や印象的な行動について、その場で簡単に記述し写真撮影を行った。その後、当時の状況について写真を参考に想起しエピソードを補った。

（２）観察調査（その２）

２０１１年６月17日10：00～12：00と６月23日14：00～16：00にみのしま商店街を通行する人（徒歩、自転車含む）を対象に観察調査を行った。調査方法は、みのしま商店街の東西の入口を起点として無作為に対象者を選び、対象者が商店街から外れるまでの行動の

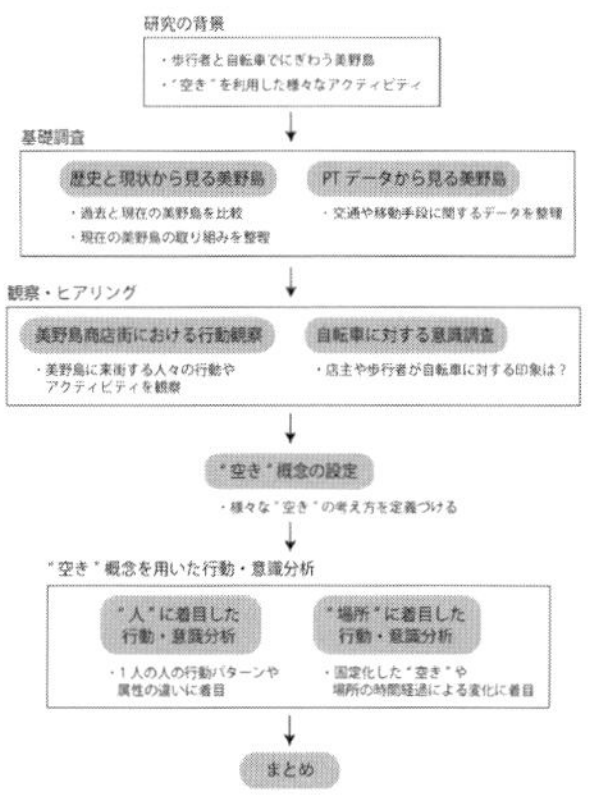

図１　研究の構成

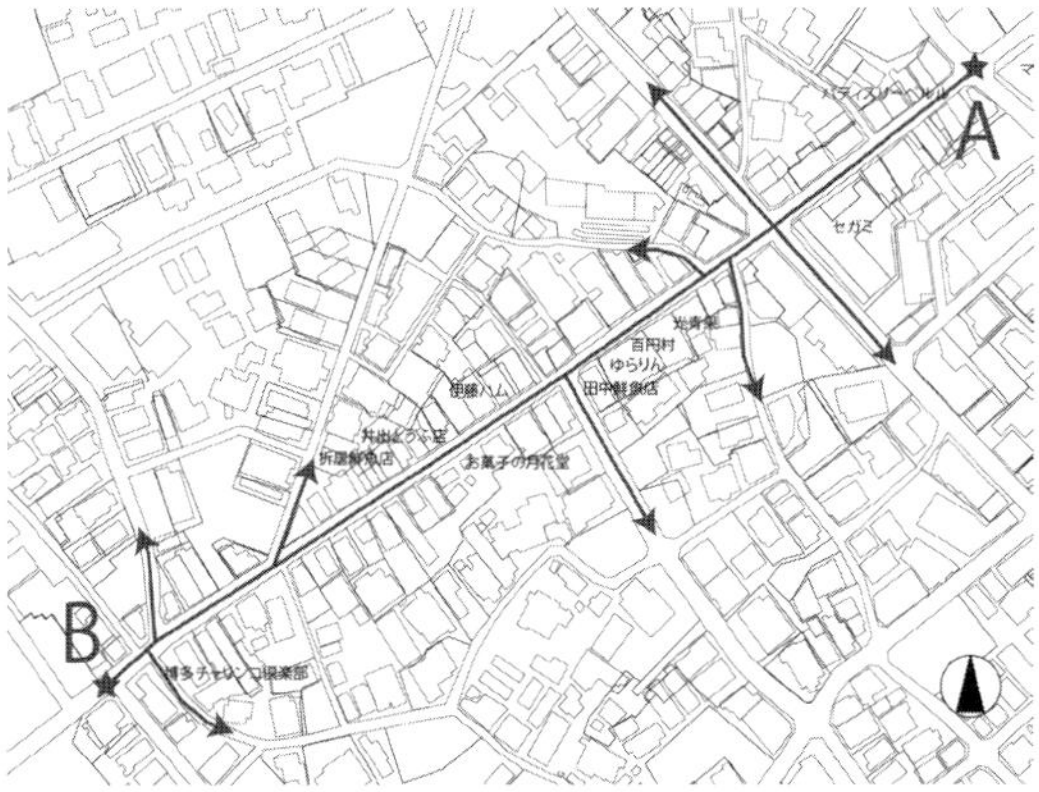

図２　追跡調査開始地点

内容を記述した。観察した内容は、①おおよその年齢、②性別、③滞在時間、④立ち寄った店舗、⑤起点と終点の場所、⑥行動の詳細である。

2　美野島の概要と課題

2-1　美野島の概要

美野島は主に住宅と商業施設が混在した街であり、美野島1丁目～4丁目の街区から構成される。美野島1・2丁目に位置するみのしま商店街は「博多の台所」と称される商人の町であった。一方3・4丁目は福岡市有数の工場誘致地区であり、大型工場や町工場が点在するなど職人の町であった。しかし近年の商店街の衰退、大型店舗の乱立、大型工場の閉鎖などにより美野島は大きく変化していった。特に自動車の交通量が非常に多い百年橋通りは1・2丁目と3・4丁目を南北に分断し、地域間の交流や往来の妨げとなり、さらには美野島通りの通過交通の増加にもつながり、歩行者や自転車にとっては極めて危険な状況となっている。

2-2　来街者の減少

2004年3月に実施された「まちづくりアンケート調査」で、街を良くするために最も必要なものとして「商店街の活性化」「道路の改善や新設」「公園・緑地の整備」などが挙げられた。これらを受けて商店街の活性化を目的として美野島通りをコミュニティ空間とした社会実験が行われた。また、それにあわせて、みのしま商店街を出入りする歩行者や自転車、自動車を対象に交通量も調査された。交通量調査は1979年10月2日、1983年9月29日、社会実験前の2005年3月11日・12日に行われ、結果からみのしま商店街への来街者がこの25年間に半減していることが明らかとなった（図3）。

2-3　小結

複雑な街路形状を持つ美野島地区は大規模な開発が行われず、周辺地区から取り残され

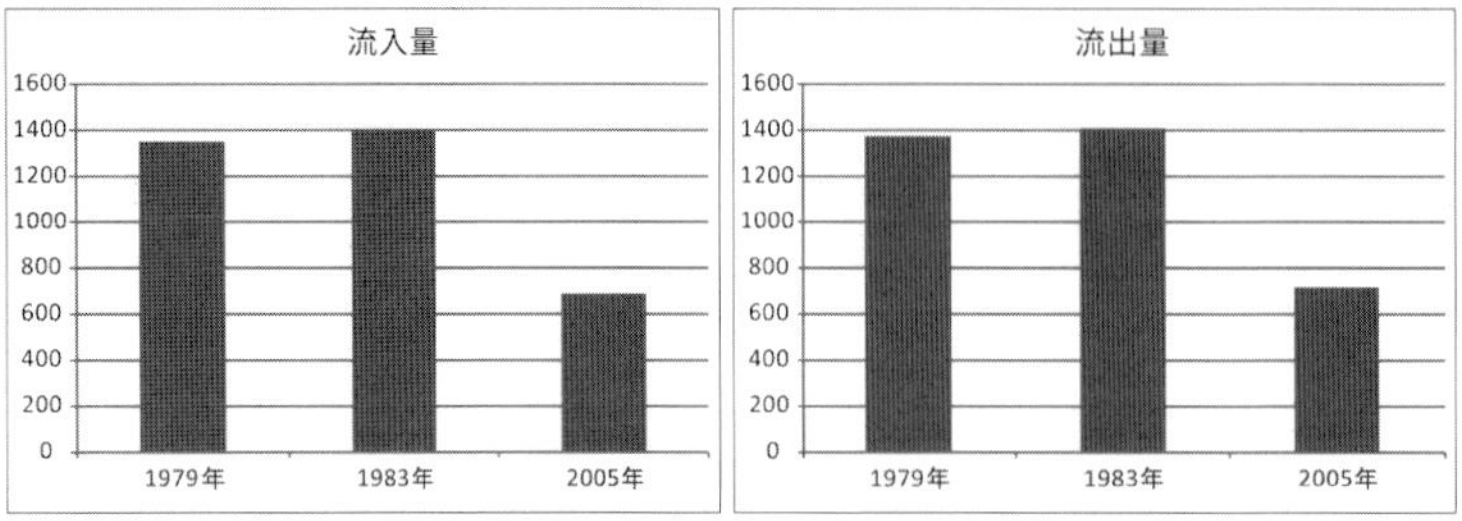

図3　交通量調査結果

て現在のような雰囲気を形成してきた。しかし百年橋通りによって地区を分断され、主要道路である美野島通りは通過交通で溢れてしまった。それらを要因に商店街の衰退が進み、社会実験で行われた調査でも美野島への来街者の減少が明らかとなっている。

3　パーソントリップ調査データを用いた美野島地区の交通情勢の把握と分析

第4回北部九州圏パーソントリップ調査データ（以下ＰＴ調査データ）を用いて、美野島地区の移動状況に関するデータを抽出、分析を行うことで交通状況を把握する。

3-1　交通分担率からみた美野島地区

（1）美野島地区の各交通分担率

表1に美野島地区の各交通分担率を示す。ここでいう分担率とは、ある交通手段のトリップ数の、総トリップに対する割合である。表1において注目すべき結果は、徒歩分担率と自転車分担率がバランスよく分担できている点である。これは都心部から少し離れているという位置関係が影響しているものと考えられるが、美野島地区のデータだけでは比較が難しいため、福岡市全域の徒歩分担率と自転車分担率を可視化することで福岡市全域における美野島地区の位置づけを明らかにする。

（2）福岡市から見た美野島地区の交通分担率

徒歩分担率

図4に福岡市全域の各町目の徒歩分担率を、表2に福岡市における徒歩分担率上位10地域を示す。天神や博多といった都心部とその周辺の地域が高い値を示しているのが分かる。その他の地域では、大橋や南福岡駅の周辺、西新周辺など副都心も高い値を示しており、都心性が高いほど徒歩分担率は高くなる傾向にあることが考えられる。美野島地区を見てみると、天神と博多のいずれからもやや離れており、徒歩分担率は福岡市のなかで中間あたりに位置していることが分かる。清川、高砂、大楠といった美野島に隣接する地区も同

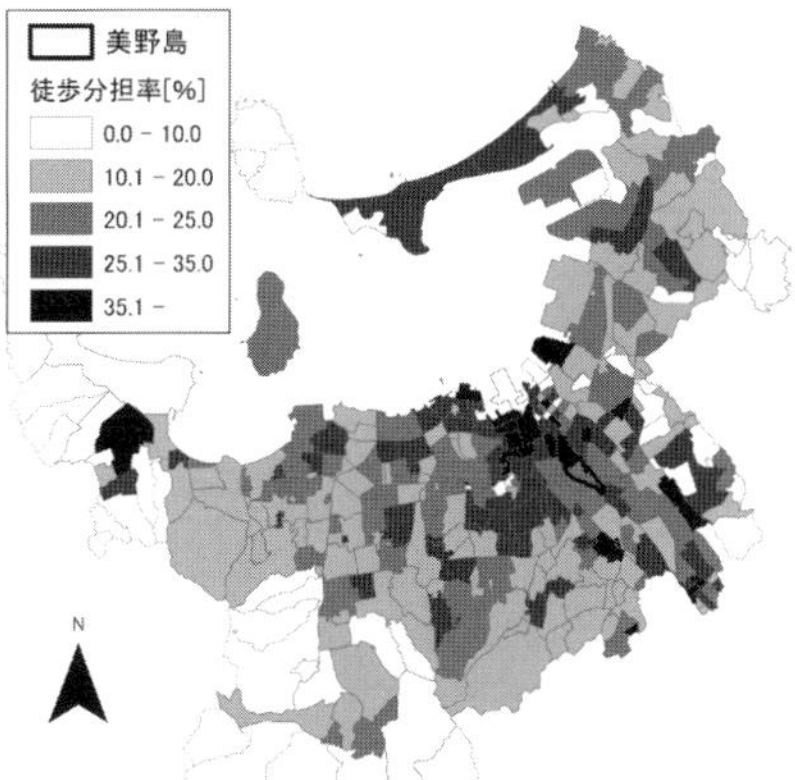

図4　徒歩分担率

表1　美野島地区の各交通分担率

町目	徒歩分担率	自転車分担率	バス分担率	鉄道分担率	自動車分担率
博多区美野島	22.0	19.5	10.1	8.6	20.1

表2　徒歩分担率上位１０地域

町目	徒歩分担率	自転車分担率	バス分担率	鉄道分担率	自動車分担率
中央区大名	56.3	7.0	7.0	9.4	2.8
中央区舞鶴	46.9	9.5	10.2	4.7	17.1
博多区奈良屋町	45.5	21.6	11.7	4.5	14.4
博多区寿町	43.4	5.9	0.9	19.6	21.9
中央区今泉	42.1	16.6	7.1	7.6	14.4
南区弥永団地	40.6	13.8	5.7	4.9	24.7
博多区住吉	39.1	22.3	10.6	2.3	13.1
中央区春吉	38.5	13.5	4.8	4.8	21.4
城南区荒江	37.2	11.2	22.7	8.6	12.2
南区大橋	36.4	9.0	5.6	23.7	17.0

様の傾向を示している。また、徒歩分担率上位10地域を見てみると、奈良屋町や住吉を除いてほとんどの地域で自転車分担率は10％程度にとどまっており、徒歩と自転車がバランスよく分担できている地域は少ないことが分かる。

自転車分担率

図５に福岡市全域の各町目の自転車分担率を、表３に福岡市の自転車分担率上位10地域を示す。博多区が全体的に高い値を示しているほか、中央区の鳥飼や六本松、東区の箱崎や馬出といったいわゆる学生街も値が高い。上位10地域を見てみると、高砂や清川といった美野島地区の近隣に位置する地域が上位に挙がっており、かつ徒歩と自転車がバランスよく分担した美野島地区と似た傾向を示している。

以上より、美野島地区の交通分担率の特徴は、①徒歩と自転車がバランスよく分担できていること、②徒歩と自転車いずれも分担率が極端に高くないことの２点が挙げられる。

３－２　来街者に関するトリップ分析

目的地が美野島であるトリップを抽出して分析することで、外部から美野島にやってくる人（来街者）の属性や特徴を明らかにする。

（１）来街者の属性と各交通分担率

来街者の年代割合を図６に、来街者の各交通分担率を図７に示す。来街者の年代割合としては、30代、40代、50代がいずれも約20％を占めており、最も割合が大きい。このことから、美野島地区は30～50代の来街者に支えられた街であることが読み取れる。また、商店街を歩いた印象としては高齢者が多いように見えるが、データとしては高齢者は比較的少ない結果となっている。

来街者の各交通分担率を見てみると、前述した美野島地区の各交通分担率と比較して傾向に大きな相違はない。割合の大きい順に自動車、徒歩、自転車、鉄道と続き、バランスよく分担していることが伺える。

表３　自転車分担率上位10地域

町目	徒歩分担率	自転車分担率	バス分担率	鉄道分担率	自動車分担率
博多区東比恵	16.7	33.3	4.3	11.9	15.2
博多区千代	19.3	29.9	7.0	8.1	21.1
早良区藤崎	15.4	28.4	8.1	27.5	13.9
中央区白金	24.2	27.7	3.2	6.0	29.5
南区向新町	15.2	27.2	10.6	7.0	27.2
中央区鳥飼	23.2	26.7	12.7	12.1	16.2
中央区港	25.8	26.2	7.3	9.7	19.0
中央区高砂	23.5	24.4	21.8	11.8	10.5
中央区清川	23.4	23.4	13.8	3.7	25.2
早良区城西	16.7	23.1	9.3	25.2	13.2

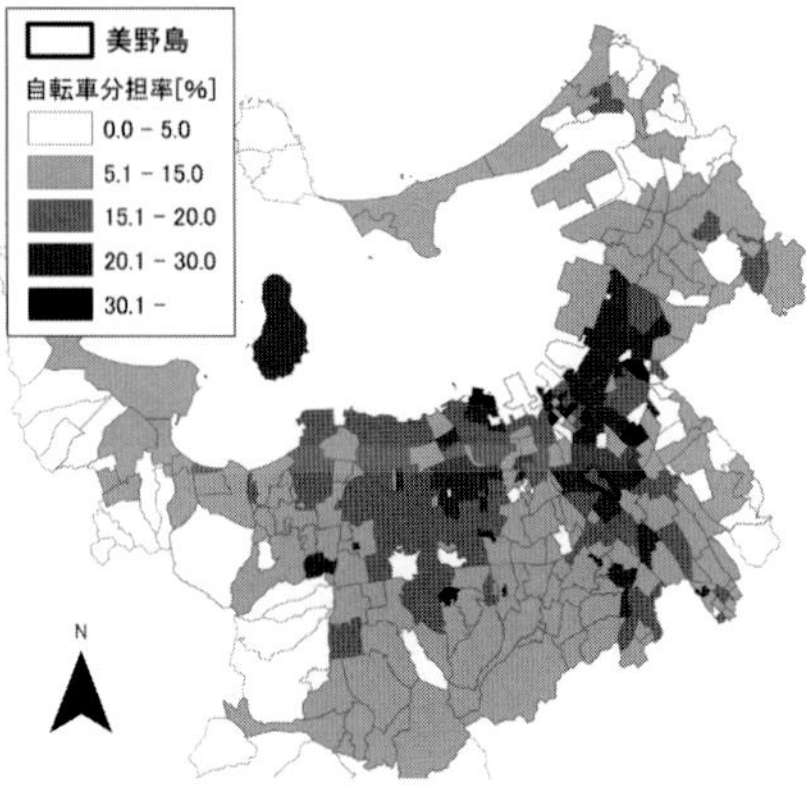

図５　自転車分担率

（２）来街者の出発地

図８は目的地が美野島であるトリップデータを抽出し、それらの出発地を可視化したものである。すなわち、来街者がどこから美野島に来ているのかを示している。出発地は美野島１～４丁目が圧倒的に多く、その他のトリップも美野島周辺の地域に集中している。このことから、美野島は地元住民に支えられた地域密着型の街であることが推測できる。

３－３　小結

以上のように、ＰＴ調査データから様々な事柄を読み取ることができた。ＰＴ調査データから見た美野島地区の特徴としては以下の２点が挙げられる。

①美野島地区は徒歩と自転車がバランスよく分担しているが、いずれの分担率も極端に高いわけではない。

②美野島は30～50代の来街者が多く、さらに来街者のほとんどが地元住民あるいは近隣地域の住民であり、美野島は30～50代の地元および周辺の住民によって支えられた街であるといえる。

歩行者や自転車の密度が高すぎないことで、美野島地区には適度な「空き」が生まれていると思われる。美野島に来街する人々はそのような様々な「空き」を見つけ出し、利用しながら多様なアクティビティを行っているのではないだろうか。

４　「空き」の概念の定義づけ

みのしま商店街はかつて商店街に買い物に来る人で溢れかえっていたが、商店街に訪れる人の数や営業している店舗の数は最盛期に比べ減少してしまった。しかし、歩行者の減少によって自転車が通行出来る空間が生じており、自転車で買い物に来る人も多く見られる。今となってはみのしま商店街での買い物には自転車が欠かせないものとなっているのである。また、シャッターを下ろしている店舗も見られ、その前には自転車が置かれてい

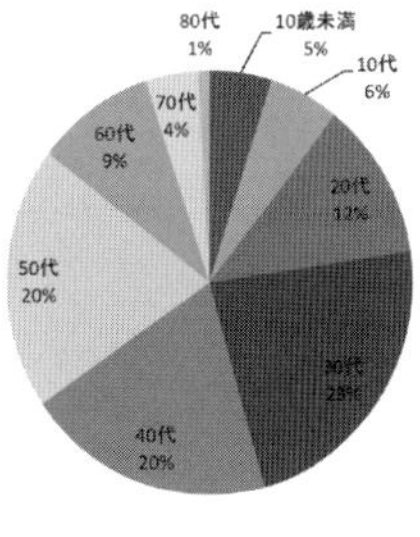

図６　来街者の年代割合

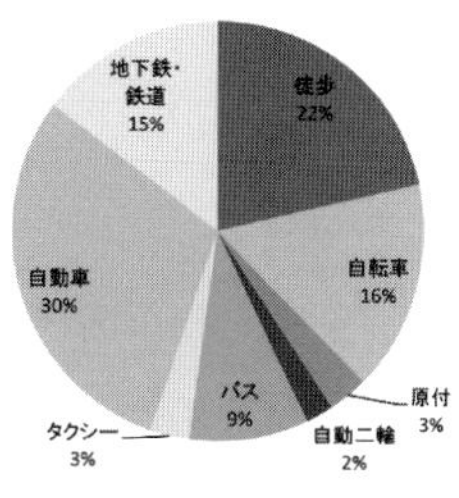

図７　来街者の各交通分担率

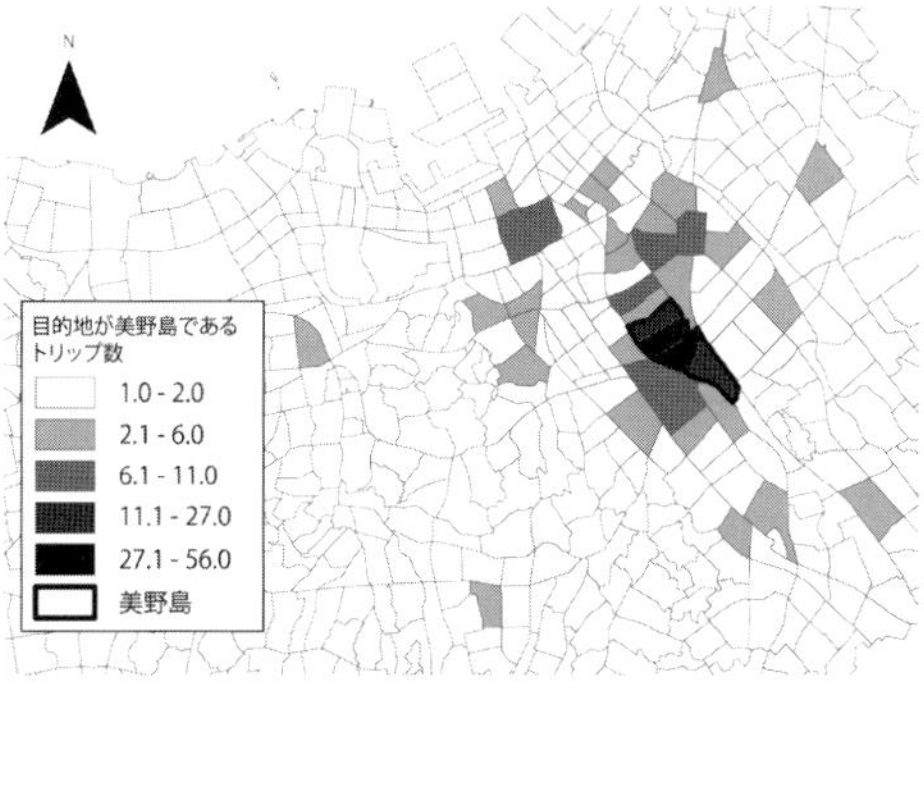

図８　来街者の出発地

る光景をよく目にする。このように、元々あったものが減ったり無くなったりすることで「空いた」空間に着目し、美野島の魅力に迫る。

本研究で捉える「空き」は、時間的な「空き」と空間的な「空き」に分けて捉えることができ、それらが関係する程度の違いや、「空き」を利用する人物の属性の違いによって、起こり得るアクティビティが変化する。以降、「人」（通過者、利用者、店員）の行動に着目し「空き」空間の使われ方について分析し、さらに「場所」に着目し場所とアクティビティの関係性について分析する。

５　人の行動から見た「空き」とアクティビティの関係性

ここでは来街者の行動を複数の視点から分析することで来街者の様々な空きの利用の仕方について考察する。

５－１　追跡調査の基本集計結果

来街者の目的は通過とその他の活動（買い物やコミュニケーション等）の大きく２つに分けられる。以下、商店街を通過のみの人を「通過者」、通過者以外の来街者を「活動者」とする。表４に全対象者のうち歩行者と自転車のそれぞれの通過者と活動者の人数を示す。

商店街の来街者の滞在時間と来街者の交通手段の関係をみる。全対象者の滞在時間の平均は、歩行者は５分54秒、自転車は６分41秒と自転車の来街者の方が長いことが分かる。さらに全調査対象者のうち通過者を除いた来街者の平均滞在時間をみても、歩行者は６分18秒、自転車は９分14秒と自転車が長い。

図９に徒歩と自転車の活動者のうち、立ち寄った店舗数を示す。徒歩も自転車も３店舗以下の人が８割を占め、両者の立ち寄る店舗数に違いは見られなかった。以上から、１店舗の平均滞在時間は自転車の方が長いことが考えられる。自転車で来街した人は自転車のカゴに購入したものを入れることが出来、歩行者よりもより多くの商品を購入可能である

表４　追跡調査対象者数

	通過者	活動者
歩行者	14	31
自転車	17	26

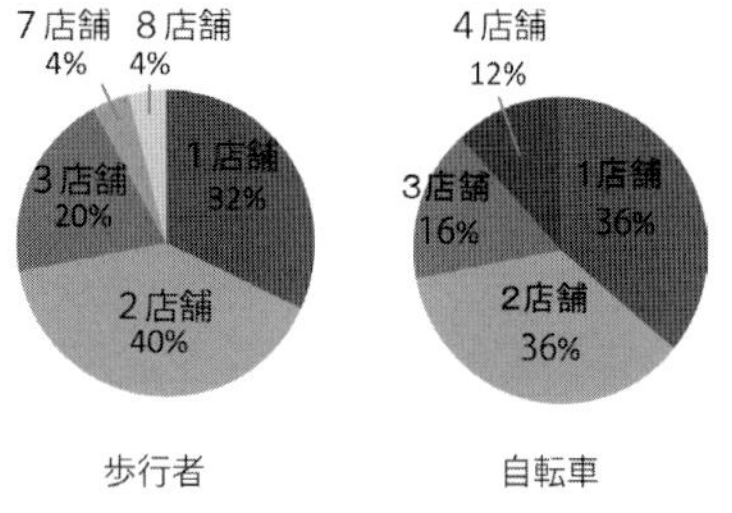

図９　活動者の立ち寄り店舗数

ため、商品を多く購入し滞在時間も徒歩に比べて長くなると考えられる。

表5に商店街への来街者の出入口別に行動経路を示す。商店街の出入口として、A－B間の両側に存在する複数の小道を利用している来街者が多いことが分かる。また、このように小道を利用する人が多いことから、小道を商店街の建物壁面の「空き」ととらえ、そこに引き込まれるように入っていく人が多いと考えることができる。

5－2　来街者の行動分析

ここでは商店街への来街者のうち、初めて来たもしくは慣れていない人を「初来者」、リピーターを「再来者」とする。両者の商店街における行動を、「空き」の利用の仕方の違いに着目しながら分析を行う。

追跡調査で得られた歩行者・自転車の行動の事例を以下に示す。

CASE１：70代女性　自転車　滞在時間約14分（図10）

女性は自転車に乗って来街した。A地点から商店街に入る際に自転車から降り、自転車を押しながら進んだ。毎態商店での買い物が終わった後、また自転車に乗ったが、その後は目的の店の前で自転車を止め、自転車から降りて店で買い物をし、終わったらまた乗って、次の目的の店まで自転車に乗って移動するスタイルに変わっていた。

これらの行為から、場所の「空き」の状況は商店街の中でも場所ごとに異なり、その場所の「空き」の程度によって来街者の行動も異なることが推測できる。このケースの場合、店の前で駐輪する行為や通りで立ち話をすることは、場所の「空き」を利用していると言える。また、自転車を押して歩く場所と乗って通る場所の違いは場所の「空き」の程度に関係していると考えられる。以上より、活動者は通過者に比べ「空き」を上手く利用していること、少なからず「空き」の程度が活動者の行動に影響を与えていることが分かった。

表５　来街者の行動経路

		歩行者		自転車		合計
		通過者	活動者	通過者	活動者	
出入り口に小道を利用しない	A⇔A	1	7	0	8	16
	B⇔B	1	1	0	1	3
	A⇔B	4	8	11	4	27
出入り口に小道を利用	A⇔小道	6	9	2	6	23
	B⇔小道	2	2	2	1	7
	小道⇔小道	0	2	1	2	5
合計		14	29	16	22	81

ＣＡＳＥ２：50代男性　自転車　滞在時間約11分（図11）

男性は上下ジャージでスポーツ系の自転車で来街した。あたりをキョロキョロしながらＢ地点方面へ両側の店を覗きなら歩いていた。途中で引き返し、セガミから今度は北の方へ歩いた。行先が決まっているようではなく、サイクリングの途中にあまり慣れていない商店街に寄ったという感じであった。

このケースの場合、男性の一日の時間の「空き」を利用して商店街へ来街しているのではないだろうか。また、店の前の人がいない場所の「空き」に立ち止まり店内を覗く。これらの時間の「空き」の使い方も場所の「空き」の使い方も流動的であると言える。

ＣＡＳＥ３：60代夫婦　徒歩　滞在時間約８分（図12）

夫婦は、終始距離を保ちながら歩いていた。途中、夫は妻を気遣い、立ち止まり妻が追いつくのを待ったり、後ろの妻ところへ戻ったりを繰り返していた。また、夫は妻が店に入り買い物をする間、店の前で妻が出てくるのを待っていた。クリーニング店の前では、妻がベンチに座り少し休憩をしていた。

これらの行動から夫婦は複数の「空き」の使い方をしていることが分かる。通りの真ん中で立ち止まったり、店の前で立って待っていたり、ベンチに座ったりと、場所の「空き」を利用している。これらもまた偶然その場所が空いていたから行為が出来ることであり、場所が空いていなかったら座るという行為は出来ない。これも流動的であると言える。

以上より、初来街者と再来街者にはそれぞれの行動パターンに特徴があり、それは「空き」の使い方の違いと関係していると言える。

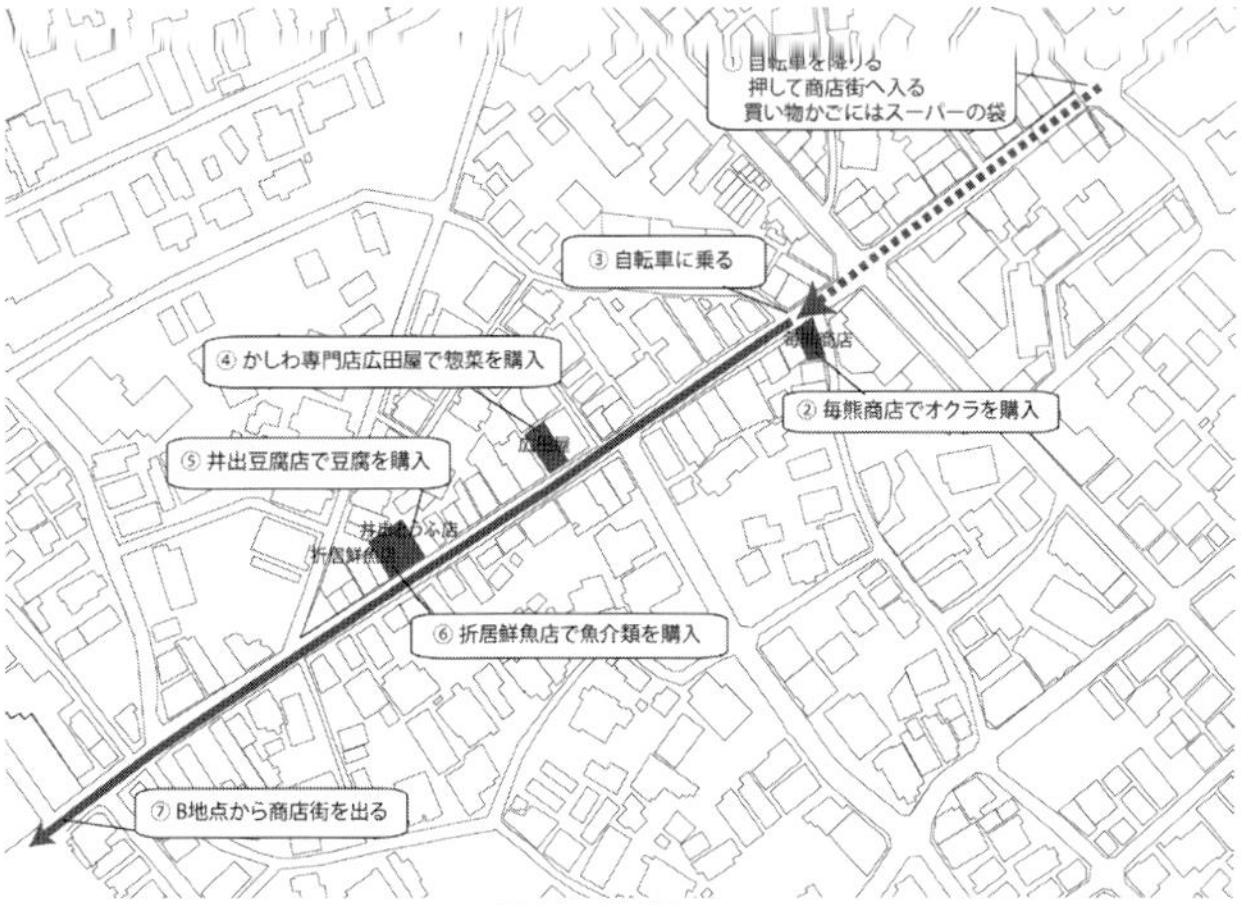

図 10　CASE1

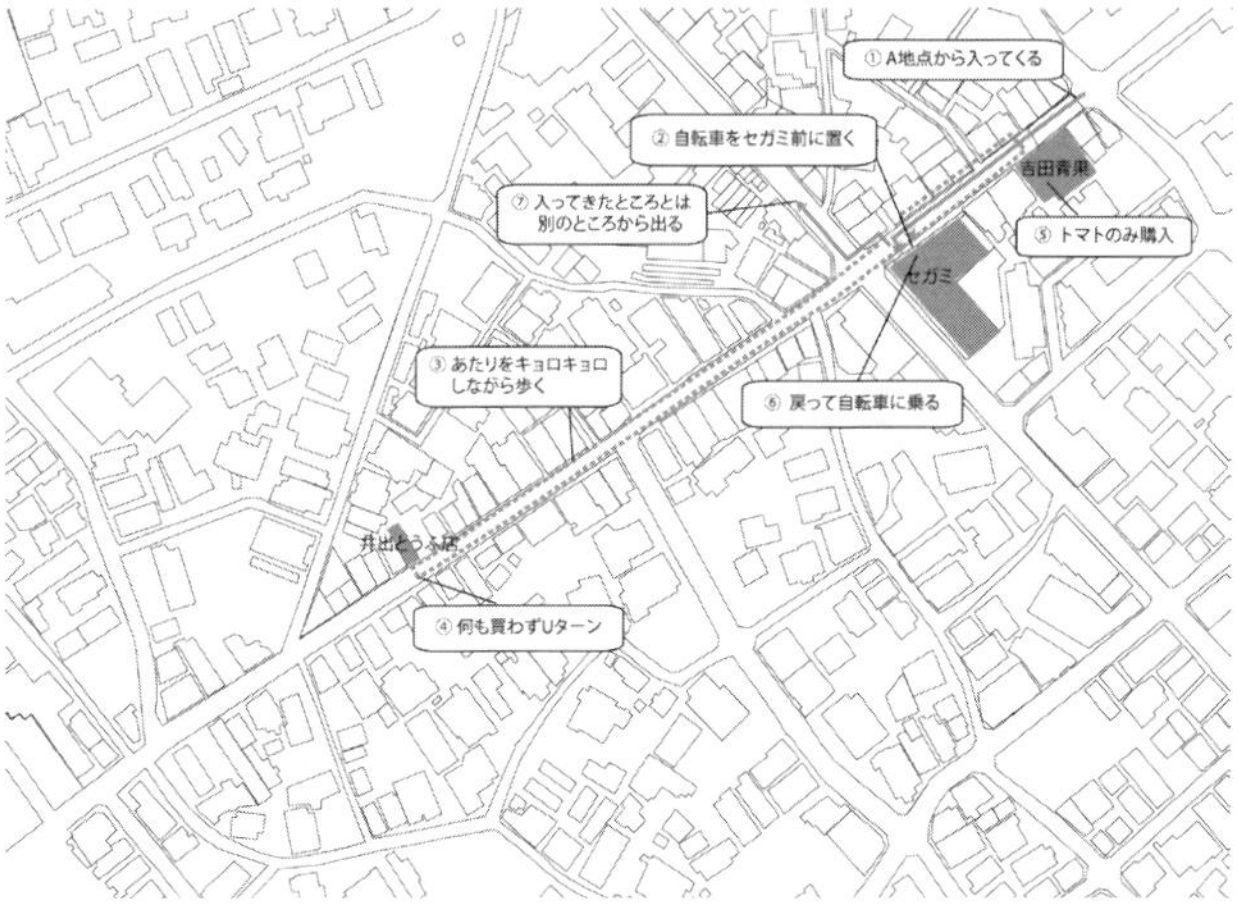

図 11　CASE2

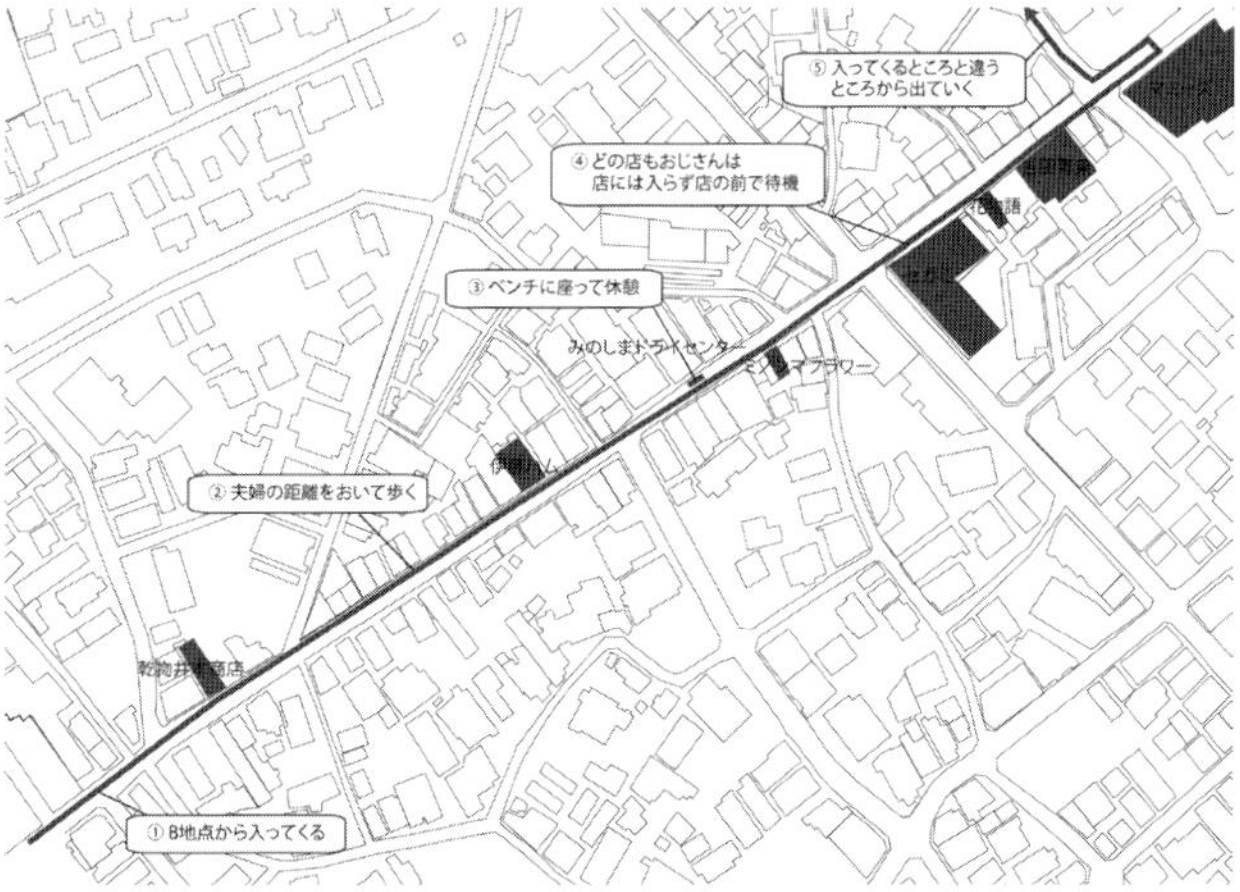

図 12　CASE3

5-3 小結

行動分析の結果、一人の来街者でも様々な「空き」を利用し、その利用の仕方は時間や場所によって変化する「空き」の程度の違いに関係することが示唆された。また、来街者が通過者か活動者であるか、初来者か再来者であるかによっても「空き」の利用の仕方は異なることが分かった。

また、場所の「空き」の場合、「空き」が多すぎると通過者が増えることも推測できる。商店街には程よい場所の「空き」が重要な要素となるのではなかろうか。

6 場所から見た「空き」とアクティビティの関係性

路上の固定化された「空き」とアクティビティの関係性について述べ、次に場所の時間経過による変化に着目した「空き」とアクティビティの関係性について述べる。

6-1 固定化された「空き」とアクティビティ

商店街の通りには、長い時間をかけて繰り返し利用されることで暗黙のうちに形づくられていったと思われる、固定化された「空き」がある。固定化された「空き」では、主に訪れた客の駐輪行動が観察される。以下に、駐輪スペースと化した「空き」を記す。駐輪スペースとしての「空き」は、シャッターが下りている場所に集中しているケースが多い（図13・写真1）。

6-2 時間経過による変化に着目した「空き」とアクティビティ

商店街内の3ヶ所をピックアップし、それぞれの場所を時間経過による変化に着目することで、路上の「空き」と商店街に訪れる人々のアクティビティの関係性を明らかにする。場所は、①とらやミート―セガミ薬局間、②ロアール美容室―毎熊商店間、③光青果店―田中鮮魚店間を選定した。エピソードは、みのしま商店街を散策する中で観察された「空き」を利用している人の行動をその場で簡単に記述した。記述と同時にその場面を写真撮

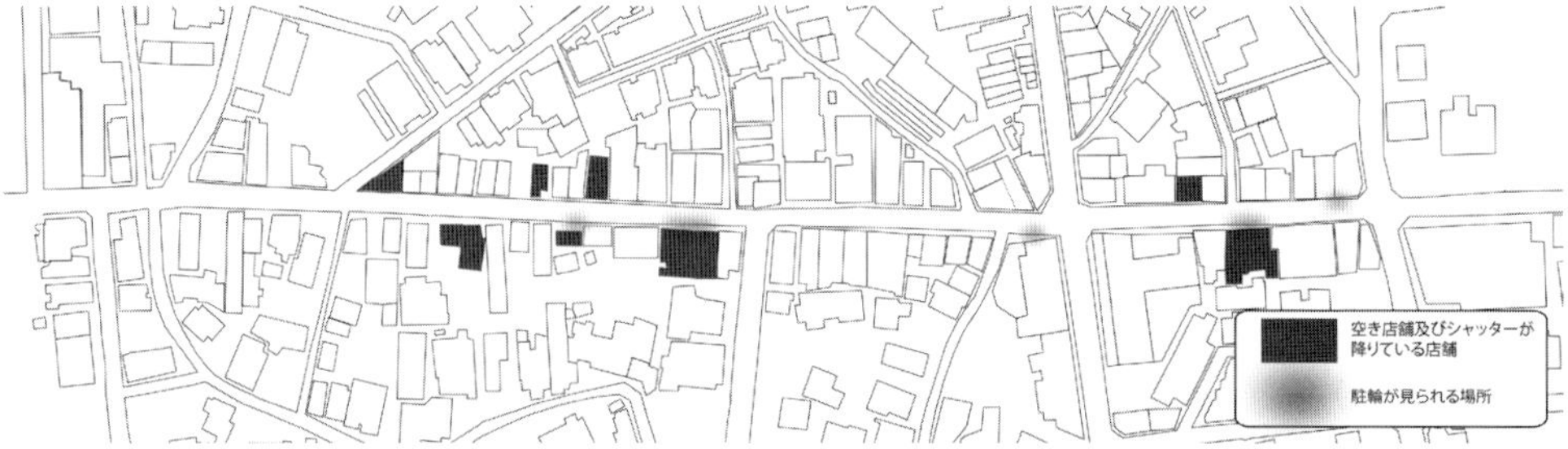

図13 空き店舗と駐輪スペースの関係

影した。その後、写真を見ながら観察当時の状況を想起しエピソードを補った。

（１）　とらやミートーセガミ薬局間

エピソード１：７月５日（火）16時～18時（写真２）

この区間は人通りが多く自転車もよく通る。人通りが多いだけでなく、周辺に自転車が多く停めてあったり商店の溢れ出しがあったりするので、混雑している印象を受ける。また、吉田青果は売り場と販売用野菜置き場が通りを挟んで対面する形になっているため、この２ヶ所を行き来する店員さんの存在もあり、実際に他の場所より人が多いのかもしれない。自転車を押している人もいるが、大抵の人は自転車に乗っている。自転車を押している人には近くの店をはしごしている人が多い。自転車に乗っている人のスピードはバラバラで、周りをキョロキョロ見回しながらゆっくりと漕ぐ人もいれば、商店街を通過するために少しスピードが出ている人もいる。今まで自転車を漕いでいた人も、たまたま吉田青果前が混み合う瞬間に出くわすと、自転車に跨ぎ足で地面を蹴って進んだり、自転車から降りて押して歩いたりするという状態になる。吉田青果周辺を通る人は、通過する人や吉田青果・楡の木・ペルルの買い物客が偶然重なってできる人のかたまりに出くわすと、スピードを落とし少しずつ通過していく。この場所でベルを鳴らす人はいない。そして、ここを抜け出した人は再び自転車のペダルに足を掛け、自転車を漕ぎ始める。歩いていた人々は狭い通路を抜けると不思議と左によけたり右によけたりする。また、グループで歩いていた人たちは狭い通路を抜けると広がって歩く。

吉田青果の売り場と販売用野菜置き場を行き来する店員の存在や路上に停めてある自転車、吉田青果の溢れ出しが、商店街を自転車で通過する人々がスピードを落とす要因になっている。また、吉田青果を抜けた所の八女茶卸店からセガミ薬局の区間は、混雑から解放

写真１　駐輪スペースと化した「空き」

写真２　エピソード１

された自転車が再び漕ぎ出して足早に通り過ぎていく区間のため、一瞬にして「空き」が生み出される。この「空き」は歩行者と自転車というスピードも移動様式も異なる二者が居合わせることで生まれていると考えられ、「空き」を利用して歩行者は広がって歩いていることがわかる。

エピソード2： 6月23日（木）16時～19時（写真3）
20代の母親と4歳ぐらいの男の子はフラワー樹の前で何かを話している。男の子は何かを話しながら向かい側の婦人服屋エムハウスの前へ行き周辺をうろちょろする。路上の真ん中に立ちすくんだりもする。母親はその近くに立ち男の子を見つめる。母親はたまに正面を向く。人が来ていないか確認しているのかもしれない。路上の真ん中に立ちすくんでいた男の子は少しだけ端の方に寄り、突然しゃがみ込んで指で地面をなぞる。母親は更に近寄り男の子を見下ろす。男の子の遊びが終わるのを待っているようだ。男の子は立ち上がり再びフラワー樹の前まで走っていく。母親の、「お花と公園どっちが良いの？」という声が聞こえる。男の子が何かごにょごにょ言う。母親は男の子を抱っこして吉田青果の方へ歩く。帰るのかと思っていたら、ペルルの店の前にあった自転車の後ろの席に男の子を乗せて跨がる。歩きで来ていると思っていたが自転車で来ていたようだ。

以上のエピソードでは、人の動きによって生み出された「空き」が路上の親子の遊びというアクティビティを引き出している。母親が前方からやって来る人を気にしていることからもわかるように、新たにこの場所に自転車がやって来ると母親は子どもを脇によけるか、抱えてよけるということが予測される。このとき、この「空き」は遊びの場所から通行のための場所に変わる。通行が終わると再び母親は子どもの手を離すかもしれない。こ

写真3　エピソード2

のように、人の動きや周囲の状況の変化によって「空き」に見られるアクティビティが流動的に変化していることがわかる。

（２）ロアール美容室―毎熊商店間

エピソード３：７月５日（火）16時～18時

この区間は、ロアール美容室の電信柱付近を除いては、まとまって自転車が停められている場所はない。美野島鯛焼や毎熊商店の買い物客が店先に自転車を置いている姿は見かける。彼らは自転車を目的の商店の壁沿いや溢れ出しに寄せて停めるか、美野島鯛焼と毎熊商店の間の小道の脇の所に邪魔にならないように置き買い物をしている。路上には自転車の他に特別目立った障害物はない。たまに自転車がまとめて通ったり横に広がって歩く人々がいたりして、その瞬間混み合っている印象を受ける。しかし、彼らが通り過ぎると再びスペースができる。自転車は歩行者の隣をゆっくりとしたスピードで通り過ぎるが、混雑すると自転車に乗っている人は足で地面を蹴って進む状態になる。また、ロアール美容室とセガミ薬局の間には自動車が通る道があるので、必然的に自転車を漕いでいる人が降りて自転車を押すという場面も見られる。

商店の溢れ出しも少なく、まとめて自転車を置いている場所もないため、比較的広い「空き」がある。「空き」が広い分、広がって歩く人や自転車の集団が通るといった光景も見られるが、一方で歩行者と安全な距離をとってすれ違うことができ、自転車から降りることなく歩行者の隣を通過することもある。

エピソード４：６月23日（木）16時～19時（写真４）

美野島鯛焼にやって来た、前の席に子どもを乗せた30代くらいの女性は、自転車を鯛焼き屋の正面に寄せて置いた後、子どもを前の席に乗せたまま鯛焼き屋の中に入っていく。子どもの方を向いたが話しかけはしない。その動作は自然で手慣れて見える。子どもは待っている間店の中を一度見たが、後は黙って正面を見つめている。2、3分して母親が戻ってくる。母親は戻ってくると子どもの顔を見て何かを話す。買った物をカゴに入れるとその場から立ち去る。

路上に人が溢れているのではなく、まばらに空間的な「空き」があるため、買い物客や通行人の視線が通り、母親は何気なく子どもを外に待たせておいて鯛焼き屋の中に入ることができた。つまり、路上の空間的な「空き」を通り抜ける周囲の視線が子どもを見守るような働きをしていると考えられる。

（3） 光青果店―田中鮮魚店間

エピソード5：7月5日（火）16時〜18時（写真5）

この区間にはまとめて多くの自転車が置いてある場所はない。通りを挟んで百円村に対面している空き地のような場所には、買い物客の自転車が停められている。主に百円村の客のようだ。それ以外にも、光青果店、百円村、田中鮮魚店の前にも買い物客が自転車を停めている。人通りがないときもあるが、自転車が一気に2、3台通り混み合っているときもある。横一列に広がって歩く人たちもいるし、ベビーカーを押している母親が横に並んで話しながら歩く光景も見られる。歩行者の横を通る自転車は、歩行者の隣を大きく蛇行して通過する。

横一列に並んで歩いている人たちやベビーカーを並んで押している2人組の行動、また、歩行者の横を大きく蛇行して通り過ぎる自転車の行動も路上の「空き」が十分に確保され

写真4　エピソード4

写真5　エピソード5

ているからこそ起こると考えられる。このことから、とらやミート―セガミ薬局間、ロアール美容室―毎熊商店間と比べると、路上の「空き」が大きくなり、歩行者のアクティビティの可能性が開かれていることがわかる。その一方で、歩行者やベビーカーが「空き」を占める割合が多くなると、自転車が遠慮して通るようになる。自転車は歩行者をよけるようにして隅の方を通るが、必ずしも歩行者に配慮してスピードを緩めるわけではない。

また、この区間にも店先に駐輪スペースとしての「空き」がある。次に、店先の「空き」で展開された特徴的なアクティビティを記す。

エピソード６：６月23日（木）16時〜19時（写真６）

自転車を漕いで来た50代くらいの男性は光青果店に近づくとスピードを緩め、店の前で停まる。少しずつ足で地面を蹴って前に進み品定めをする。男性が自転車に跨がったまま足下の溢れ出しの商品を眺めていると、店主らしき人が急ぎ気味に近づいてくる。店主は男性に声をかけ、男性もそれに応える。声のトーンや表情から常連さんかもしれないと予想される。「〜は置いてないの?」と自転車の男性。「それはまだ置いていないですね。」と店主。その受け答えの後、店主が店の中に戻っていく。男性は自転車に跨がったまま待っている。その間、男性の正面から同じように自転車に跨がった40代くらいの女性がやって来る。彼女も足下の野菜を品定めしている。やがて、店主が戻って来てビニール袋を待っていた男性に渡す。男性は笑顔で応え、財布を取り出しお金を払う。男性はビニール袋をハンドルに下げ自転車を漕いで立ち去る。

歩行者が少ないため自転車が入って来ることができ、かつ、自転車が歩行者を気にせず好きに止まったり動いたりすることのできるほどの「空き」があることが、店舗前で自転車に乗ったまま買い物をするというアクティビティを引き出している。歩行者が路上に多

写真６　エピソード６

く居て品定めをしているような場所ではこのようなアクティビティは起こり得ない。

6-3　小結

自転車と歩行者の移動様態が異なることがその場所特有の「空き」を生み出し、その「空き」が人々の様々なアクティビティを引き出していることが窺えた。路上にはある程度固定化された「空き」がある一方で、路上の「空き」のできる場所は周囲の状況に合わせて流動的に変化する。

7　総括

本研究では「空き」という概念に着目し、みのしま商店街で起こる徒歩と自転車によって生まれる様々なアクティビティを「空き」の概念を用いて分析することで美野島地区の特色を読み解くことを試みた。様々なアプローチによる調査結果を「空き」の概念を用い「人」と「場所」の2つの観点から分析した結果、以下のような点が明らかになった。

まず1点目は基本的な知見として、美野島には様々な「空き」が存在しており、その「空き」具合も場所や時間によって様々である。美野島にやってくる人々は刻々と変化する「空き」を見つけ出し、そこに入り込むように流動的に各々のアクティビティを生み出していると考えられる。また、「空き」はそれ自身が流動的に変化するのみならず、そこで起こるアクティビティまでもがさらなる変化を誘発する。

2点目は、流動的な「空き」に歩行者と自転車という異なる2者が混在している点である。歩行者と自転車とではその移動のスピードが異なり、その両者が混在することで時間や場所によって密度が大きく変化する。このような変化は歩行者優先、あるいは自転車優先の空間では起こりえない現象であるといえる。

以上のように、様々な「空き」具合を有する場所が1本の通りに存在することで流動的変化の起こりやすい環境がつくられているということと、そこに歩行者と自転車という両者が混在することでさらなる流動的な変化を生じさせている点が美野島地区の特徴であると考えられる。美野島地区には「空き」に対して働きかけるアクティビティが絶えず起こる状況がみられ、これが美野島地区の潜在的な魅力のひとつと言える。これが私たちの読み解いた美野島である。

アーバンデザインセミナー2010　都市理解のワークショップ

上書きされた都市

課題趣旨

姪浜地区は、元々は、唐津街道の宿場として栄えた町であり、その南側には豊かな田園風景が広がっていた。それが高度成長期以降には、「室見川の向こう側＝都市の西端」として、複数の郊外団地が開発され、その周りの農地も次第に住宅や商店へと転じていった。1980年代に地下鉄姪浜駅ができると、より西方の郊外へのターミナルとしての駅前地区が形成された。近年には、区画整理による計画的なまちづくりにより住宅地開発が進み、西区で2番目に人口の多い地区となっている。整備された道沿いには、背の高いマンションやショッピングセンターの看板が並び、その景観は一変した。さらに、従来の地域のまとまりの真ん中を、福岡都市圏の西方への拡張を導く高速道路が都市的スケールで通り抜けている。

こうして、姪浜地区では、時代や目的によってそれぞれ異なる空間づくりの技術を用いながら、あたかもハードディスクのデータをオーバーライトするように、何度もその風景が上書きされてきた。

これまでこの課題で取り上げてきたのは、大名や箱崎地区などの固有の歴史とアクティビティのある街、あるいは逆に、無機質な景観が連続する郊外であった。しかし、風景が上書きされ続けてきた姪浜地区は、そのような一つの明快な都市像を持たない。一方で、このような地域が、市内で特に人気のある住宅地となっているのである。

はたして、姪浜地区は、ただ乱雑な要素が入り交じる空間なのであろうか。あるいは、21世紀の新たな都市居住の場として、何らかのポテンシャルをそこから読み取ることが可能なのであろうか。従来の概念にとらわれない、挑戦的な都市解読を期待したい。

対象地：福岡市西区姪浜地区

2010年当時の現地写真

商業施設から見る姪浜地区の変遷と展望

井上智映子／瓜生宏輝／長谷川伸

1　はじめに

1－1　研究の背景

姪浜地区は、かつて商船で栄えた商人町と漁業を営む漁師町、さらには唐津街道の宿場町が共存する中で繁栄を続けてきた。近年においては、埋立地で大型のアウトレットモールが開業し、姪浜駅南側では土地区画整理事業による計画的なまちなみが形成され、北部では一戸建ての閑静な低層住宅地や海に開かれた中高層住宅地として良好な住環境が整備されている。さらに今後は、福岡市中心部と西を結ぶ交通ネットワークの拠点性を生かして、九州大学の移転にともない学生街として発展していく可能性も秘めている。

このように、地域ごとにそれぞれ異なった顔とプロセスを持つ姪浜地区において、都市型、郊外型の要素が日常生活圏に集積することで、魅力ある都市を形成する要因となっていると考えられる。また、大通りの大型店舗の裏側には小規模なヒューマンスケールの店舗が点在しており、これもまた魅力のひとつであるといえる。さらに、歴史と文化が息づくなかに、地域性を活かした新しい要素が介入している光景も味わい深い一方で、変化に対応しきれていない地域に対する意識は、ますます希薄になっている。そのようななかで、人々の日常生活では、様々なタイプの店舗利用のパターンが展開され、それぞれ姪浜地区に対する独自の印象を形成していると考えられる。

1－2　研究の目的

本研究は、姪浜地区が変化を遂げるなかでの商業施設と利用者の実態を捉え、将来を見据えた考え方を提示することを目的とする。具体的には、以下の3点を主な観点とする。

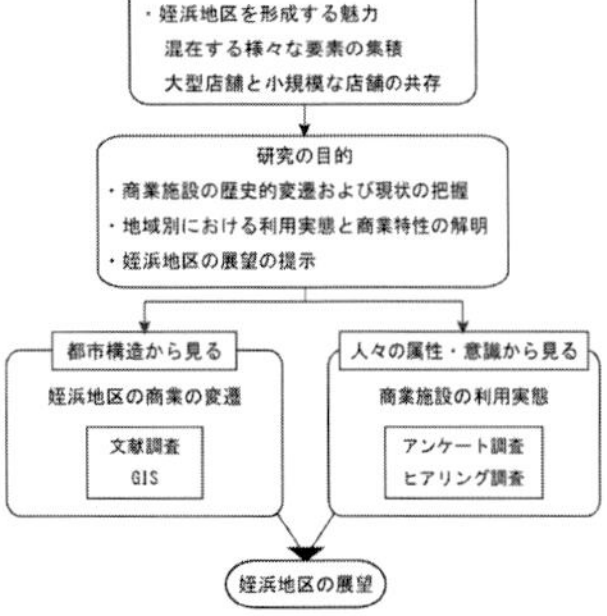

図1　研究のフロー

（１）商業施設の歴史的変遷および現状の把握

姪浜地区における商業施設の立地環境や集積傾向に関する歴史的変遷を辿り、現在の立地傾向を捉えることで、商業特性に対する姪浜地区の全体像を見出す。

（２）地域別における利用実態と商業特性の解明

現地調査によって、商業施設に対する人々の利用実態、居住や商業特性に関する地域ごとの特徴を明らかにする。

（３）姪浜地区の展望の提示

以上の結果をもとに、姪浜地区は今後どうなるべきか、何が必要であるかを考察する。

１－３　研究の方法

まず、各地域における現在の施設立地を把握するため、Ｉタウンページのデータを取得できる自動検索くん２（ＡＩＣＯＭＰＵ）を用いて各種商業施設を抽出し、ＧＩＳソフトに統合する。また、経済産業省による商業統計などの統計資料や施設データ、各種文献を用いて、それらの歴史的変遷や立地傾向を捉える。次に、居住者の商業施設利用の実態と意識を明らかにするために、来店者や営業者、街頭でのアンケート調査およびヒアリング調査を行う。さらに、調査結果で得られた回答をもとに対象区域を指定し、ヒアリング調査を通して、将来像への手がかりを模索する（図１）。

２　姪浜地区の商業特性

２－１　商業統計による変遷

１９８８年から２００７年にかけての商業統計調査結果をもとに、年間商品販売額、売場面積の変遷を示す（図２・図３）。なお、２００３年に姪浜町から姪浜駅南、愛宕南、内浜１丁目に名称変更されており、２００２年以前の内浜は2丁目のみのデータを用いた。

小戸、福重では年間商品販売額は増加を続けており、それに対応して売場面積も拡大し

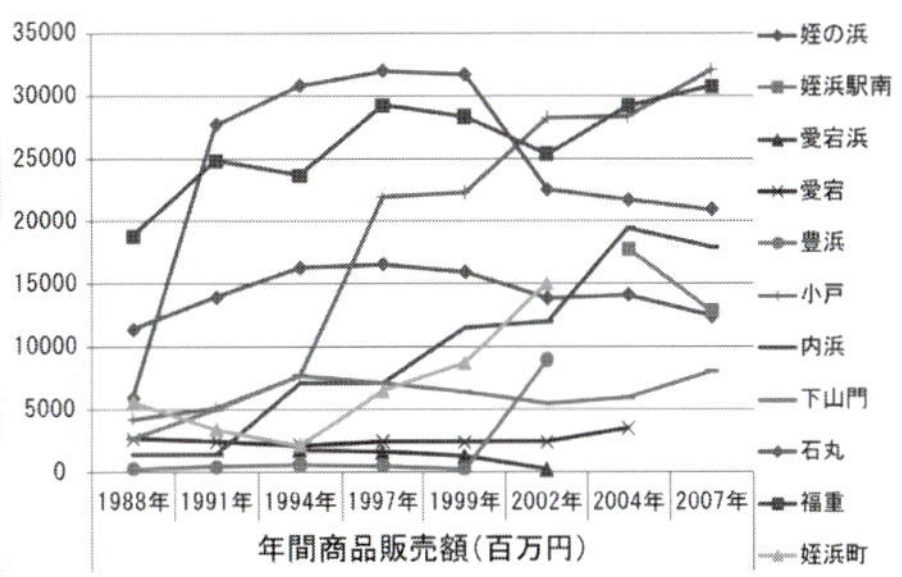

図２　年間商品販売額の変遷

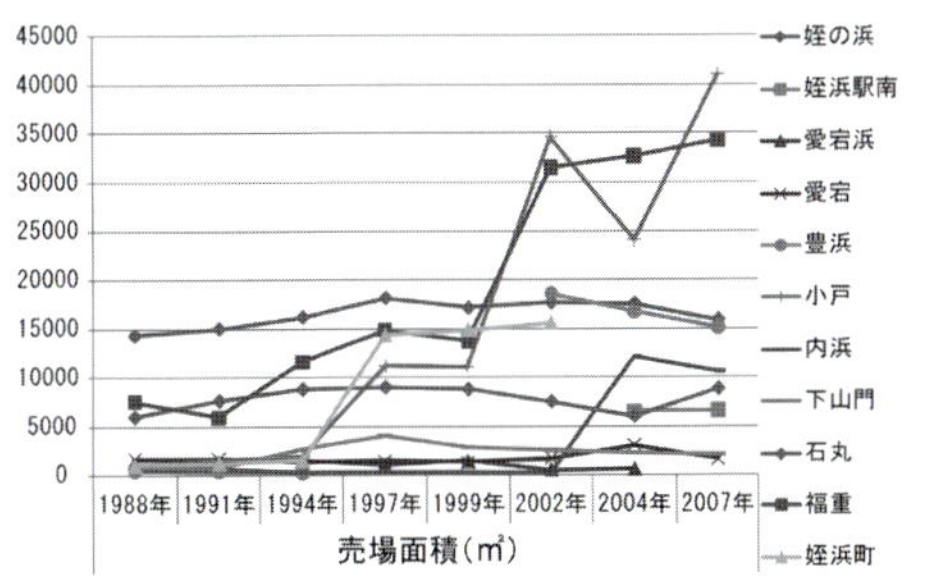

図３　売場面積の変遷

ている。一方、姪浜における年間商品販売額は、ほぼ横ばいであるが、近年減少傾向にある。また、これまで非常に高い値を示していた石丸では、大幅に減少している。これらは、売場面積はあまり変化しておらず、年間商品販売額を見込むためには、大型店舗による売場面積の確保が重要であることが窺える。したがって、１９９６年の姪浜町におけるウエストコートや、２０００年の小戸におけるマリノアシティ、豊浜におけるマリナタウン等の開業は、地域のみならず周辺の商業特性に決定的な作用を生み出していると考えられる。

２‐２　商業特性の分布比較

　１９８８年と２００７年の年間商品販売額および売場面積に関して、地図上に色分けによって示した（図４）。さらに、１９９４年と２００９年における大型小売店（店舗面積１，０００㎡以上）を抽出し、それらの上に分布させた（図５）。

　１９８８年および１９９４年には、唐津街道を有する姪の浜３丁目や、姪浜駅から南部へ延びる道路沿線において、年間商品販売額と売場面積のそれぞれが高い値を示す。また、全体として大型小売店はあまり見られず、５，０００㎡を超える店舗は立地していない。

　一方、２００７年および２００９年には、かつて唐津街道周辺に形成されていた歩行者中心の商業施設は希薄化し、周辺に自動車利用に対応した大型小売店が相次いで立地している。その結果、分散した複数の拠点が、かつての賑わいの中心とは異なる部分に出現している。売場面積が１０，０００㎡を超える地域には、姪浜地区の北部にはマリノアシティ、マリナタウンが立地しており、姪浜駅の南部にはウエストコートが立地している。また、福重でも大型小売店の集積が見られる。これらはそれぞれ都市計画道路の沿線であり、大規模な駐車場を確保した上で、自動車利用を前提にしている傾向が強い。

２‐３　商業施設の立地傾向

　姪浜地区における現在の商業施設立地を把握するため、小売店および飲食店を抽出し、地図上に分布させた（図６）。小売店は、主に幅員の広い道路に面して立地するほか、唐

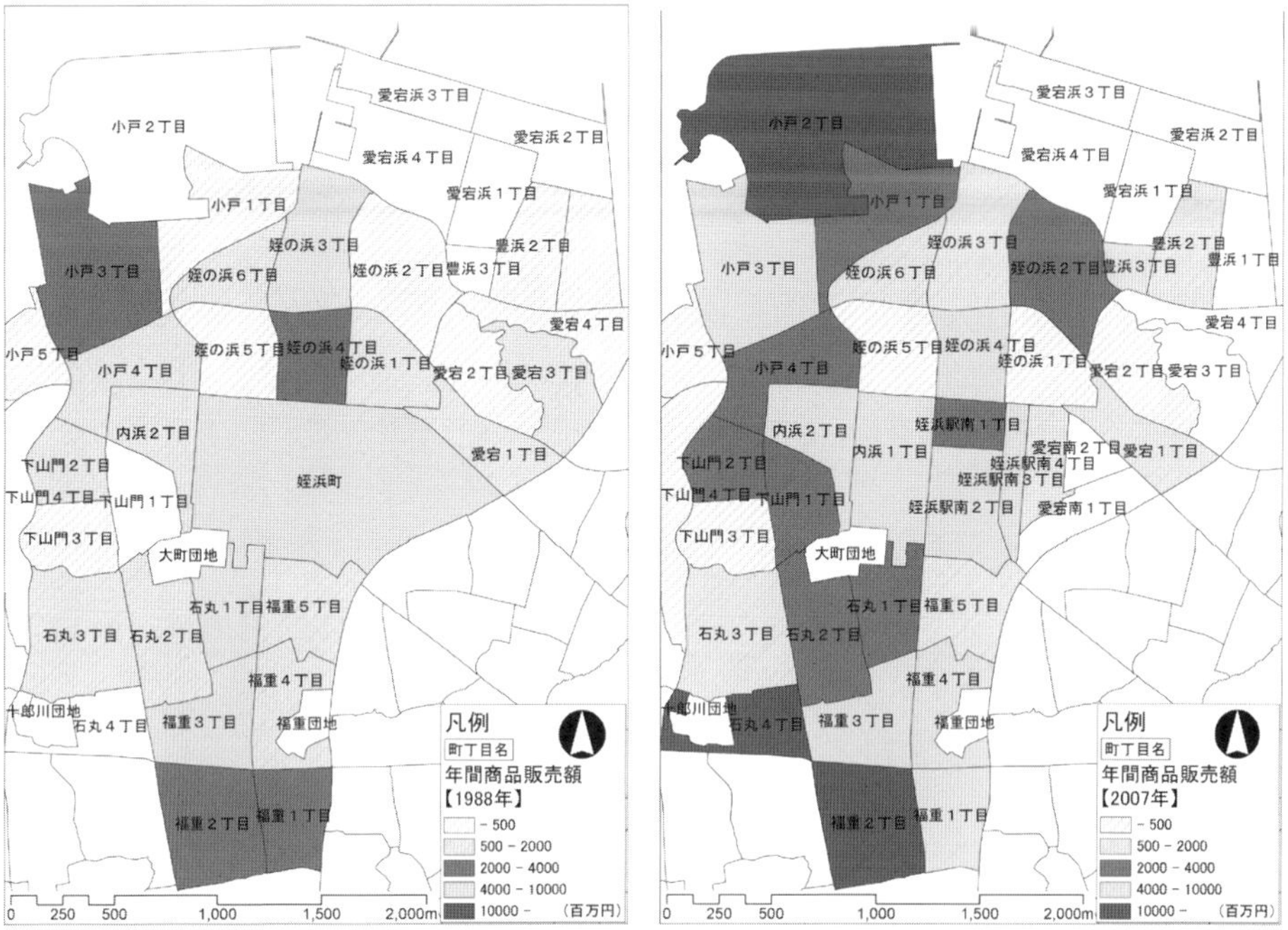

図４　年間商品販売額の分布比較

図５　売場面積および大型小売店の分布比較

津街道においても集積が見られる。しかし、スーパーマーケットやコンビニエンスストアなどは、唐津街道周辺での立地は見られず、一方で、従来の雰囲気を留めた店舗の集積が見られる。また、食料品店は全体に分散しており、付近の住民を対象にしていると言える。飲食店も、小売店と同様の部分に集積する傾向が見られる。スナックや居酒屋などは主に駅の北部に広がって立地しており、駅からの徒歩圏内に位置している。また、ファストフードは他の商業施設内で営業する傾向が強く、幅員の広い道路に面しているのに対して、喫茶店などは比較的狭い道路にも数多く立地しており、喧騒から離れ独自の雰囲気を獲得するものとなっている。したがって、このような店舗は、大型小売店とは一線を画する魅力を持つ可能性があると言える。

2-4　小結

地域レベルにおける商業特性を中心に見てきた。モータリゼーションに伴う道路の整備と大型小売店の立地によって、従来の集中的な賑わいは反転し、拡大分散していることが

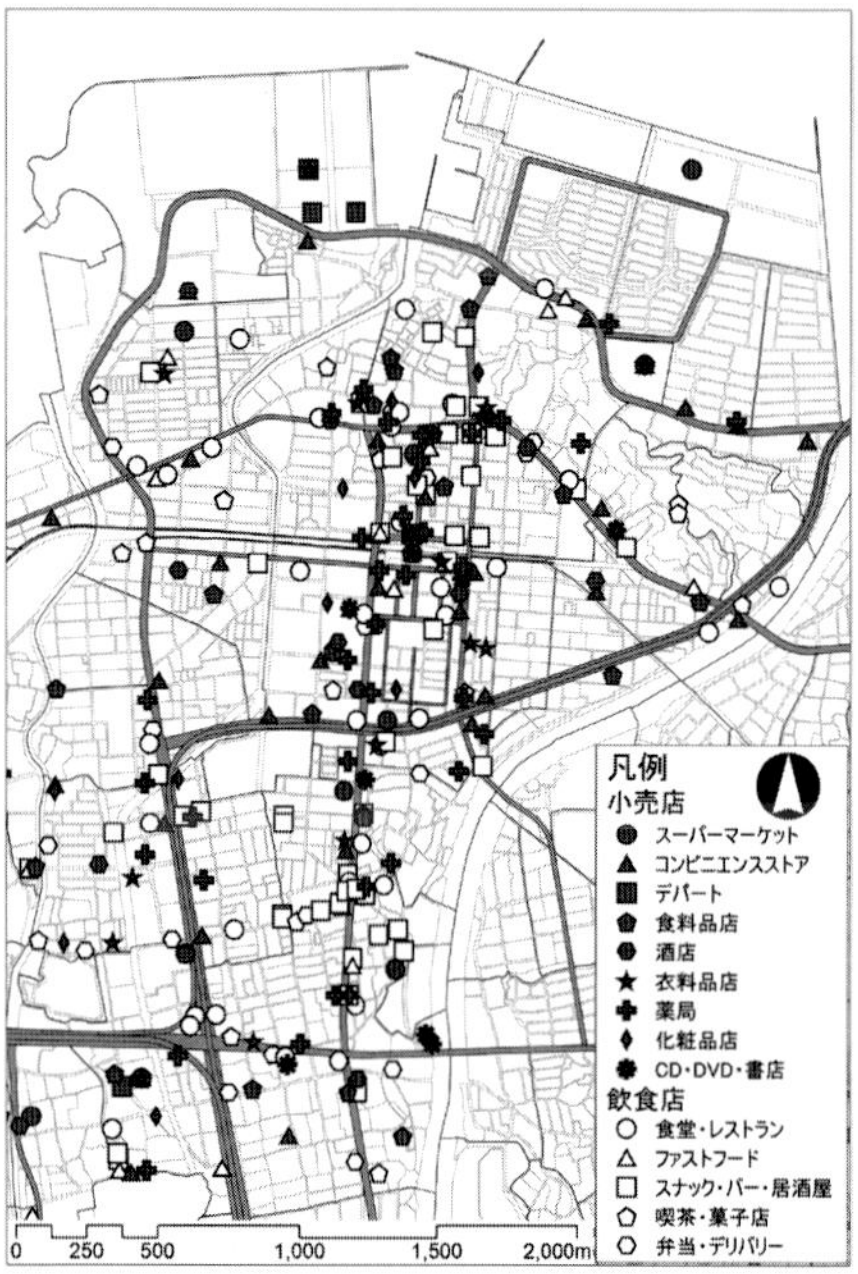

図６　小売店および飲食店の分布

窺える。また、それによって大規模小売店の拠点性が増し、姪浜駅や唐津街道といった中心性の実態は感じにくいものとなっている。

3　商業施設の利用実態

3－1　アンケート調査

姪浜地区での居住者と来街者の属性・意識を解明するために、商業施設への来店者や営業者、また街頭でのアンケート調査を行った。買い物に利用する場所と頻度、交通手段などを質問し、居住者の地区内の商業施設の利用状況を把握する。

①街頭・来店者アンケート回答者：愛宕浜居住者4組、姪浜唐津街道周辺18組、姪浜駅付近7組、姪浜大通りロードサイド14組、ウエストコート内11組、マリノアシティ内11組

②営業者アンケート回答者：姪浜唐津街道内2店舗、姪浜大通りロードサイド2店舗、姪浜駅南1店舗

アンケートによって得られた主要な商業施設を7店舗抽出し、商業施設別に来店者の属性や目的、交通手段などの傾向を図7と表1に示した。さらに、アンケートを行った場所の街頭者が利用する商業施設と駅からの距離、交通手段を図8に示した。

3－2　街頭者の利用傾向

姪浜北地区、唐津街道（姪の浜2、3、6丁目）での街頭者は主に徒歩で移動し、姪浜の北から南まで幅広く買い物に出かけている。一方、姪浜駅周辺、ウエストコート、姪浜大通りでの街頭者は主に駅南の商業施設を利用し、普段から駅より北の西鉄ストアや唐津街道へは移動しないと答えた人が多く、唐津街道の認知度の低さも目立った。しかし、更に北のマリノアシティ、マリナタウンには出かけるという傾向がある。

以前は商業の中心地だった唐津街道は姪浜駅からも近く、駅南を中心に生活している居住者の徒歩圏での行動範囲内にも位置する。しかし、現在姪浜居住者に上手く利用されて

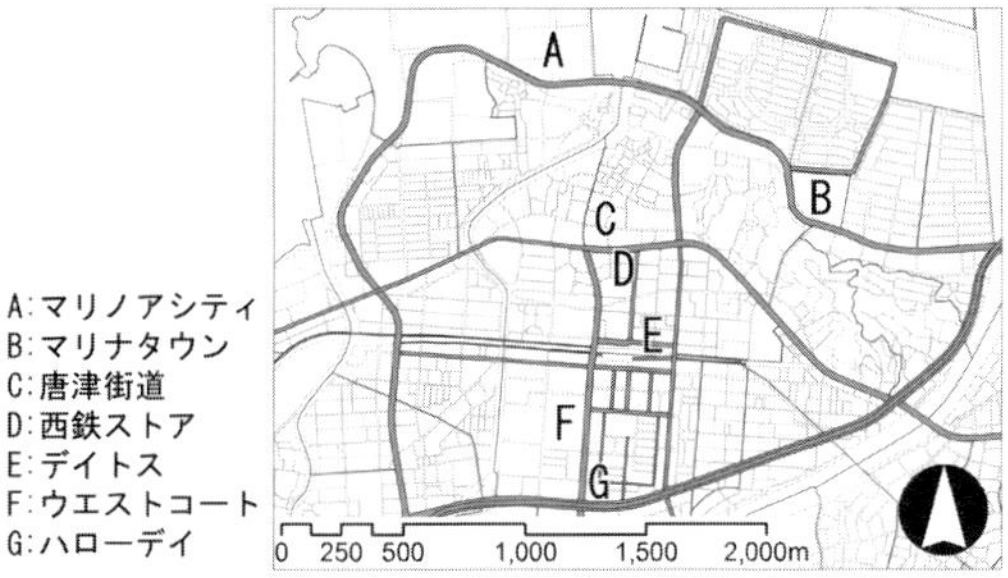

図7　主要な商業施設

いないという実態が明らかになった。そこで、唐津街道における問題点を明らかにするため、唐津街道の居住者、営業者に焦点を当ててヒアリングを行った。

3-3　唐津街道ヒアリング調査

（1）九州大学学生（学部1年男性）居住地：姪の浜3丁目、居住年数：3ヶ月

この春から九州大学伊都キャンパスに電車とバスを乗り継いで通学している。普段の買い物は一番近い西鉄ストアに徒歩で行く。近場には自転車を使用し、マリノアシティやTSUTAYAにも行く。住み始めて浅いので姪浜にある店はまだよく知らない。唐津街道の存在も知らず、毎日通るが買い物はしない。姪浜は店が多く、天神にも出やすく家賃も安いのでこの場所にアパートを借りることにした。

（2）主婦（30代）居住地：姪の浜2丁目、居住年数：5ヶ月

食料品はグリーンコープに頼んでいるので、その補充として週に2度ほど、家に一番近いマリナタウン内のダイエーに徒歩で買い物に行く。マリノアシティには車で行く。外食はあまりしない。糸島の海沿いのレストランでランチをするのが好き。毎日犬の散歩で海

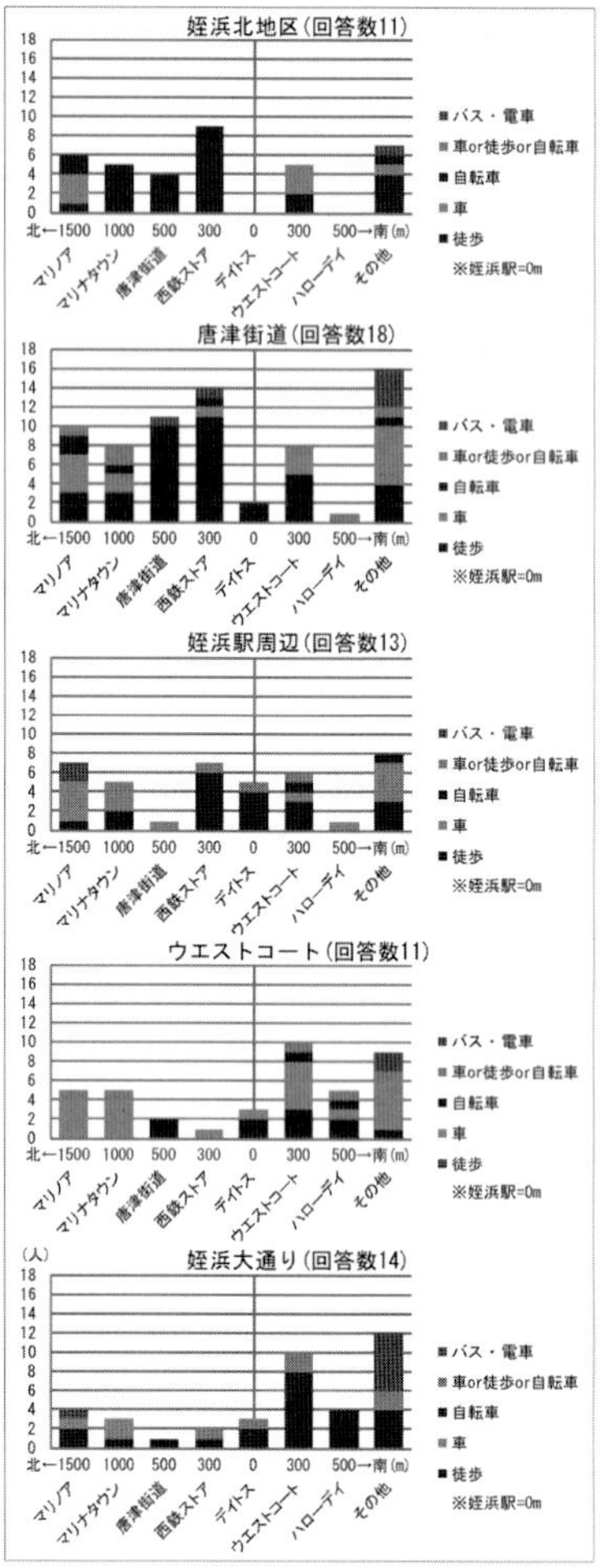

図８　アンケート調査結果

表１　商業地別街頭者の特性

調査	属性							
場所	年齢	性別	職業	居住地	目的	交通	頻度	備考
マリノアシティ	10代～40代。とくに若者が多い。	男女問わず。カップルやファミリー、主婦が一人でなど。	学生や会社員など、様々	地区内の客より、県外者の客が目立つ	洋服など。普段の買い物ではない。	車がほとんど	頻繁に来る人は少ない。	平日駐車料金無料。福岡の買い物スポットとして訪れる
マリナタウン	10代～60代	女性	主婦が多い。中学生なども	愛宕浜、姪の浜2丁目の居住の主な買い物場所。ほかに駅南の居住者、姪浜地区以外の居住者も訪れる。	ダイエーでの日用品、食品が主。外食、洋服なども	車が多いが、地区内の居住者は徒歩、自転車も多い。	ダイエーを目的としてる人は頻繁に利用。	
唐津街道	圧倒的に高齢者が多いが、若者も通る。	女性が多い。ベビーカーをひく若い女性も多い。	主婦が多い。学生も通学路として使用。	姪の浜1～3丁目など、近場が目立つ。	八百屋、味噌屋、外食が主。通過するだけの人も。	徒歩がほとんど	頻繁に来る人と、全く行ったことがない人と、両極端。	歴史性がある。以前に比べて活気が減った。
西鉄ストア	高齢者の利用が目立つ。	女性が多い	主婦が多い	主に駅より北の居住者	日用品、食料品	徒歩と自転車と車	普段の買い物としての利用のため頻度は高い。	
デイトス	様々	男女問わず	様々	駅より南	駅を利用したついでの買い物	徒歩が多い	たまに利用する人が多い。	
ウエストコート	子供から大人まで。様々な店舗が入っているため。	男女問わず	様々	駅南から駅北の人も利用	サニーで日用品、食料品など普段の買い物。外食、ホームセンターなども。	遠方の人は車で。徒歩や自転車利用も多い。	普段の買い物として利用する人が多く、頻度は高い。	駐車場が広い
ハローデイ	20代～60代	女性が多い	主婦が多い	駅南の人の利用が多い	日用品、食料品	徒歩が多いが、自転車、車利用もあり。	高い	

浜公園に行って浜辺を歩く。天神には主婦になってから行かない。服は唐津街道内のＰＩＰＳ内のＣｏｎｂｒｅという店に行く。その他唐津街道内にはコトノヤという雑貨屋に行く。姪浜に来てまもないが、スーパーと海が近く、住みやすい。唐津街道に飲み屋などが入って栄えてほしい。

（３）唐津街道内飲食店店主（60代男性）居住地：糸島、開業年数：６年

カウンターのみの大衆飲食店。客層はサラリーマンや学生が多く、21時以降に忙しくなる。駅から南は区画整理されたが駅より北は取り残され高齢者ばかりになってしまった。商店街を活性化させたいと活動している人もいるが、具体的な試みをしていないのでは。商店街内の閉めたお店を、外見には手をつけない条件で若者に貸店舗として提供してはどうだろうか。昔の街並みを保存しつつ活性化していってほしいと思っている。

４）唐津街道内化粧品店オーナー（70代女性）開業年数：50年

客層としては、主に高齢者が徒歩で来る。ウエストコートができて駅南の人が来なくなり、マルショク、マルキョウが無くなったことで、人通り自体が少なくなった。マリノアやマリナタウンは少し遠いため、影響があるかはわからない。唐津街道内は後継者のいる店舗が少なく、やがて確実に閉められる。空き店舗になっているものでも、実際に空き家になっているものはほとんど無い。行政の補助がないと歴史的な町並みの保全は難しい。今後飲食店や若者向けのお店が必要だが、我々の店舗への購買力につながらないのでは。

３－４　唐津街道に対する認識

唐津街道近辺に居住する２名の居住歴はどちらも浅いが、大学生は唐津街道の存在も知らず、通過するだけであるのに対して、主婦は姪浜地区内の商業施設を幅広く活用し、唐津街道の店舗も意識的に利用している。また、唐津街道内の営業者から活性化を求める声を多く聞かれた。飲食店や雑貨屋など、古い町並みの景観を壊さないような小規模な店舗の展開を期待しているようだ。一方で、古くからの営業者で、かつての賑わいを知ってい

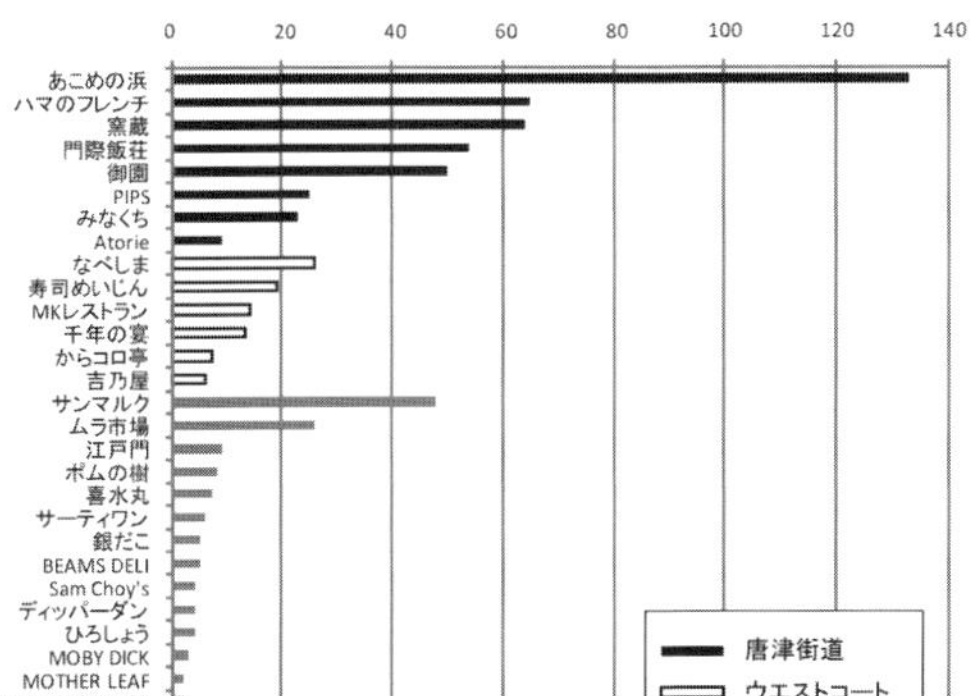

図９　ブログヒット件数

るからこそ、もはや活性化は不可能だと消極的に考えている声も聞かれた。

３－５　ブログによる店舗の利用意識

姪浜における商業施設利用と意識に関して、情報提供手段のひとつであるインターネットを利用して概要を把握する。グーグルでキーワード「店舗名　姪浜」をブログ検索し、ヒットした件数を抽出した（図９、２０１０年７月７日時点）。ここで検索対象としたのは、商業集積地である唐津街道、ウエストコート、マリノアシティのいずれかに位置する飲食店である。

ロードサイドのウエストコートや大型小売店であるマリノアシティにおいて、来店者は多くいるが、ブログのヒット件数は少ない。一方、唐津街道を通行する人は疎らであるが、ヒット件数は多くなっている。

ウエストコートやマリノアシティはチェーン店が多いが、唐津街道の飲食店はこだわりを持ったおしゃれな店舗が多く、それぞれが他店と異なる魅力を持っている。このように、唐津街道にはブログに書きたくなるような魅力的な店舗が点在していると考えられる。

３－６　小結

アンケート調査では、姪浜地区において唐津街道があまり認識されていないことが分かった。また、唐津街道に焦点を当てて行ったヒアリング調査では、唐津街道をまったく知らずに利用しない人がいる一方で、上手く使いこなしている人もいることが分かった。さらに、グーグルで飲食店のブログ検索を行ったところ、唐津街道に位置する店舗のヒット件数が多く、魅力的な店舗が多く位置していることが分かった。

４　唐津街道の展望

以上の調査結果から、姪浜地区の将来像を展望する上で要となる地域は、唐津街道であると考えられる。そこで、唐津街道に焦点を当てて考察を行っていく。

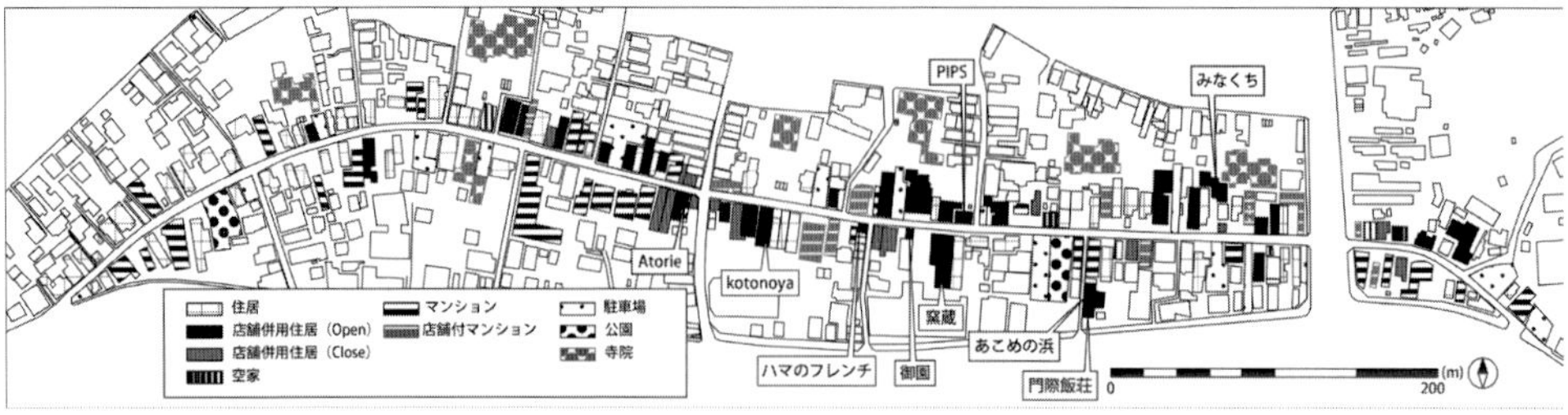

図10　唐津街道の現状

4-1　唐津街道の現状

唐津街道の現状を把握するために、沿道店舗の調査を行った（図10）。

ここで、店舗部分はシャッターが閉められており営業していないが住居部分に人が住んでいる建物を「店舗併用住宅（Ｃｌｏｓｅ）」、人が住んでおらず使われていない建物を「空家」として区別し、メーターが動いているか、カーテンが取り付けられているか等を基準に判断した。なお、3-5で抽出した飲食店、および4-2でヒアリング調査を行った店舗をプロットしている。

かつて、地域の核となる商店街として賑わいを見せていた唐津街道であるが、現在はあまり人がおらず昔の面影は無くなってしまった。しかし、意外と空家は少なく、店舗部分で営業しなくなった人も、背後にある住居部分に住んでいる人が多いようであった。また、ここ2、3年の間に、古い建物を活かしてファサード部分を改変したような、若者を対象とした店舗が増加している。

4-2　ヒアリング

唐津街道において、前述のようなファサードを改変した店舗が構成され、かつ店舗や営業にこだわりを感じられる4店舗を抽出し、ヒアリング調査を行った。

(1)　コトノヤ（雑貨屋）開店年数：2年半、オーナー居住地：愛宕浜（写真1）

唐津街道内の2階建てビルの1階部分に店を構える。店内は薄暗く、隅々に雑貨が飾られ、どこからどこまでが売り物か見分けがつかない。もともと酒屋だった店内の内装は夫婦2人で手作業で行った。店舗の運営は奥さんが一人で行っていて、リースやドライフラワーなど商品の半分以上は奥さんの手づくり品が並ぶ。

「客層は、20代から60代くらいまで幅広く、女性の方がほとんどです。一人でやっていますので、お客様を増やす宣伝とかはあまりしてなくて、雑貨が好きな方が定着してくれればと思っています。お店の中でこの間アコーディオンコンサートも行いました。夏

写真1　コトノヤ

写真2　ＰＩＰＳ

から店の奥のほうで小さなカフェを始めます。ゆっくりマイペースでお店を続けていくつもりです。もうちょっと人通りが多くなってくれればいいんですけどね。」

（２）ＰＩＰＳ（カフェ＆バー）開店年数：２年、オーナー居住地：下山門（写真２）

１００年前に郵便局だった建物を、ほぼオーナーの手作りでプロヴァンス風のカフェ＆バーに生まれ変わらせた。

「この場所は雰囲気がいいですよね。現実から離れられる場所っていうか…レトロな町並みですよね。花屋とか雑貨屋ができて、若い人がもっと歩いてほしいです。」

（３）ハマのフレンチ（カジュアルフレンチ）開店年数：10ヶ月（写真３）

本格フランス料理店で長年修行したご主人が独立。もともとバイク屋の倉庫だったが、おしゃれなフランス料理店に生まれ変わって２００９年９月にオープンした。特にランチの時間は主婦層でにぎわっている。

「駅北はこれから注目されると思います。雰囲気も場所もいいので。歴史的な町並みと融合できるお店が増えてほしいですね。誰かが起爆剤となって唐津街道を盛り上げていければいいですよね。」

（４）あこめの浜（お好み焼き、とん平焼き）開店年数：２年半、店長居住地：東区（写真４）

今宿にある門際飯荘の２号店として、もともと古民家だった建物をオーナーが改装、古民家の古さを残した昭和の香りのするお店である。

「お客さんは女性の方が多いですね。女性はサラダが好きみたいで、よく注文されますよ。最近ランチも始めたんですけど、絵画を習っているようなマダムも来られますね。食材は唐津街道のお店で買っているものもあります。地産地消みたいな感じですかね。」

５　おわりに

以上、変化を遂げ続ける姪浜地区において、地域によって異なる様相が現れる商業施設

写真３　ハマのフレンチ

写真４　あこめの浜

に焦点を当て、姪浜地区に潜む魅力を探った。商業特性の変遷、現在の具体的な商業施設の立地の把握、さらに利用者の実態と意識を調べたところ、唐津街道に対する希薄になった住民の認識とは対照的に、「こだわり」という要素を見出した。そして、古い建物を活かした改変という建築的操作によって、時間の経過にともなう商業や町並みへの作用を考察した。

唐津街道の歴史的な息遣いや地域らしさを損なうことなくストックを保全するために、「地産地建」、材料の選別、環境への配慮などによってこだわりの店舗に転換していくことで、今後の変化に対して唐津街道のポテンシャルを十分に引き出すことが可能となると思われる。その中で、住民から遠い存在となってしまった唐津街道は、歴史的な文化が根づく風土を引き出しながら、姪浜地区全体に潤いを与える固有のスポットとなっていくことが期待される。そして、今後増加すると考えられる唐津街道のストックに関して、活用策の不明瞭な今だからこそ、地区の将来像を提示する必要性があるだろう。

参考文献

1　福岡市総務局総務部統計課編『福岡市の商業　商業統計調査結果』(福岡市総務企画局企画調整部統計調査課、1998、1991、1994、1997、1999、2002、2004、2007年)

2　長野麻理子「広島県宮島町厳島神社門前町における町並み保全に関する研究―空家・空地の発生プロセスからみた持続的な居住環境づくりの課題―」(日本建築学会学術講演梗概集、2007年)

3　西岡絵美子「郊外戸建住宅地における空家とその管理状況の実態―千里ニュータウンを対象にして―」(日本建築学会学術講演梗概集、2008年)

4　沈瓊「都心部における路面店ファサードの類型化とデザインの方向性―中国の南京市と日本の福岡市の比較を通して―」(九州大学学術情報リポジトリ、2010年)

旧唐津街道姪浜宿周辺における旧14町の空間特性

石神絵里奈／酒見浩平

1　研究の背景と目的

姪浜地域の旧国道２０２号以北（以下、旧姪浜宿周辺地区）は、江戸時代に北九州と唐津を結ぶ唐津街道の宿場町として栄え、現在福岡市内でも有数の歴史的環境が形成されている地区である。平成19年（２００７）には、唐津街道姪浜の魅力を発信し、多くの人たちが訪れるまちを目指して「唐津街道姪浜まちづくり協議会」が設立され、地元住民と地域以外の人々が一体となって、歴史や文化を活かしたまちづくりと地域活性化を推進している。しかし旧姪浜宿周辺地区の歴史は唐津街道沿いだけではなく、名柄川の河口付近では古くから漁業が営まれており、中・近世期に純粋な漁村として発展してきた。また大正3年（１９１４）に早良炭鉱の採掘が始まり、昭和の始めには炭鉱町として栄えてきた歴史もある。このように旧姪浜宿周辺地区は、過去から現在にかけて人々が営んできた、様々な生業の歴史が積み重なって形成された地区であるといえる。

そこで本研究では、今日までの旧姪浜宿周辺地区で営まれてきた「生業」に着目して姪浜の歴史を解読し、それぞれの生業によって形成された空間の特性を読み解くことで、旧姪浜宿周辺地区の魅力を発見することを目的とする。対象地区は姪浜地区の北側である旧姪浜宿周辺地区とする。なお、本地区はまちづくり協議会の活動区域でもある。

2　姪浜地区の歴史的概要

2－1　「姪浜」の由来

「姪浜」という地名の起源を辿ると、「紀元８６０年12月４日、神功皇后三韓より御凱旋の時、当地の濱に上陸し給い、袙《あこめ》を干させ給いしより、袙濱と称え来つて居たが、何れの頃よりか、姪濱と呼ぶようになった。いわゆる袙は袙衣の略にして、女人身に近づくる衣であったが、転じて袙を着たる女の称となって居たこともあって、姪濱と転じたようである」と『早良郡志[1]』に書かれている。

？－２　中世

中世以前、姪浜はすでに姪浜浦として漁村集落が存在していた。743年に姪浜住吉神社が旧西網屋町に建立されていることからも[注1]、当時の集落の中心は名柄川河口辺りであったと推察できる。

中世には、鎌倉幕府により元寇後の九州防衛強化と九州支配の機関として鎮西探題（愛宕山）が置かれ、九州の国府として繁栄を極めていた。戦国時代の姪浜は、早良六郷の中の田部郷に属していた。豊臣秀吉が肥前名護屋に行く途中、長垂海岸にこんこんと湧き出る石清水を見つけ、生の松原で茶会を行っていた[2]。

？－３　近世

江戸時代初期には唐津街道が整備され、姪浜宿は筑前21宿のひとつとして、長崎・唐津・平戸方面への交通の要衝として栄えた。街道沿いには藩の御茶屋跡があり、黒田藩主の別荘として、また参勤交代時の唐津藩主や幕府の要人、長崎奉行の宿泊に当てられた。この時期には戸数も1，000戸を超え、海辺には船入場もあり、他国からの船舶も入港していた。また、小戸周辺には広大な塩田が広がり、良質な塩がつくられていた（図1）。

？－４　近代

明治に入ると、これまで行政上区別されていた姪浜浦と姪浜村が「姪浜村」として統合された。明治維新後、衰退の兆しがみられたものの、明治9年（1876）には調所が姪浜に置かれ、町勢は挽回した。しかし明治17年（1884）に行政区画が改正され調所が今宿に移されると、町勢は再び衰退傾向となった。

図1　江戸時代に描かれた姪浜の図

出典：姪友会『姪浜とその周辺　私たちが育った町』２００２年

表1　職業別戸数の変遷[1]

年	農	漁	鉱	工	商	雑	無職	計
M22	237	68	0	102	237	141	5	790
M30	186	69	0	107	241	198	2	803
M35	174	70	0	108	217	246	0	815
M40	103	70	0	102	151	397	4	827
T1	161	72	0	101	185	310	2	831
T6	164	69	450	96	272	529	0	1580
T10	141	95	1463	169	419	388	9	2684

明治以降の生業に着目すると、明治初期の生業としては農業、漁業、工業、商業などが盛んであった。その生産物のうち「魚類」と「塩」による利益が最も大きく、姪浜の年間生産高の4割を占めていた。町勢の発展に伴って商業戸数は次第に増加し、界隈の商業の中心地となった（表1）。特に魚類の行商が最も多く、続いて菓子小売商、荒物商が続いている。工業の主なものは石材採取、漁網製造等である。

一方で明治18年（１８８５）には姪浜の地下に有望な炭層があることが発見され、明治45年（１９１２）から採掘開始、大正3年（１９１４）には姪浜鉱業株式会社が設立された（図2）。炭鉱業が盛んになるにつれて炭鉱従事者も増え、炭鉱住宅の建設が進み、商業もますます盛んになった。当時、唐津街道や魚町通り周辺には１００軒ほどの商店が軒を連ね、花街も形成されたと言う[注2]（図3）。炭鉱の最盛期は昭和8年（１９３３）頃で、鉱員数は２，２００人を超え、家族を含めると8，０００人にまで上った。その一方で、それまで盛んだった漁業は徐々に衰退していく。

また、名柄川以西の塩田は明治36年（１９０３）と大正8年（１９１９）の2度に分けて耕地整理が行われ、12万坪が田んぼとなった（図4）。土質は中以下で、決して良質な米が獲れたわけではなかったが、灌漑用水に恵まれていたため、町の周辺は農業が盛んで、裏作として麦や菜種が栽培されていた。しかし、炭鉱の採掘鉱害による地盤の陥落などにより、農地として不適切な場所が大部分を占めていた。

交通に関しては明治43年（１９１０）、北筑軌道株式会社が西新町を起点として県道上に軌道を敷設し、糸島郡との交通運輸を図った。毎日数10回の運転を行っていたが、西新～姪浜間の往復が頻繁であり、軌道車では不便極まりなかったため、大正11年（１９２２）に路面電車化された。また、大正14年（１９２５）には博多～東唐津を結ぶ郊外電車である北九州鉄道が開通し、姪浜駅が開業している。

図2　昭和8年（１９３３）頃の早良炭鉱本坑

出典：姪友会『姪浜とその周辺　私たちが育った町』2002年

図3　昭和１５年（１９４０）頃の旧宮ノ前町

出典：姪友会『姪浜とその周辺　私たちが育った町』2002年

2-5　現代（図5）

炭鉱は海苔の養殖に影響を与え、昭和35年（１９６０）以降、補償交渉が繰り返されることとなった。また昭和56年（１９８１）には博多港湾整備にともなう漁業権補償の交渉が妥結し、補償金の配分も終わり46人が漁業を廃業している。さらに昭和末期には従来の漁協の保有地（網干場、海苔加工場等）が住宅用地へと転用された。このように、近年の漁業は縮小傾向にあるが、漁協が「西福岡マリーナ」の建設に出資するなど、新しい分野を開拓している様子が窺える。

一方で、姪浜発展の契機ともいえる炭鉱は、エネルギー革命により昭和37年（１９６２）に閉山した。炭鉱従事者には炭鉱跡地が与えられ、住宅地として再生された。また、早良鉱業所は閉山に備えて施設の活用や従業員の再就職など、転身の方策を着々と進めていた。その結果、現在も「早良病院」や「姪浜自動車教習所」「福岡鋼業所」等が残っている。

昭和58年（１９８３）に福岡市市営地下鉄姪浜駅が開業し、筑肥線との相互乗り入れが始まると、姪浜は生活都心として位置づけられることとなり、大規模な海浜埋立事業や住宅地の建設ラッシュ、幹線道路の拡幅等、近代的な整備が急速に進められ、今日では福岡都心のベッドタウンとなりつつある。姪浜周辺には大規模商業施設が続々と開業し、旧姪浜宿周辺地区の商業は衰退傾向にある。

3　明治時代の町構成に関する復元的考察

旧姪浜宿周辺地区は、昭和51年（１９７６）に住居表示が変更されるまで、現在とは異なる町名を使用していた。ヒアリング調査によると、かつての町名は「魚町」「宮ノ前」等、それぞれの地区の歴史的な特徴を表しているものがあることが分かった（表２）。

3-1　旧姪浜村の町界

現在、旧姪浜村の町界を示す文献や資料は残っておらず、境界は曖昧であるため、姪浜

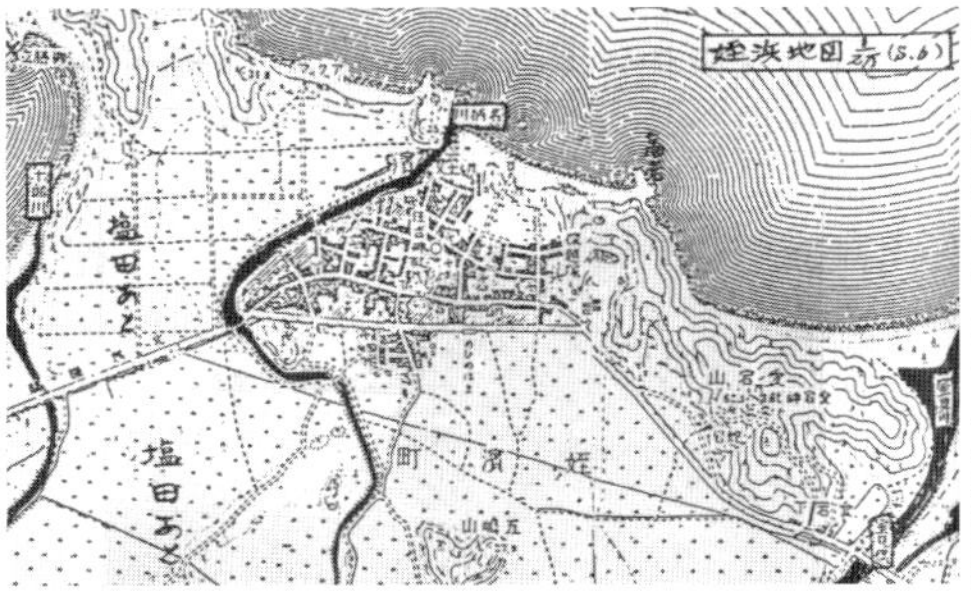

図4　昭和6年（１９３１）姪浜周辺

出典：西島弘著『姪の浜を中心とした郷土史志』1992年

図5　昭和33年（１９５８）姪浜周辺航空写真

出典：姪友会『姪浜とその周辺　私たちが育った町』2002年

に長年居住している人々の記憶でしか旧町の範囲を特定することができない。そこで、明治21年（１８８８）の地価帳[4]と現在の地番対照住宅地図[5]を用いて、各町の範囲を明らかにした。各町の町界を示した地図が図６である。

３－２　旧姪浜村の町構成と土地利用の特徴

明治21年（１８８８）当時の旧姪浜村は14の町で構成されていた。各町の広がりと通りの関係を比較すると[6]、西町、弥丸町、水町、旦過町、新町は唐津街道を中心として町が構成されている。一方、村の北部には古くからの漁村集落（網屋町）が広がっており、その後２つの地区の隙間を埋めるようにして魚町が形成されたことが推察できる。

全体の土地利用をみると（表３・図７）、旧姪浜村は全体の８割を宅地が占めており、村の境界部分に畑や田、山林が広がっている。またこの当時の地価をみると（表４・図８）、魚町通りに１等地が集中し、唐津街道周辺に２等地が分布していることがわかった。このことから、当時魚町通りや唐津街道は地区の東西・南北軸を形成しており、特に魚町通りは、かつて光福寺辺りまで商店街が広がっていたことも考慮すると[注2]、姪浜村と海をつなぐ重要な役割を果たしていたと考えられる。

３－３　各町の土地利用と地価

西町は、他の町と比較すると宅地の割合が低く、大半を山林や畑が占めている。特に、まだ国道２０２号線が建設されていないため、興徳寺周辺の地価が低いことが特徴である。

弥丸町と水町は、比較的同じような土地利用の割合を示している。名柄川周辺に畑が広がり、川が村の境界線として機能していることが分かる。弥丸町には池沼が存在し、池沼は周辺と比較して地価等級が高いことが特徴である。

旦過町は宅地の割合が極めて高く、99％を宅地が占めている。また、唐津街道の中でも地価が高い地域が旦過町に集中している。昔この地に修行僧が集まっていたという町名の由来からも、旦過町は唐津街道の核となる部分であったことが推察できる。

表２　旧町名の由来と明治初期の空間構成

	町名の由来
西町	（不明）
弥丸町	（不明）
水町	以前、亀中町という字名であったが、昔この周辺は火事が多かったことから、「水」を町名に付けることで火災除けを願った。
上野間	（不明）
下野間	もともと灌落地（沼地）であった。
当方町	唐から来たお坊さんが住んでいたといわれている。
旦過町	旦過だるま堂というお寺があり、昔ここに修行僧が集まっていた。
魚町	姪浜で取れた魚を加工、販売していた。
東網屋 西網屋	網屋町はもともと姪浜浦という地名であり、漁師の魚網を干すことから網屋町という名前が付いた。
宮ノ前	古代から続く姪浜住吉神社が存在しており、その神社の前であった。
北小路	（不明）
三ヶ町	（不明）
新町	新町は町と町との境界にできた新しい町。近代に入り、花町ができた。

図６　旧姪浜村の範囲と各町の町界

表３　明治 21 年の町別土地利用詳細（単位：㎡）

	西町	弥丸町	水町	当方町	魚町	旦過町	下野間	上野間	宮ノ前	西網屋	北小路	新町	三ヶ町	東網屋	計	割合(%)
池沼	575	53					33								661	0.3
公立学校地					1,183										1,183	0.5
神地	159	109	109				317		2,360	357					3,411	1.4
山林	9,554							542	182						10,278	4.1
田		370					559								929	0.4
宅地	14,631	11,954	17,068	12,770	11,755	12,251	14,542	11,914	13,798	18,228	10,043	13,874	15,296	15,345	193,469	78.0
寺地							1,101								1,101	0.4
畑	6,711	2,466	4,509	2,235	2,430	175	850	228	7,303	89	430	846	681	764	29,717	12.0
墓地	1,610	430	294	301	1,061		1,597				1,174	109	155	460	7,191	2.9
総面積	33,240	15,382	21,980	15,306	16,429	12,426	18,999	12,684	23,643	18,674	11,647	14,829	16,132	16,569	247,940	100.0

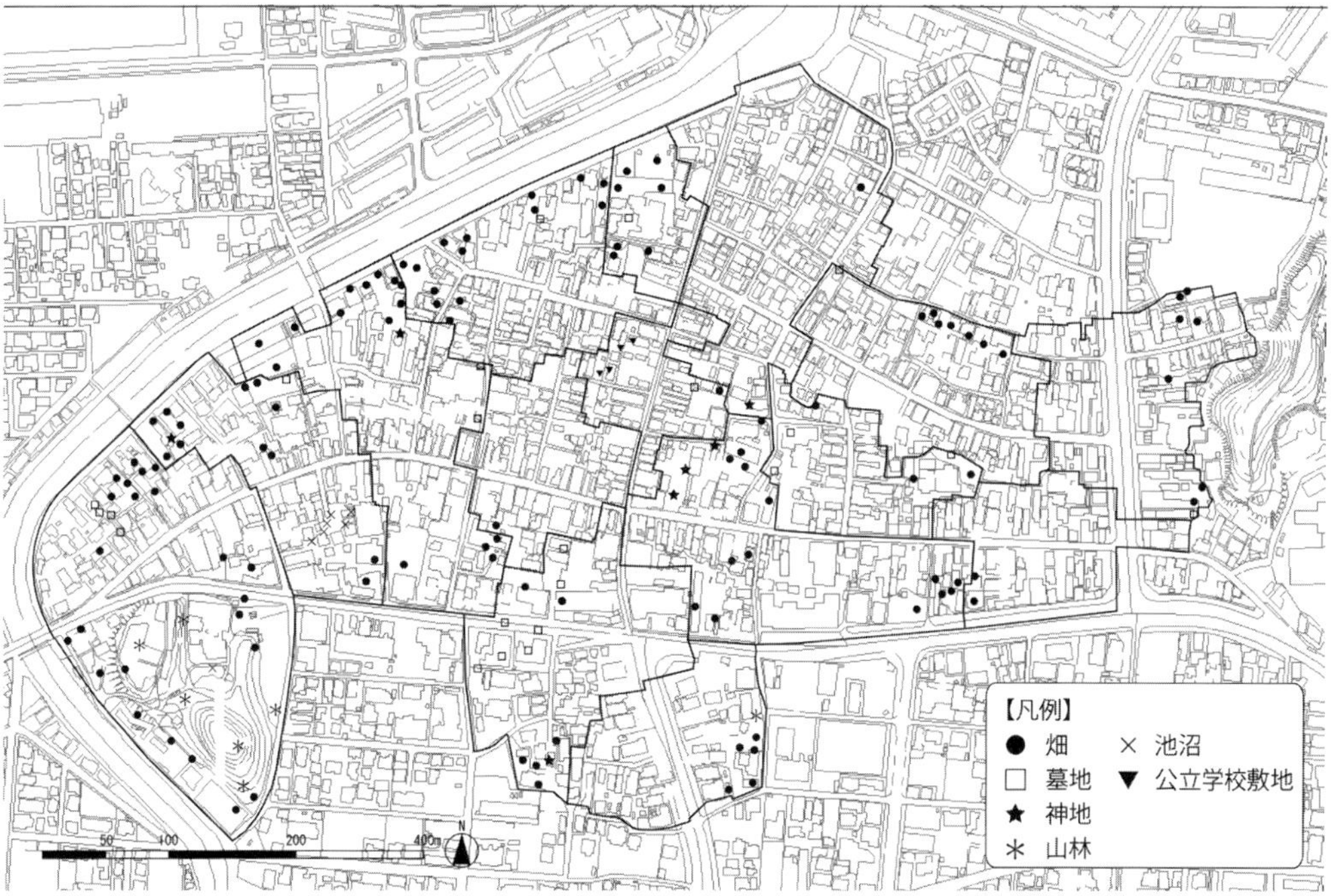

図７　旧姪浜村の土地利用（明治 21 年）

表４　各町の地価等級別割合（明治 21 年）

	西町	弥丸町	水町	当方町	魚町	旦過町	下野間	上野間	宮ノ前	西網屋	北小路	新町	三ヶ町	東網屋	計
1級	1.9	0.4		0.8	65.0	38.9	6.3		17.8	19.3					9.9
2級	24.1	30.7	28.1	1.5	0.8	12.5	5.6	4.9	76.1		25.9	81.8			22.9
3級	26.5	55.6	63.1	57.4	7.4	47.4	46.3	42.2	4.0	37.5	51.8	16.4	55.7	73.7	40.0
4級	9.2	13.3	8.2	37.9	26.8	1.2	41.8	51.3	2.2	40.0	22.3	1.0	43.8	26.3	21.5
5級	3.1		0.5	2.4				1.5		3.3		0.8			1.0
6級	1.9												0.5		0.3
7級	30.4														4.0
8級	3.0														0.4

表５　各町の一宅地当たりの平均面積（明治 21 年 ）

	西町	弥丸町	水町	当方町	魚町	旦過町	下野間	上野間	宮ノ前	西網屋	北小路	新町	三ヶ町	東網屋	計
宅地数	49	43	55	68	59	49	41	35	43	143	50	39	85	80	839
平均面積	298.59	278.00	310.33	187.79	199.24	250.02	354.68	340.40	320.88	127.47	200.86	355.74	179.95	191.81	230.59

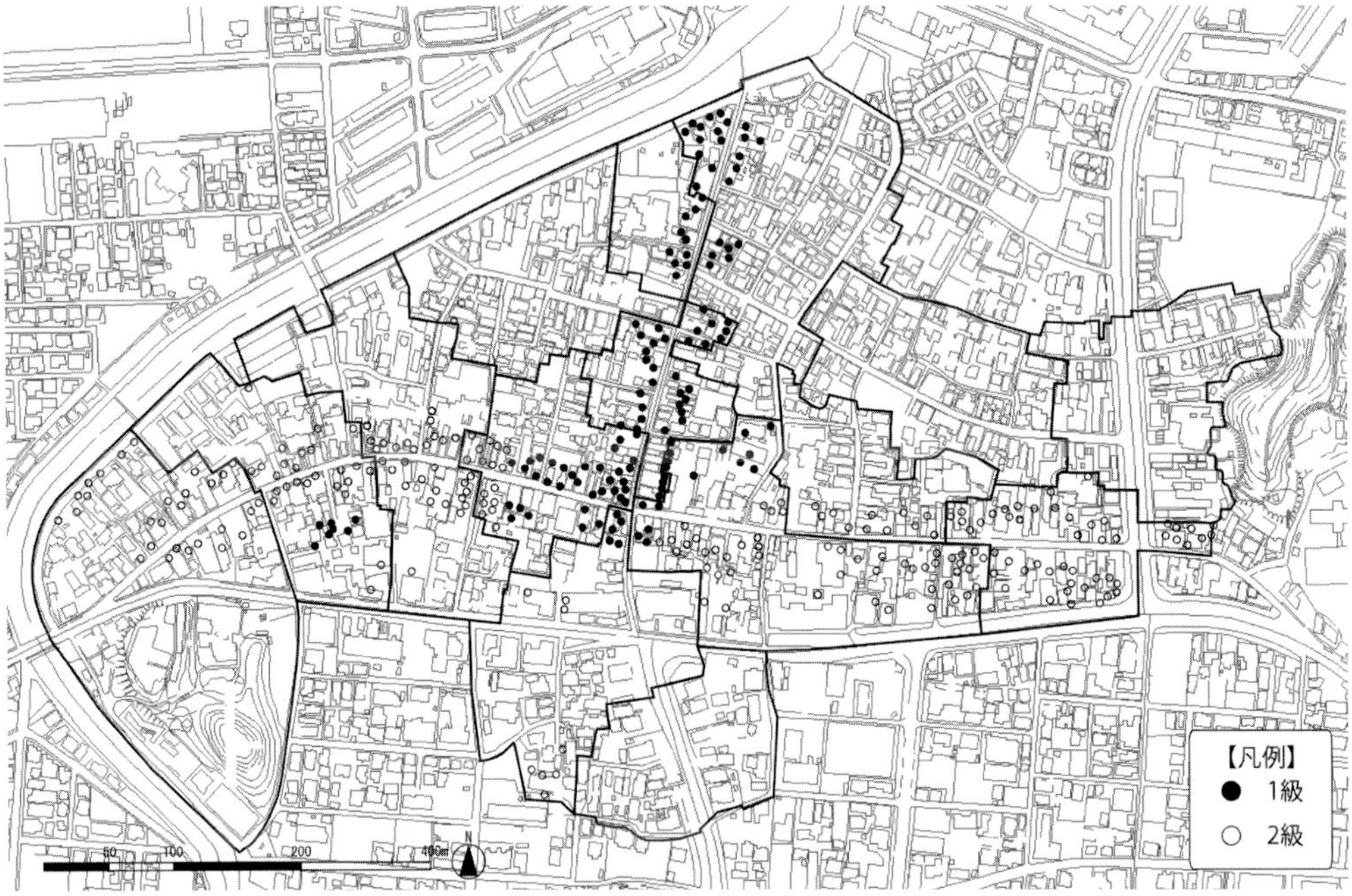

図８　地価等級分布（明治 21 年、1 級、2 級のみ）

宮ノ前と北小路は、姪浜住吉神社の周辺に位置している。宮ノ前は、割合でみると町内で畑の割合が最も高く、宅地は6割程しかないが、一宅地当たりの面積が最も大きく地価も高いことから、比較的富裕層の商人が住んでいたのではないかと推察できる。一方で北小路は、唐津街道と網屋町を結ぶ通り沿いに宅地が集中している。唐津街道に面する他の町は唐津街道を中心として町が構成されているのに比べ、宮ノ前と北小路は唐津街道を境界線として町が構成されていることから、もともと2つの町は1つであり、町が発展するにつれて人口が増加し、2つの町に分離したのではないかと推察できる。

新町と三ケ町は、旧姪浜村の東部に位置する。土地利用はほぼ同じような傾向にあるが、唐津街道に面している新町の方が地価が高く、一宅地当たりの平均面積も圧倒的に大きい。

魚町は極めて複雑な形をしており、姪浜浦と姪浜村が行政上統合された後、2つの地区を埋めるようにして形成された町であることが推察される。また明治21年（1888）当時、魚町通り周辺の地価が最も高いことや、姪浜小学校、町役場が置かれていたこと[1]から、当時、魚町は旧姪浜村の中心であり、魚町通りがこの地区のメインストリートとして発展してきたとみられる。一方で、魚町の周縁部には依然として畑が広がっているのが分かる。

当方町はこの地区のメインストリートである唐津街道や魚町通りにほとんど面していない。面積の8割以上を宅地が占めるが、地価は比較的低く、一宅地当たりの平均面積も小さいことから、隣接する網屋町のような漁村に近い形態を示していたと考えられる。

西網屋町と東網屋町は、町名の由来からもともと漁村であったことがわかっている。各町の一宅地当たりの平均面積に着目すると、唐津街道周辺の町は宅地が大きいのに対し、網屋町の宅地は著しく小さい。さらに網屋町の地価は比較的低くなっていることから、古くから漁村集落が存在した網屋町は、高密度に小規模な宅地が集まっており、典型的な漁村集落の特性を顕著に示していることが分かる。

下野間と上野間は、魚町通りを中心として形成された町であると言える。唐津街道以南に存在していることや地価が比較的低いこと、また町名の由来に反して沼地が少ないことから、旧姪浜村の拡大によって新しく形成された町であることが推察できる。

4　宅地の面積からみる旧姪浜村３地区の空間特性

明治時代の旧姪浜村において特に重要な地区であったと考えられる３つの地区を対象として、その地区の明治時代における詳細な空間特性の分析を行い、それぞれの地区の特徴を比較考察する。考察対象地区は、古くからの漁村集落である西網屋・東網屋地区、唐津街道沿いの宿場町として栄えた宮ノ前・北小路地区、唐津街道と漁村集落を結ぶように形成された魚町である。

4-1　西網屋・東網屋地区

網屋町は、漁村集落として発展してきた地区であるが、その中でも場所によって異なる性格を持つ。図９は明治21年（１８８８）において宅地であった場所を、宅地の面積別にプロットしたものであるが、この図を見ると、西網屋と東網屋で宅地の面積が大きく異なることが分かる。西網屋は全体として、宅地面積１００㎡以下の小住宅が非常に多く、その分布は西網屋の中心付近に集中している。これらの小住宅は、漁業を営む人々の住居であったと推測でき、このことから当時の漁師は西網屋を中心に居住していたことが分かる。一方で東網屋は、宅地面積１００㎡以上の住宅が多く分布し、１００㎡以下の小住宅の戸数はそれほど多くない。

4-2　宮ノ前・北小路地区

宮ノ前・北小路地区は、江戸時代に整備された唐津街道が地区の東西に走る、かつて宿場町として栄えた地区である。また、地区の北西には古くから住吉神社が存在する地区でもある。この地区における明治21年（１８８８）当時の宅地面積別プロットを図10に示す。

この地区は、宅地の分布が主に唐津街道沿いに集中しており、また宅地面積も１００㎡以

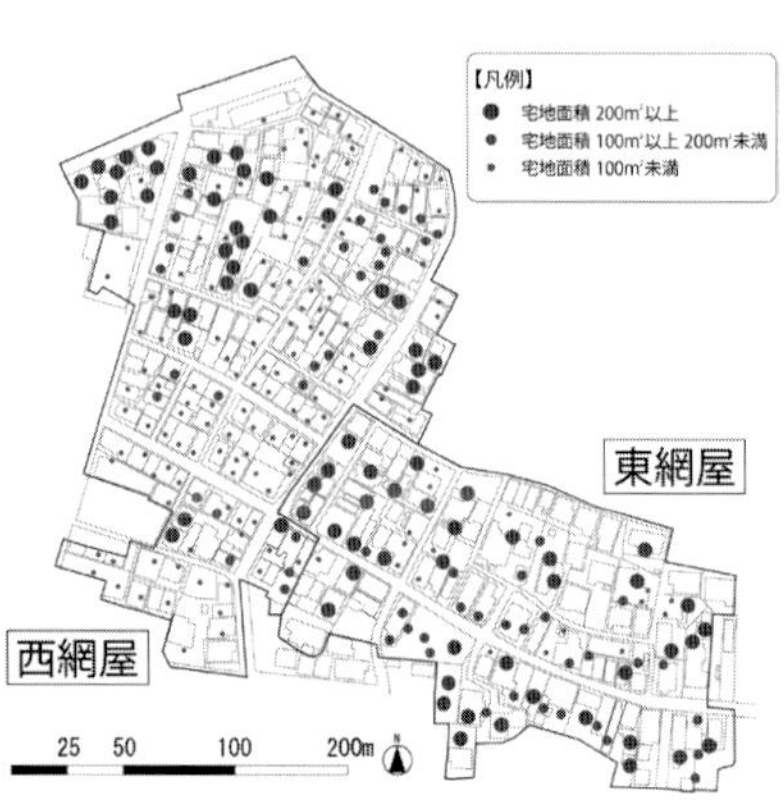

図９　西網屋・東網屋地区面積別宅地プロット（明治21年）

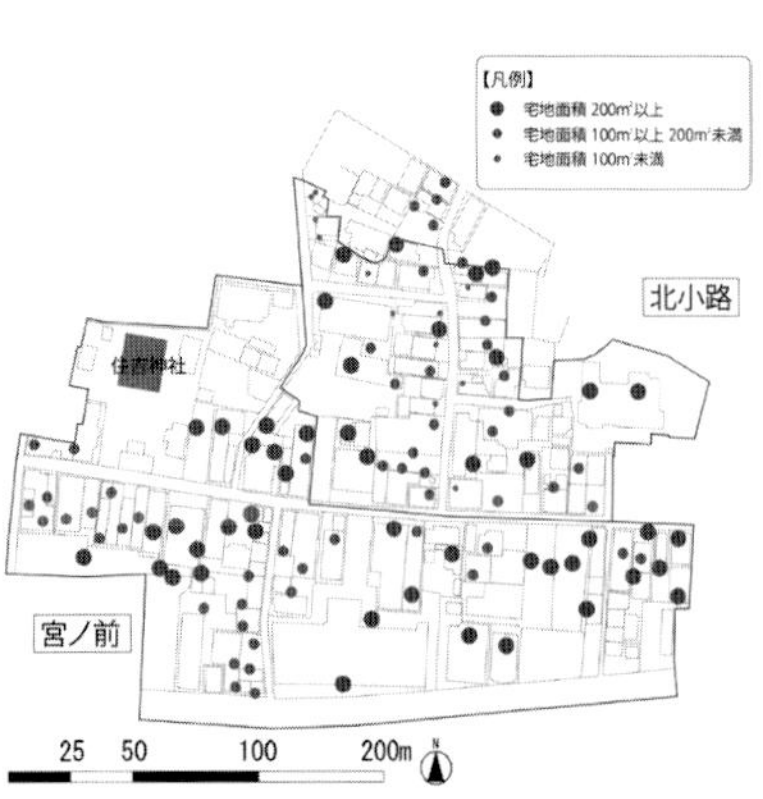

図10　宮ノ前・北小路地区面積別宅地プロット（明治21年）

下の小住宅はほとんど見られず、１００㎡以上の住宅が多いことが特徴である。

４－３　魚町地区

魚町地区は、地区の南北にかつてのメインストリートのひとつであったとみられる魚町通りが走る地区であり、魚町通りに沿うような形で南北に細長い形状をしている。

この地区における明治21年（１８８８）当時の宅地面積別プロットを図11に示す。魚町通りの宅地面積は、宮ノ前・北小路地区と同様に、１００㎡以下の小住宅はほとんど見られず、１００㎡以上２００㎡未満の住宅が高い割合を示す。また、宅地の分布は全体的に偏りなく分布しているが、魚町通り沿いには宅地が並んでいる。

４－４　地区の特徴比較

３つの地区の宅地面積別プロットをまとめたものを図12に示す。３つの地区を比較してみると、まず宅地面積１００㎡以下の小住宅のほとんどが西網屋に集中していることが分かる。このことから、純粋な漁村として発展してきた地区は網屋町全体ではなく、西網屋のみであったと推察できる。また、東網屋の東西に走る通り沿いと唐津街道沿いの宅地面積や宅地分布が非常に類似しており、東網屋と宮ノ前・北小路地区の性格は非常に近いものであったと考えられる。

実際にヒアリング調査において、西網屋に住んでいる住民は、日頃の買い物は唐津街道まで足をのばさず、東網屋の通り沿いで買い物することが多いということがわかり、東網屋は漁業ではなく商人町としての性格を持っていたと考えられる。

５　フィールド調査からみる旧姪浜村３地区の特性

３地区においてフィールド調査を行い、現在も残る地区の特徴を抽出し、地区間の比較考察を行う。フィールド調査では、現在の宅地の入り口調査と路地空間の調査を行った。なお本研究においては、路地を連続性のない道（宅地へのアクセスのみの道）と定義して

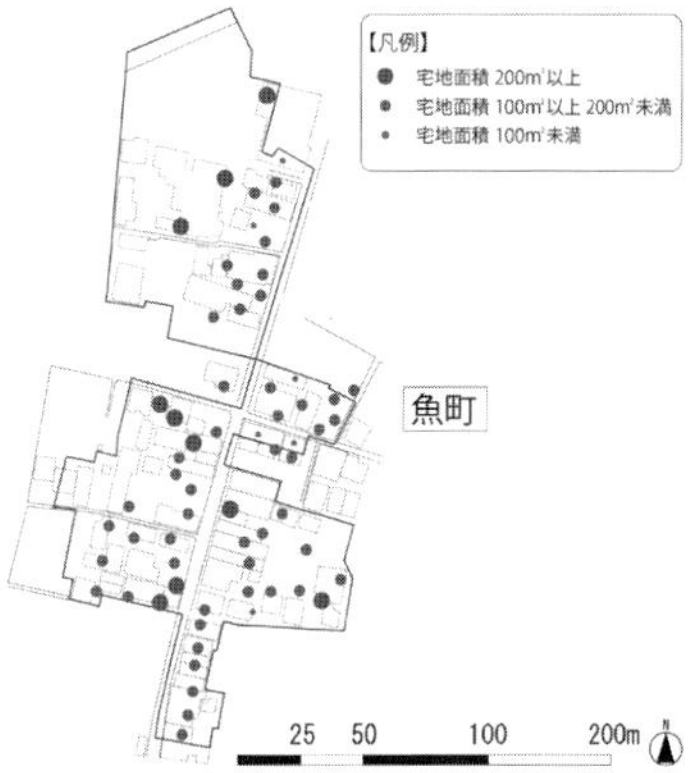

図11　魚町地区面積別宅地プロット（明治21年）

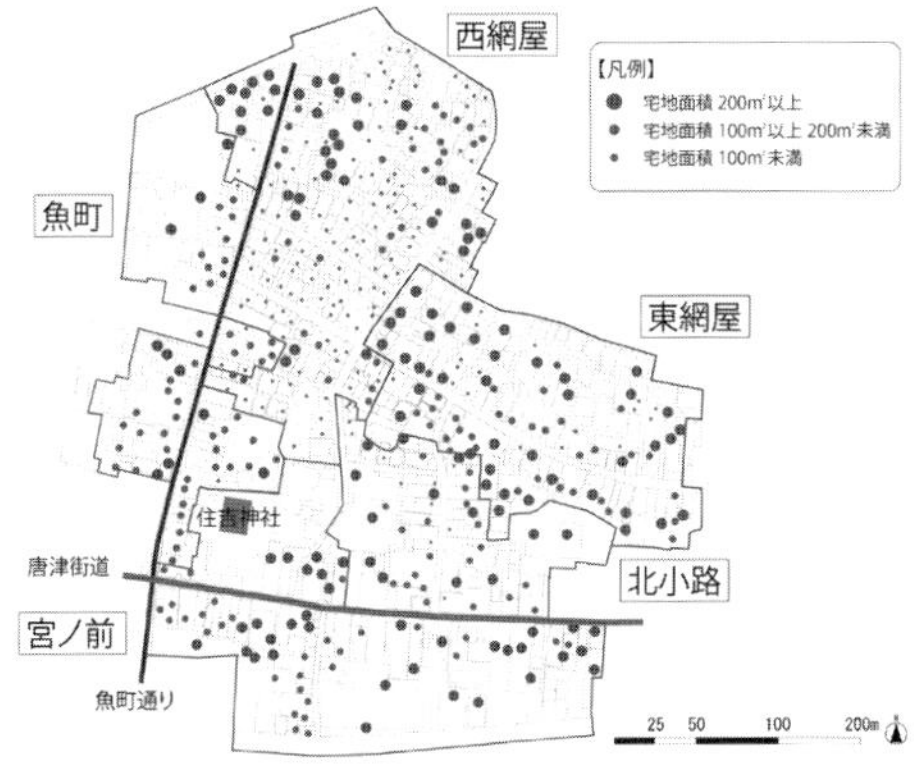

図12　３地区の比較（宅地面積別プロット）

写真１　西網屋に残る路地空間

写真２　宮ノ前に残る町家

写真３　魚町通りに残るしめ縄

図 13　西網屋・東網屋地区のアクセスマップ（現在）

図 14　宮ノ前・北小路地区のアクセスマップ（現在）

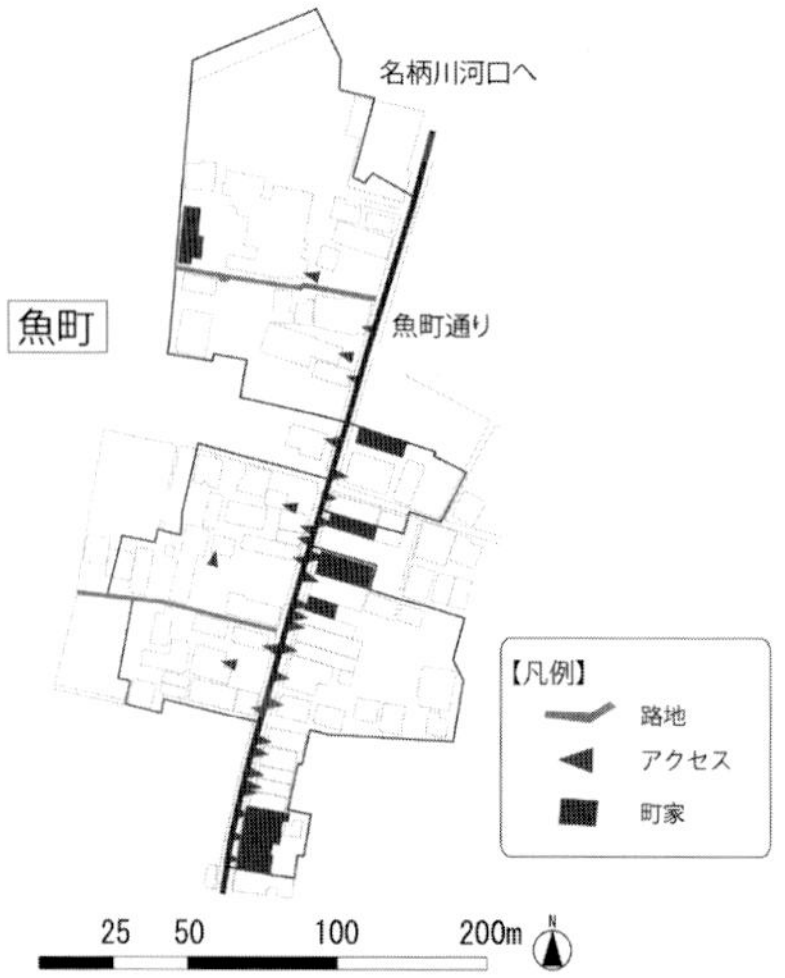

図 15　魚町地区のアクセスマップ（現在）

調査を行った。また、現在残っている町家の調査も行った。町家の分布に関しては、福岡市が姪浜を対象に行った町家の分布調査の資料を提供いただいたため、その資料を用いた。

5-1 西網屋・東網屋地区

西網屋・東網屋地区の入り口と路地、及び町家の分布を図13に示す。古くから漁村として発展してきた西網屋は、現在も漁村特有の特性を残している。西網屋には人が1人しか通ることのできないような路地空間や、一見すると道とは思えないような路地空間が多く存在する（写真1）。また、宅地の入り口も様々な向きを向いており、漁村に多くみられる空間特性を現在も読み取ることができた。また東網屋は、町家が通りに面して並んでいることが分かり、このことからも、東網屋は漁村ではなく商人町であったと推測できる。

5-2 宮ノ前・北小路地区

宮ノ前・北小路地区の入り口と路地、及び町家の分布を図14に示す。この地区には古くからの宿場町としての性格が現在も色濃く残っている。まず、町家の分布を見てみると、宮ノ前・北小路地区には現在でも多くの町家が残っており（写真2）、その分布は唐津街道沿いに集中している。また、宅地の入り口もそのほとんどが唐津街道に面しており、宿場町特有の空間特性を現在も継承していることがわかった。

5-3 魚町地区

魚町地区の入り口と路地、及び町家の分布を図15に示す。魚町地区における宅地の入り口は、そのほとんどが魚町通りに面しており、また町家も魚町通り沿いに並んでいる。このことから魚町通りの特性は唐津街道沿いに近い特性を持っていることがわかる。一方で魚町通りには現在もしめ縄が飾ってあり（写真3）、漁村に近い地区としての特徴も今に残っている。

6　おわりに

本研究では、旧姪浜宿周辺地区の生業に着目した歴史や、明治時代の空間特性、そして現在に残る歴史の痕跡について考察を行った。

（1）生業に着目して歴史をたどると、姪浜は唐津街道の宿場町として栄えた歴史だけではなく、かつては漁業や鉱業、農業が周辺部で営まれており、特に鉱業によって急激にまちが発展した。しかし、近年では住宅地化が進み、際立った産業はみられない。

（2）明治21年（１８８８）の地価帳を分析することで旧姪浜村の町界を確定することができ、明治21年当時の姪浜地区の各町の空間特性を把握することができた。また、魚町通りが地区のメインストリートとして発展してきたことが明らかとなった。

（3）フィールド調査を行うことで、旧姪浜村の特に主要な地区であったと推察できる3つの地区には、今も当時の空間特性が残っており、これらの特性は今後の姪浜のまちづくりにおいても重要な要素であると考えられる。

注

注1　住吉三神とは、日本の有力な海の神として信仰を広げた神である。航海の安全を見守る神として信じられてきたことから、漁業の神としても篤い信仰を集めている。

注2　唐津街道姪浜まちづくり協議会会長へのヒアリングによる。

参考文献

1　福岡県早良郡役所『早良郡志』１９７３年

2　姪友会『姪浜とその周辺　私たちが育った町』２００２年

3　西島弘著『姪の浜を中心とした郷土史志』１９９２年

4　『総丈量反別地価帳　第4号　早良郡姪浜村』１８８８年

5　エム・アール・シー調査編集『ブルーマップ福岡市　西区　住居表示地番対照住宅地図』（民事法情報センター、２００６年）
6　地図資料編纂会『正式二万分一地形図集成』（柏書房、２００１年）
7　『総丈量反別野取図帳　第4号　早良郡姪浜村』１８８８年
8　姪浜町教育会『姪浜町案内』１９９２年
9　国土地理院「航空写真」（昭和23年、36年、39年、47年、58年、平成5年、10年、17年）
10　福岡市役所『福岡市史　第三巻昭和前編（上）』１９６５年
11　福岡市役所『福岡市史　第四巻昭和前編（下）』１９６６年
12　福岡市役所『福岡市史　第十一巻昭和編続編（三）』１９９２年
13　福岡市役所『福岡市史　第十三巻昭和編続編（五）』１９９６年
14　三井田恒博『近代福岡県漁業史』２００６年
15　『福岡県漁村調査』１９２９年
16　島村利彦『唐津街道を行く』（弦書房、２００９年）
17　柳猛直『福岡歴史探訪　西区編』（海鳥社、１９９５年）

活動記録編：「アーバンデザインセミナー」

人間環境学府の学際教育と「アーバンデザインセミナー」

九州大学大学院人間環境学府は、１９９８年４月に人間環境学研究科が設置されたことに始まり、２０００年４月に研究院・学府制度が導入されたことにともない、人間環境学府として誕生した。人間環境学府では、「人間環境をとりまく文化、社会、教育、心理、空間の問題を適切に把握し、新たな学問分野を確立」することを教育理念として、新規学際分野を取り入れ統合した文理横断型の学際教育を行っている。なかでも、学府６専攻のうち都市共生デザイン専攻は学際領域として位置づけられている。

「アーバンデザインセミナー」は、都市共生デザイン専攻アーバンデザイン学コースに在籍する修士課程の学生を中心として、１９９９年から始まった。担当教員は、萩島哲教授（都市計画）・竹沢尚一郎教授（文化人類学）・南博文教授（環境心理学）・出口敦助教授（都市計画）・趙世晨助教授（都市計画）であり、開設当初から文理混合の布陣であった（役職は当時）。その後、退職や着任にともなう担当教員の入れ替えがあったものの、文理混合の布陣は現在に到るまで一貫して変わらない。演習内では、教員相互が共感・共鳴して盛り上がることもあれば、時に相反する立場から議論に発展することもあり、学生はその学術的な議論に立ち会えるのも醍醐味のひとつと言える。

このような学際的で実験的な教育の試みが可能となった背景のひとつとして、人間環境学府の立ち上げとほぼ同時に、萩島哲教授を代表とし、出口敦助教授（当時）を幹事として結成された「アジア都市研究センター」プロジェクトの存在が挙げられる。アジアで急激に進行する都市化に対して予想される人口過密の問題に対処する際、欧米のように密集を否定的に捉える価値観ではなく、密度には「賑わい」と都市文化の醸成というプラスの作用があると捉えるアジアの社会文化に即したアーバニズムの方向があるのではないか。そのようなオルタナティブを探ろうという意欲に溢れていた初期の都市共生デザイン専攻の実験精神が「アーバンデザインセミナー」を産む母体となった。特にこの方向を引っ張っていく原動力ともなったのが、学内の競争的資金P＆P（研究拠点形成プログラム・プロジェクト）のマネジメント役を努めた出口敦助教授であり、同氏を編集幹事にして毎年刊行された『アジア都市研究　Journal of Asian Urban Studies』（後掲）は、その後の国際学会 International Society of Habitat Engineering and Design （ISHED）の設立へと引き継がれた。

「これまでのフィールドと課題」（後掲）を振り返ると、北九州市や八女市、ソウル市など福岡市外や海外の都市を対象地とすることもあるが、基本的には現地に何度も赴いてフィールドワークが行えるように福岡市内を対象地としている。課題内容は、X回までは対象地を課題タイトルとしていたが、XI回以降は対象地で考えたい全体テーマを設定している。この全体テーマは、当該回の課題責任者によって考えられるため、その教員のバックグラウンドが如実に現れることとなる。これは、学生のみならず教員でさえも、目新しいテーマを前に課題に取り組むこととなり、教員間にも刺激を与えている。

ここで、毎年の課題書に明記される科目趣旨を紹介しておこう。

> 「アーバンデザインセミナー」では、「都市」を解読し、課題を掘り起こし、解決する方法を探究し、将来像を検討する一連の作業を通じて、対象とする「都市」の活動、空間、居住環境などをめぐる課題とそれを取り巻く社会・経済、文化・歴史、政策・制度などの背景について理解することを目的とする。
>
> 本授業では現地でのフィールドワーク、文献調査、インタビューなどを通して、その都市（地域）固有の特性、問題点・課題を分析し、都市理解の新しい方法論を発見する

ことを目指した「ケース・メソッド」を試みる。また、都市理解のみにとどまらず、都市問題の解決に向けた新たな方策提言を行い、一連の作業を通じて、「都市」を理解する方法と観点を学習することも目的としている。

担当スタッフは都市計画学、建築学、環境心理学、発達心理学をバックグラウンドとした教員であり、また、例年、受講者も都市計画学、建築学、心理学等の異なる分野で学ぶ学生であるため、異分野相互の活発なディスカッション、コラボレーションから現代に生きた「都市」を読み解く新たな学際的アプローチや着眼点を発見し、「都市」を再考し、アーバンデザインの新たなアイデアを探求する。

ここに示されているとおり、「アーバンデザインセミナー」の最大の特質は、「フィールドワークをとおして都市を読解する」ということである。視点は学生自身が見つけ出す。学生によっては、自身の専門領域の王道をゆく視点と手法で都市を読もうとするが、そうやすやすとはいかない。なぜなら、専門領域が重ならないように文理混合のグループを組むため、グループ内の議論に衝突がおこる。最大の難所は、期間中にたびたび用意されている中間発表会である。教員陣は、どこかで聞いたことのあるようなステレオタイプの読み取りにはまったく興味を示さない。学生が意気揚々と発表すると、その真逆の方向に面白さを見出されたり、自信無さげに発表した中に面白さの「種」を見出されることもある。学生は、他では経験することのない緊張感の中で、自分たちの成果をさらけ出し、評価を受けることとなるのである。担当教員は、学生に学部で培ってきた知識を基礎としていかに飛躍した思考ができるようになるか、その「伸びしろ」に期待しており、そのために「ゆさぶり」をかけるというわけである。

ある意味、課題対象地の地域の方々も「アーバンデザインセミナー」の担当教員といえる。学生は、フィールドワークのために対象地に何度も足を運び地域の方々と交流することをとおして、おやつをいただいたり、小学生と友だちになったりするだけでなく、年長者との接し方や地域でのふるまいを注意されることもある。そこで得られる経験は、大学といういわば温室の環境では得られない貴重なものであり、将来社会人として旅立つ前の訓練にもなっている。短期間ではあるが、地域の方々に育てていただいていることは、担当教員一同、つねづね感謝している。

「論文一覧」（後掲）は、以上のような教育によって得られた参加学生による研究成果のタイトル一覧である。開講当初こそ、都市計画の王道の研究が多く見受けられるが、回を重ねるごとに、その視点は多岐に渡っていることが見て取れよう。ここに、人間環境学府の学際教育の一環としての「アーバンデザインセミナー」の教育の成果が現れている。

これまでのフィールドと課題

回	年度	「課題」（課題対象地）※市の名称がないものはすべて福岡市	担当教員
Ⅰ	１９９９年	「北九州市」（北九州市）	萩島哲／竹沢尚一郎／南博文／出口敦／趙世晨
Ⅱ	２０００年	「ソウル市」（ソウル市）	萩島哲／竹沢尚一郎／南博文／出口敦／趙世晨
Ⅲ	２００１年	「大名」（大名地区）	萩島哲／南博文／出口敦／趙世晨
Ⅳ	２００２年	「天神」（天神地区）	萩島哲／南博文／出口敦／趙世晨
Ⅴ	２００３年	「今泉」（今泉地区）	菊地成朋／南博文／出口敦／趙世晨／有馬隆文
Ⅵ	２００４年	「箱崎」（箱崎地区）	菊地成朋／南博文／出口敦／趙世晨／有馬隆文／柴田建
Ⅶ	２００５年	「アジアン・アーバニズム」（福岡市）	南博文／菊地成朋／出口敦／趙世晨／有馬隆文／柴田建
Ⅷ	２００６年	「博多駅」（博多駅周辺地区）	出口敦／菊地成朋／南博文／趙世晨／有馬隆文／柴田建
Ⅸ	２００７年	「福岡郊外」（国道３号線沿道）	菊地成朋／南博文／出口敦／趙世晨／柴田建
Ⅹ	２００８年	「川端商店街」（川端地区）	南博文／菊地成朋／出口敦／有馬孝文／趙世晨／柴田建
ⅩⅠ	２００９年	「不連続性と連続のシナリオ」（六本松地区）	出口敦／菊地成朋／南博文／有馬隆文／趙世晨／柴田建
ⅩⅡ	２０１０年	「上書きされた都市」（姪浜地区）	菊地成朋／南博文／出口敦／有馬隆文／趙世晨／柴田建／箕浦永子
ⅩⅢ	２０１１年	「元祖・博多の台所「美野島」の潜在力を読み解く」（美野島地区）	有馬隆文／菊地成朋／南博文／當眞千賀子／趙世晨／柴田建／箕浦永子
ⅩⅣ	２０１２年	「唐人町で考える「都市と枕詞」」（唐人町地区）	趙世晨／菊地成朋／南博文／當眞千賀子／有馬隆文／柴田建／箕浦永子
ⅩⅤ	２０１３年	「「八女福島」における豊かさのストック」（八女市福島地区）	有馬隆文／菊地成朋／當眞千賀子／趙世晨／柴田建／箕浦永子
ⅩⅥ	２０１４年	「大名の育ちを支えるデザインとは―まちの発達課題を見立てる―」（大名地区）	當眞千賀子／菊地成朋／有馬隆文／趙世晨／柴田建／箕浦永子

「アーバンデザインセミナー」成果収録刊行物

Ⅰ『アジア都市研究』Vol.1,No.4

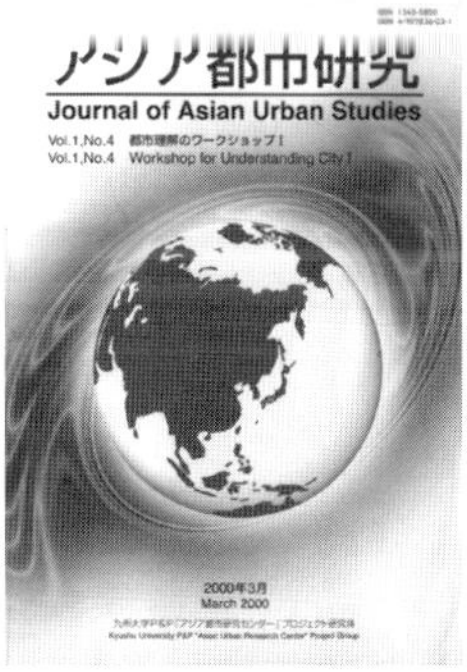

Ⅱ『アジア都市研究』Vol.2,No.1

Ⅲ『アジア都市研究』Vol.3,No.1

Ⅳ『アジア都市研究』Vol.4,No.1

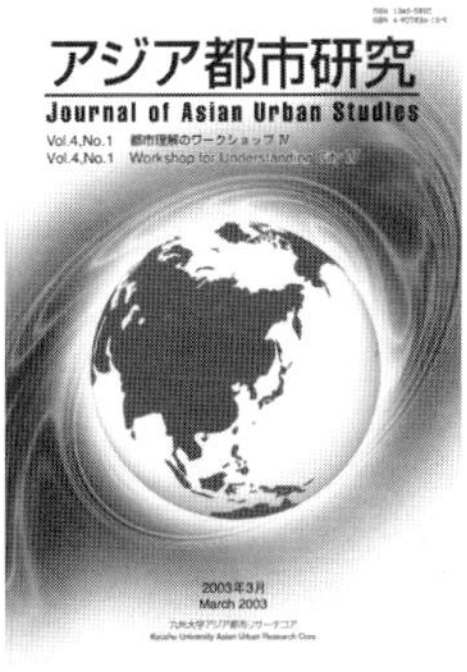

Ⅴ『Jornal of Asian Urban Studies』Vol.5,No.1

Ⅵ『Jornal of Asian Urban Studies』Vol.6,No.1

Ⅶ『Jornal of Asian Urban Studies』Vol.7,No.1

Ⅷ『Jornal of Asian Urban Studies』Vol.8,No.1

Ⅸ『Jornal of Asian Urban Studies』Vol.9,No.1

ⅩⅠ『Jornal of Asian Urban Studies』Vol.10,No.1

ⅩⅡ『Jornal of Asian Urban Studies』Vol.11,No.1

ⅩⅤ『ふくおか地域づくり大学研究成果報告書』平成26年3月

論文一覧

Ⅰ　1999年「北九州市」（北九州市）

「日本的な高密度居住環境に関する調査報告―北九州市の事例を通して―」
チャド・ウォーカー／藤山英昭／志賀正規／本田あす香／白倉誠

「都市イメージの重要性に関する研究―北九州市の事例を通して―」
山本善隆／水月昭道／永吉智郁代／二宮誠

「総合計画からみた都市の現状とその対策―北九州市を事例として―」
龍田広和／高木善正／檜山智子／鞏従容／山之内崇

「産業構造の変革に伴う生きたまちの再生―門司港地区のケーススタディーから―」
豊田準之助／日出剛／東方琢也／安田剛／砂原義明／吉岡伸晃／口石準

Ⅱ　2000年「ソウル市」（ソウル市）

「韓国新都市ブンダンにおける高層高密度住宅地区の効率性と快適性の評価」
田隼人／篠原正樹／中村竜太

「韓国の「住宅団地」における住民のコミュニケーションについての研究―韓国的特徴として捉えられる要因の多角的分析―」
花岡謙司／日宇泰之／阪本英二／蘇明植

「アジア的都市環境の魅力の表現方法に関する考察―韓国市場を事例として―」
上田大輔／辛潤姫／長野洋三／丸茂悠／吉岡実佳

「韓国の市場と市民生活に関する調査報告―都心部に残る商と住の近接した市場空間／アヒョン洞を事例として―」
齋藤健志／佐々木敦子／永田啓明／本田あす香

「韓国・南大門市場の道路網構造と空間構成に関する調査報告」
安藤康隆／長崎慶人／村上明／王雲武

Ⅲ　2001年「大名」（大名地区）

「大名地区における空間特性とその変化に関する研究―都市的要素の多様性と混在により生み出される魅力―」
阿部諭香里／樫本一郎／田平陽子／ディアナンタ・プラミタサリ

「商業店舗と歩行者が形成する移行ゾーンに関する研究―大名地区における昼間・夜間の1分間ケーススタディを通して―」

小川博和／西村博之／宮城雄司

「遊動空間としての大名地区―来街者を対象として―」　福田太郎／小倉一平／高木万貴子／王雲武

「「居住地」大名をめぐるコミュニティの検討」　宇都明子／高地可奈子／茂木康俊

「夢のアジト―自己実現の場としての大名―」　佐々木喜美代

Ⅳ　２００２年「天神」（天神地区）

「立体的回遊空間としての天神に関する研究―商業ビルにおける無料休憩所に着目して―」　坂本夏絵／谷口護／松浦裕己

「深夜の都市公園の実態に関する研究―天神・警固公園の事例を通して―」　永川優樹／羽生宗一郎／深田朝

「終電後の天神における賑わいに関する研究」　木幡容子／斉藤里枝／天満類子／松尾桂一郎

「天神地下空間の整備実態とその認知構造に関する研究」　片岡吉則／越出匡人／西川秀樹

「天神地区における情報発信の実態と今後の在り方に関する考察―外部に対する有効な情報発信に関する研究―」　上田哲也／崔宰源／伊東未来

「天神地区における観光の可能性に関する一考察―商業に依存しない都市の魅力の再発掘―」　櫻井洋介／百崎亨／山下秦範

Ⅴ　２００３年「今泉」（今泉地区）

「写真画像に見る今泉の都市イメージに関する研究―大名との比較から知る今泉像―」　大畑浩介／木庭隆博／佐藤敦

「今泉地区における店舗の立地動向に関する研究」　木村直子／松尾香那／三木隆輝

「居住地としての「今泉」の可能性―ライフスタイルから見た都市―」　上田祥史／北村博昭／清水李太郎

「今泉地区のアクセシビリティ及びその将来像に関する研究」　石田陽子／高橋美保子／田中那美

「都心周辺駐車場の存在意義とその将来像―都心周辺地区としての福岡市今泉地区―」　田篭友一／長聡子／平原拓哉／渡邊大輔

Ⅵ　２００４年「箱崎」（箱崎地区）

「箱崎の都市イメージに関する研究」　江口聡一郎／波多江優子／広鰭知子

「生活空間としての街路からみる箱崎の様相」　江口祐輔／木下寛子／細川晋一郎／マリア・アレハンドラ・ロペス

「日常的活動と「道」の空間的特性との関連性」　鵜木千里／黒岩美奈子／東村壮裕

「野菜からみえる箱崎」　伊藤麻沙子／田村華／林隆広

「箱崎における犯罪不安感に関する研究」　安藤健介／河村雄大／森慎太郎

「箱崎地区におけるまちづくり—まちづくり組織と地域住民の関係から—」　狩野友里／田上恭也／山下智也

「大学移転に伴う箱崎地区の変化と将来像」　宇野弘蔵／高木研作／李暁鐘／渡邉枝未

Ⅶ　2005年「アジアン・アーバニズム」（福岡市）

「「ウチ」的アジアンアーバニズム—アジア都市における公共空間のあり方に関する一考察—」　伊藤夏希／福原信一／羅丁／劉学

「西新商店街の変化からみえるアジア」　牛島朗／花房美奈子／室園真貴子

「親富孝の変遷とこれから」　新名康平／橋本英二／三浦香織／村岡大一郎／山川琴音

「大名調査—隠れ家とコミュニティに着目して—」　芳野奈央／笹栗聖子／北村俊之／諸本健亮／益田仁

「コンビニ・アーバニズム」　井上康時／貴田麻利江／進真由子／谷川浩太郎

「現代都市社会における神社の意味」　木村恭子／武田裕之／松本佳奈

「資本から見る福岡の構造」　江上雄作／河野志保／佐伯純子／吉原洋

Ⅷ　2006年「博多駅」（博多駅周辺地区）

「博多駅周辺地区の空間構成に関する基礎的研究—市街地におけるオモテ性とウラ性—」　岩谷誠／金炯冀／疋田美紀

「「天神」と「博多」における境界」　坂口真弓／則内良太／馬場大輔

「博多駅周辺に住まう—ライフスタイルから見た都心居住の実態—」　荻野衣美子／野田大輔／チンパヤマン・ジツパー

「博多駅周辺の滞留空間としての公園に関する研究」　西田誠／モハメド・アケルザマン／百合野高宏

「博多駅—キャナルシティ間の歩行者空間における問題—」　小川勇樹／林椿原／山本一成

「博多駅周辺地下街における分かりにくさに関する研究」　小野拓馬／冬野裕二／柳基憲

「博多駅前におけるヴィスタの特異性と駅前空間の構成」　鈴木美穂／清尾景子／王昊

Ⅸ　２００７年「福岡郊外」（国道３号線沿道）

「郊外に見え隠れする土地の記憶―宗像の地域構造の変容を辿る―」

「日本人の夢としての郊外住宅」

「郊外住宅地における公共空間の役割に関する一考察」

「国道３号線にみられる郊外の様相」

「宗像のロードサイド―国道３号線バイパスと旧３号線の場のポテンシャル―」

「郊外における駅周辺の開発動向及び変遷に関する研究」

Ⅹ　２００８年「川端商店街」（川端地区）

※この回は福岡アジア美術館での発表に重きが置かれたため、論文の提出を求めていない。

ⅩⅠ　２００９年「不連続性と連続のシナリオ」（六本松地区）

「「お散歩」による六本松地区の理解」

「六本松地区における歩行者空間のネットワーク化」

「六本松の「今」を読む」

「ヘタ地から見る六本松」

「居住者のイメージに見る六本松」

「六本松の夜」

ⅩⅡ　２０１０年「上書きされた都市」（姪浜地区）

「姪浜「ファスト」＆「スロー」」

「福岡市による都市開発と姪浜の実態」

黒山崇／迫麻里絵／宮本智恵

楠本大輔／竹内美都／原田慧

大木健人／大塚拓哉／多田麻梨子

大貫翔一／川添智子／河村麻未

栗原崇宏／石丸崇敬／杉村一成

古堅宏和／守山健史／矢野隼人

大島聡史／王成康／俣賀真由美

安部麻美／大穂正一朗／金昭淵

鎌田寛史／遠山今日子／樋口翔／高翰元

王秋婷／田中翔大／中川聡一郎

赤阪護／宮崎晴加／森田翔

伊藤潤司／杉野弘明／森脇亜津子

永松博晶／野畑拓臣／李雨軒

小山慧／柴田基宏

「姪浜駅から唐津街道への一体的な歩行空間形成のための考察」
池田亘／中井康詞／王煒

「商業施設から見る姪浜地区の変遷と展望」
井上智映子／瓜生宏輝／長谷川伸

「旧唐津街道姪浜宿周辺における旧14町の空間特性」
石神絵里奈／酒見浩平

XIII　２０１１年　「元祖・博多の台所「美野島」の潜在力を読み解く」（美野島地区）

「みのしま商店街における「アジア」を出発点としたまちづくり」
太田健一／田中潤／ヘニ・オクトリヤニ

「美野島商店街の雰囲気」
城間秋乃／田口善基／森重裕喬／大和遼

「地区の構造から読み解く美野島の歴史―街路網の形成と地区の発展―」
Dong Gyun KIM／村田潤一／山田博子／和田雅人

「美野島地区における都市の表と裏」
緒方大地／曾彧隤／秦知彦／本城貴之

「「感覚される」美野島」
入江奈津子／国政太貴／高山達也／田中浩二郎

「流動する美野島―「空き」に着目して―」
日下部亨介／福岡理奈／藤本慧悟／山口浩介

XIV　２０１２年　「唐人町で考える「都市と枕詞」」（唐人町地区）

「周辺開発動向から見る唐人町の変遷」
末吉祐樹／仲摩純吾／三崎輝寛

「社会変化に伴う唐人町８か寺の変容」
児島有紀／松下藍子

「唐人町の武家地の記憶」
池田峻平／木村萌／呉琮慧

「唐人町における街路空間の特性に関する研究」
岸良平／山崎二美馨

「唐人町商店街に関する研究―（　）と（　）に一番近い街―」
都合遼太郎／三吉和希／吉田健志

「唐人町商店街の「わ」」
梶原あき／金本朋子

XV　２０１３年　「「八女福島」における豊かさのストック」（八女市福島地区）

「八女福島における水路再興のための考察」
荒瀬祐太郎／小川隆／山城瞬

「移住者がつくる八女福島の魅力」
鉄川与志雄／新田一貴／野口駿

「Way Findingを用いた八女福島のまち歩きに関する研究」　熊沢翔太郎／洪銅基／松山加菜古

「八女福島仏壇の移り変わりと現在の姿」　赤司小夢／上間至／坂本大樹

「八女福島における子どもと店舗経営者とのエピソードからみるまちの魅力」　石倉未帆／津嘉山絵美／溝邊健太

「八女福島の不思議なストック」　赤田心太／堀尾菜摘／森直子

XVI　２０１４年「大名の育ちを支えるデザインとは—まちの発達課題を見立てる—」（大名地区）

「角地からみる大名」　青木美音／川上直人／三小田優希／平田千裕

「大名での出会いからまちをみる—５人と語ったそれぞれの大名—」　竹添美慧／玉田圭吾／茂泉千尋

「T字路から見る大名地区」　中遼太郎／堀田眞之介／吉田優子／梁雨菲

「動画からみる大名」　佐々木悠理／指原元樹／野口雄太

おわりに

南 博文

セミナーはいかがでしたか。

「アーバンデザインセミナー」の発表会は、大概の場合、お世話になった方々を招待して、フィールドとなった町の集会所や、蔵元などその土地の由緒ある場所で行われる。地元の歴史家の方やまちづくりのメンバーも集い、学生達にはきびしい意見も飛ぶが、それでも「よくそこまで見てくれた」と評価をもらう事の方が多い。門構えにいろいろな種類がある事くらいまでは毎日暮らしている生活感覚でなんとなく気づいてはいたが、それを全部くまなく調べ上げる、というのは大学の特に建築学の学生の得意とする技＝ワークである。歴史資料をていねいに集め、それを分かりやすくマッピングする図をプレゼンで用意すると、「こんなのが欲しかった」と言って重宝がられる。こうして和気あいあいとした雰囲気の中セミナーは終了する。

反省会を兼ねた打ち上げの会では、面白かったという体験と共に「この町のこの良さは、これからどうなるだろう」という漠とした心配と、それはなかなか続きにくいという実情が、地元の人たちの声を聞くほどによく分かってきて複雑な思いでその町を後にすることになる。プレゼンで示した「きれいな図」は、こうした現実を前にすると無力なものに感じられる。

われわれは大学に帰って、論文を書く。それはそれで大事な仕事だ。そのプロフェッションを伝承し、現場の中で次世代を鍛えてもらう。「アーバンデザインセミナー」は、そのような自覚をもった教育と演習の実践であり、実験的な試みとして経験を積んできた。

だが、町はその後も生き続ける。関わった人たちは、その町の抱える問題や可能性を見

最終発表会ポスター（２０１２年／唐人町）

参加者を交えた茶話会（２０１２年／唐人町）

据えながら、これまでもやってきたようにこれからも難題に取り組んでいくだろう。半期という一時にしろ、町に頻繁に出入りしていると、その町に仮想的に住んだかのような錯覚が起きる事がある。お世話役の人を通じて親しくしてもらった町の住人、店主さんや子どもたち、立ち話の多い商店街の一角にある喫茶コーナーなど、その町のいくつかのシーンが記憶され、愛着さえ覚える。しかし、どうやってもそこの住民ではないという一線は超えられない。また、超えるべきでもないだろう。そこが演習（セミナー）という学問の府で行う訓練の持つ強みと限界である。

　アーバンデザインセミナーが目指したのは、ケースメソッドを都市の街区に適用する事であった。ケースメソッドは、具体的な活きた事例（ケース）を大学での演習課題として取り上げ、どうしてそこがうまくいったか、あるいはいかなかったか、現実の展開をデータとして示しながら学生たちと議論する方法で、ビジネススクールで用いられてきたものであった。

　ビジネススクールで扱われる企業体という組織集団の場合、まだそこには境界の内外があり、含まれる当事者や事象や要因についても一定の範囲が定められた。だから事象がいかに複雑であっても、その系の中で、問題を考えればよいという制約があり、絞り込みもその中で可能である。

　「まち」が対象（ケース）になったとき、そもそも誰が当事者なのかが不明である。そこに当たりをつけるところから、演習は始まる。たいていは、市役所や○○協議会といった都市計画的に看板が掲げられた組織が初期のヒアリングの対象となる。そうしたフォーマルな組織の担当者からレクチャーを受け、最低限の予備知識を得る。しかし、本当に演習が始まるのは、対象となる街区の地図が学生たちに配られ、その地区を教員と学生とで歩いてまわる頃からであり、ここでフィールドとの初めての接触が起き、何かしら面白そうという感触が生まれてからである。

学生によるグループ発表（２０１１年／美野島）

味噌蔵での発表会（２０１０年／姪浜）

同じ「まち」を見て回っても、建築系の人間が目をつけるところと、心理学や社会学の人間が気にかけるところとは自ずと違っているのが、歩きながらの会話や、一息つくために入った喫茶店でのコーヒーを飲みながらの井戸端会議の中から浮き上がってくる。

何度かの「現地入り」の後、学生たちが出してくる興味・関心のありかについての発表とそれをグルーピングしていく際の、ＫＪ法のラベルを囲んだ教員と学生たちの議論の詳細が、アーバンデザインセミナーのエッセンスなのかも知れない。そこには、複数のディシプリンが交わるところに生まれる視点の交差や合体、分岐、言い換え、練り直しがあり、この「まち」が持つテーマ性が何なのかという初期の問題設定に関しての展望が、複数の鍵言葉として表現されている。

アーバンデザインとは、何をする事の専門性なのか。その事自体が議論を呼び、ひとつの回答に収束しない。都市に秩序をもたらすには、上からの規制が必要であるという立場があり、逆に住民の目線から、公的な秩序のすき間に発生する芽を大事にしようとする立場がある。学生たちはそうした異なる視点の主張にさらされ、どの一つの立場も他を圧倒するほど説得的ではない事を、自らが行司役のポジションに立って目撃する。

「まち」を構成するのが多様な主体である、という命題はすでに陳腐であろう。問題は、その主体をどのような形で受け止め、その主体自らにはまだ見えていない可能性をどう表現するかである。異なるディシプリンは、異なる対象接近のやり方を持ち、それを異なるボキャブラリーで表す。異分野の言葉に混乱しながらも、フィールドそのものが教えてくれる実感に基づいて、それに何らかの言葉を当て、それを扱うモデルを探り、さいごには、地元の人々を前にして提案というところまでもっていく。無理だと分かっていても、それを課題として学生たちに突きつける。限られた時間と情報資源のなか、苦し紛れに何らかの表現を作り出す。そして、その「まち」に返していく。アーバンデザインすることは、こうしたコミュニケーションの連続の中で、「まち」がとろうとしている像を紡いでいく作業ではないだろうか。だから当然なことに終わりがない。

セミナーの発表会が終わって、発表を終えてほっと学生たちが一息ついたところから、アーバンデザインの店の明かりがともり始めている。

さあ、また始めましょう。

２０１５年３月　箱崎キャンパスにて

謝辞

本書のフィールド編の元となった「アーバンデザインセミナー」の実施に当たりまして、唐津街道姪浜まちづくり協議会、みのしま連合商店街振興組合、唐人町商店街振興組合の皆様には、学生たちを含めてあたたかく見守っていただきましたこと、ここに共著者全員と受講学生全員の意思として、あらためて感謝の意を表したいと思います。心ばかりの感謝の気持ちをこの本としてお届けできる事を、地域の力、大学の力として身にしみて嬉しく感じています。今後ともどうぞよろしくお願いします。

出版に当たりましては、九州大学出版会の野本氏に大変お世話になりました。なお本書は、平成26年度九州大学教育研究プログラム・研究拠点形成プロジェクト（研究成果の情報発信支援）の交付を受けて出版されたものです。記して感謝申し上げます。

論説編執筆者プロフィール

菊地　成朋（きくち・しげとも）　九州大学大学院人間環境学研究院都市・建築学部門　教授
　１９５５年岩手県生まれ。東京大学大学院工学系研究科建築学専攻修了。工学博士。専門は建築計画学、住居学。伝統的な民家・集落から現代住宅まで、広く社会文化的視点から考察している。これまで集住体の形成過程を解読する研究を行なってきたが、現在はそれらの歴史的環境を未来にどのように受け継いでいくべきかに関心がある。

南　博文（みなみ・ひろふみ）　九州大学大学院人間環境学研究院都市・建築学部門　教授
　１９５７年広島市生まれ。米国クラーク大学大学院心理学科修了。Ph.D.　専門は環境心理学。原風景としての都市環境とアジア都市の生態心理学的フィールドワーク、子どもたちの居場所を研究。場所の深層心理学的な解明として、都市全体がトラウマとなる経験が起きた際に、それが長期的にどのように都市住民と場所の性格に刻印されるかを探っている。

當眞　千賀子（とうま・ちかこ）　九州大学大学院人間環境学研究院都市・建築学部門　教授
　１９６３年鹿児島県生まれ。　Clark University Psychology Department Doctoral Program in Developmental Psychology 修了。Ph.D.　専門は発達心理学、発達臨床。現場の人々とともに実践を形成していく過程の中に研究を織り込む方法として「形成的フィールドワーク」を提案し、人々が互いに育み合うことを支える実践の形成過程と発達的変化に着目した研究をさまざまな現場で展開している。

有馬　隆文（ありま・たかふみ）　九州大学大学院人間環境学研究院都市・建築学部門　准教授
　１９６５年長崎市生まれ。大分大学工学研究科建設工学専攻修了。博士（工学）。専門は都市計画学、環境メディア学。コンピュータやマルチメディア技術を援用した都市計画・都市デザインに関して研究を実践している。近年では、「歩くこと」に着目した持続的な都市の在り方を探求している。（２０１５年４月より佐賀大学大学院教授）

趙 世晨（ちょう・せいしん）　九州大学大学院人間環境学研究院都市・建築学部門　准教授

１９６７年中華人民共和国天津市生まれ。中国清華大学卒業、九州大学工学研究科建築学専攻修了。博士（工学）。専門は都市計画学、都市解析。都市人口分布の予測、都市商業・業務施設の立地要因、都市商業均衡売場面積の推計、都市道路ネットワークのポテンシャル分析、都市形態の変遷など幅広く都市解析研究を行っている。

箕浦 永子（みのうら・えいこ）　九州大学大学院人間環境学研究院都市・建築学部門　助教

愛知県生まれ。九州大学大学院人間環境学府都市共生デザイン専攻博士後期課程修了。博士（工学）。専門は都市史、建築史。都市空間の時系列的な展開過程について、特に伝統都市の近代的再編を社会変動との関係性から解き明かしている。また、近代化産業遺産の保存、歴史まちづくりにも取り組み始めている。

都市理解のワークショップ　商店街から都市を読む

2015 年 4 月 30 日　初版発行

編　者　九州大学大学院アーバンデザイン学コース

発行者　五十川　直行

発行所　一般財団法人 九州大学出版会
〒 814-0001 福岡市早良区百道浜 3-8-34
九州大学産学官連携イノベーションプラザ 305
電話　092-833-9150
URL　http://kup.or.jp/

印刷・製本　城島印刷株式会社

ISBN 978-4-7985-0159-8